元代木构延福寺

浙江省古建筑设计研究院　编
黄　滋　主编

文物出版社

封面设计：周小玮
责任印制：陆　联
责任编辑：李　莉

图书在版编目（CIP）数据

元代木构延福寺 / 黄滋主编；浙江省古建筑设计研究院编 . — 北京 : 文物出版社 , 2013.12
ISBN 978-7-5010-3936-4

Ⅰ . ①元…　Ⅱ . ①黄… ②浙…　Ⅲ . ①寺庙－木结构－古建筑－修缮加固－武义县－元代②寺庙－木结构－古建筑－文物保护－武义县－元代　Ⅳ . ① TU-87

中国版本图书馆 CIP 数据核字 (2013) 第 302680 号

元代木构延福寺

浙江省古建筑设计研究院　编
黄　滋　主编
*
文 物 出 版 社 出 版 发 行
（北京市东直门内北小街 2 号楼）
http：//www. wenwu. com
E-mail：web@ wenwu. com
北京盛天行健艺术印刷有限公司印刷
新　华　书　店　经　销
889 × 1194　1/ 16　印张：22
2013 年 12 月第 1 版　2013 年 12 月第 1 次印刷
ISBN 978-7-5010-3936-4　定价：320.00 元

目 录

序一

东南大学建筑学院教授　朱光亚

世纪之交完成的浙江延福寺大殿及其环境的修缮工程的成果总结终于在十余年之后得以整理出版。即使它出版滞后，但在整个东南数省的修缮工程中此书仍然是名列前茅的。这是因为在改革开放后的三十多年中，如果不是中央财政的支持，多数地区的文化遗产修缮在当时都是捉襟见肘的。另一方面在大规模的建设进程中，文物系统资源有限，忙于应付急迫的修缮工程而难得将工程经验的总结摆在正常的议事日程中。因而，本书的出版或者可以看作为江浙地区建筑遗产修缮由重修轻研走向修研并重的科学化和精细化阶段的一个标志。

东南沿海几省多山多水而少平原，江河独流入海，有自己独立的经济和地理的领域，但自两次主流文化南迁，东南不仅经济发展且成为华夏文化重镇，吴越和南宋以后的东南地区的历史，成为中国历史不可分割的精彩篇章。东南地区的元代建筑，由于地理上远离政治漩涡中心，少有像华北的元代建筑那样受到当时营建活动中的自由粗放风尚的影响，因而更多地保留了宋代的典雅和规范的特征，也反映了东南地区的地域建筑特点，这也是武义延福寺这座原本三间的小殿受到如此众多学者的关心和呵护的原因之一。本书详细阐释了延福寺从总体布局到细部做法的来龙去脉以及它们的价值，值得专业人员以至社会人士的重视。由于战争，也由于社会上的种种功利性追求，这种价值在历史上始终处于威胁中。

和今天相比，十几年前的延福寺修缮，经费拮据，社会干扰甚多，本书可以看成是一种处于重重困难的环境形势下的一次修缮的记录，这种修缮，在引入国际性原则和种种概念与技术的今天看来，是很不理想很不规范的，档案缺乏、技术手段缺乏等等，但这其实是当时大多数修缮工程实际遭遇到的真实状况，具有代表性。恰恰是在困难条件下的修缮显示出选择适用性技术的意义，显示出正确和恰当的选择和权衡的可贵。今天我们除了在经济、技术条件大大改善的条件下要加强档案的整理和保护经验的总结梳理及理论的研究之外，尤其要继承这种认识和把握文化遗产精髓的能力。随着国际经验的引入，我们可以以开放的胸怀努力吸取建立在欧洲文化遗产保护经验总结基础之上、近年又不断吸纳其他文明的保护经验和智慧的国际文化遗产保护运动的成果，特别是关于真实性和完整性的保护原则和理念，但是保护总要落实到操作层面，离开了对具体问题的具体分析，离开了对保护对象的价值判断、提炼与措施应对，任何原则和理念都是空泛和无力的。“有效保护”总是要付出艰辛的努力才能实现的。

阅读本书也使我想起两次造访延福寺的情景，除了元代木构的精美外，留下深刻印象的还有整个建筑群的丰富多彩和建筑群与山水环境的融为一体的大关系，感受到先人的所谓天人合一绝非文字上的简单叠加，而是人杰和地灵在造物主怀抱中的互动与整合，是生活世界和理想世界的一体。这是中国文化传统中区别于西方文化的核心部分，在科技发达财力丰厚拜物教盛行的当代，在挖掘机随时准备挖山填海，铲平一切障碍的城市化进程中，认识中国文化传统的核心理念，认识它的价值和生命力，从而提高对待民族文化的自信心和自觉性，不仅对于认识与保护文化遗产，也对应对新世纪的其他挑战都会是有益的。这也许是保护文化遗产、保护历史文化的证物，以及本书的出版的更为深远的意义。

序二 关于文物保护和维修工程的思考

浙江省文物局原副局长　陈文锦

浙江省古建筑设计研究院主持编写的《元代木构延福寺》一书，经过几次大的反复修改后，终于正式定稿，即将付梓出版。虽然中间延宕时间长了一些，但毕竟拿出了较为满意的稿子，可喜可贺。黄滋院长几次嘱我写一个序言，我深感自己的身份和水平不太合适做这件事，几次推脱，但黄滋院长一再坚持，盛情难却，只好勉强应命。

延福寺维修工程的施工，大致是在1999年至2002年。延福寺作为我省少有的几座元代及以前留存下来的古建筑，其保护和维修是我省文物界的一件大事，如何修，如何施工，许多专家乃至全国级的泰斗人物都非常关心。其时正值世纪之交，对浙江文物界来说，这是一个亮点热点频仍的时期，也可以说是一个多事之秋。除了1998年发生的舟山拆城事件轰动全国外，1998年开始的胡雪岩故居的动迁和维修，1999年开始筹划的雷峰塔遗址的保护和新塔的重建，连同延福寺的这一大修，社会关注度都很高，令人瞩目。业界内部更是众说纷纭，各种不同的意见争论激烈，各执一词。如何折冲樽俎，实在是个难题。好在这几大工程，最后都顺利落幕，社会上和学术界反映都很正面，大大提升了我省文物系统的社会地位和话语权。现在，尽管时过境迁，争论早已平息，但当初的那些争论，事关对文物保护理念的认识、涉及到对文物维修工程如何开展，是一些绕不开的深层次话题，故而今天仍有提出来讨论的必要。

一

《文物保护法》第21条规定：“对不可移动文物进行修缮、保养、迁移，必须遵守不改变文物原状的原则。”有人觉得这一提法过于概括，其实，作为文物保护和维修的根本法则，简略和概括非常重要，以便为人的创造性活动留下较大的空间。而且相较于早期民间的“修旧如旧”“不塌不漏”等传统说法，已经前进了一大步。2003年颁布的《文物保护工程管理办法》则为不改变原状的原则作了进一步的诠释：“全面地保存、延续文物的真实历史信息和价值；按照国际、国内公认的准则，保护文物本体及与之相关的历史、人文和自然环境。”

理论虽然明确了，但不意味着在实践中运用起来就不会发生歧义。延福寺现存建筑是多个时代混合遗存的产物。大殿是宋元遗构，天王殿是清代早期建筑，观音殿和山门则是晚清建筑，东厢房有着明代建筑的特点，西厢房则是现代桁架式的木构建筑。这样一种复杂的建筑生态，怎么体现“不改变原状”的原则呢？这个问题，1986年版的《关于纪念建筑、古建筑、石窟寺等修缮工程管理办法》中讲得很清楚，不改变原状，可以是“始建或历代重修、重建的原状”，“修缮时应按照建筑物的法式特征、材料质地、风格手法及文献或碑刻、题铭的记载，鉴别现存建筑物的年代和始建或重修、重建时的历史遗构，拟定按照现存法式特征、构造特点进行修缮或采取保护性措施”。从这一表述中，我的理解是，从各个建筑物本身的年代出发，即“或按照现存的历代遗存、复原到一定历史时期的法式特征、风格手法、构造特点和材料质地等，进行修缮”。

延福寺的各个单体建筑虽然时代不同，但它们的命运都很曲折，特别是解放以来，几乎每一个单体都经历过不止一次的维修，由于财力和专业力量的缺乏，一些做法从专业角度看是非常草率、不合规矩的。我和黄滋院长的意思是，利用这一次对延福寺大殿进行整体性维修的同时，对延福寺内各进建筑和内外环境作一次根本性的清理，以期恢复这一组建筑的“精气神”。在建筑本体方面：拆除西厢房现代式的木构建筑。按东厢房明代建筑的格式予以复原，恢复两厢对称格局。对山门、观音殿这两组清晚期建筑，拆除后期所添加的、与法式无关、又不带有地方性特征、完全属于做错了的构件和做法。按特定的法式，恢复一些当时因财力不足予以省略的一些构建部分和装饰装修。这就是不改变原状。但是，此一设想却遭到一些同志的反对，他们认为动作太大，以减少“不必要的干预”为由，不同意这样做。并认为错了的也是历史的记录，不该抹除。甚至对当事人出来指认，元代大殿部分椽子1974年被锯断，是因为当时他们不懂得法式而造成的错误，希望给予纠正的做法，也被否决。

是“最少干预”高于“不改变文物原状”，还是相反？这是一个必须弄清楚的问题。从理论上说，“不改变文物原状”是文物保护维修唯一的或最高的标准，在《文物保护法》中写得一清二楚的。1986年、2003年的两个工程管理办法，则为我们如何实践这一最高标准提供了指南。而“最少干预”只是国际古迹遗址协会根据文物建筑保护维修的实践中总结出来的一条工作性的准则，是对维修实践活动的一种规范和提醒。从实践上说，如果对那些明显得连基本的时代特征都做错了的东西也不能改动，那么除了影响建筑物结构安危的部分可以补强补齐外，还有什么别的事情可做？这岂不是又要把我们引回到以“不塌不漏”为标准的原点上去了吗？

这种偏见的根源，某种意义上是来源于对法式的漠视。真正懂得中国古建筑的人都知道，法式对于中国古建筑非常重要，因为它决定着建筑成败优劣。法式不仅仅是一种作业的规范，而且可以体现出中国建筑特有的那种节奏美、韵律美、线条美。中国建筑的特点，不是以傲视苍穹的向上突破取得人们的惊叹，而是以平面铺开、整齐有序的规范展示其内在的魅力，其重在气势和内涵的生动。因此，一组建筑群中如果有个别单体缺失或错位，会给整体的审美效果带来巨大的负面影响。简单套用欧洲建筑常用的遗址保护和展示手法，并不适用于中式建筑。因为中国古建筑系以木构为主，一旦毁去，遗址根本不足观，不可能像欧洲建筑那样有残缺美可供欣赏凭吊。所以，按历史原貌予以部分重建、改建、复建，不是什么大逆不道的违章之举，而是在整体的维度上维护古建筑的层次感和意象之美。胡雪岩故居在维修中复建了部分早已不存的建筑，而不是采取“毁了就不应该复建”的教条主义式的态度，虽然当时争论不断，但实践证明，这样的做法没有违反不改变文物原状的原则，得到了社会大众到学界泰斗的好评，这难道还不说明问题吗？当然，复建必须要有依据，要采取科学慎重的态度。不能率性而为。这又是问题的另一方面。关键在于主事者和设计者如何把握。

二

中国建筑和欧洲建筑，本来是两个独立的系统，其理念、格局、材料、施工的路径和方式完全不同。但在进入现代社会以后，起源于欧洲的现代建筑席卷了世界各地，机械化、数字化、工厂化的生产模式越来越明显，全行业的虹吸效应迫使古建筑也跟着亦步亦趋，逐渐脱离了原有的独立轨道。

现在的古建筑维修，和一般的建筑工程一样采用招投标制，而招投标的内容，却缺乏古建筑特定的概念、指标、含义、梯度，不得古建筑之要领。上个十年，中国确立了文物保护和维修的独立的设计和施工资质制度，表现在设计领域，质量有所提高，但在施工层面，由于缺乏配套的政策、额算体系和评估标准，把古建筑维修和一般的工民建筑分离出来的效果远逊于预期。延福寺和胡雪岩故居这两大古建筑维修工程，采取了和一般建设项目招标制完全不同的管理模式，即由项目管理单位通过测试，在社会上招募有一定技术水准的木工、泥工、油漆工，挑选技术最高者作为领班，由古建筑专家亲自把握，统领维修全过程。

工人在业务人员的带领下，接受具体的施工任务和进度目标，把好质量关。这种做法，俗称“点工制”。实践证明，这种做法符合古建筑的内在规律，较好地解决了设计和施工不相衔接的问题。这两个维修项目之所以能得到学术界广泛的好评。如果说要有什么秘诀的话，关键就在这里。2000 年前后，建筑项目虽已实行招标制，但对中小项目及特殊情况（如文保），尚未像现在这样统得死死的，故而尚有这种“另类”做法的生存空间。当前，一切都必须按照千篇一律的模式进行招标，根本不考虑社会生活的复杂性，只要所谓的“程序正义”，而效果好坏则可以忽略不计，在这种形式主义盛行的情况下，今后或许再不会允许这种貌似另类、实质对事业有所裨益的做法出现，延福寺和胡雪岩故居的传统做法，也许将成为“绝响”，从文物保护的角度来看，这不能不是一个悲哀。

古建筑是以木构件为主的房屋系统。木材与各种现代材料不同，以做柱子为例，现代材料的浇筑可以做到和图纸不差一丝一毫，但木材由于天生的原因，每一根柱子上下的粗细、垂直度、曲率都不可能一模一样，几十根柱子并在一起，误差和现代建筑比起来，实在是很大很大。榫头和卯口又不像螺帽螺钉那样可以严丝合缝，所以木结构的营造可以说是一种创造性的劳动，它需要高级工匠根据经验作出判断和选择，因地因人制宜，否则房屋就立不起来。过去将房屋的建造称之为“大木作”，首席木工具有很高的权威。要将这一套“土智慧”“土办法”统统纳入规则化、机械化的程序是困难的。这就是我们认为古建维修不适合于现代建筑招投标办法的理由，至少也该有另外一套招投标办法来适应它才是。

按理说，古代的营造技术体现了中国人的智慧才能、生存技巧，是中国传统文化的宝贵组成部分，它完全有资格毫无愧色地列入国家非物质文化遗产的序列。遗憾的是，虽然中国的非物质文化遗产已经涵盖了生活中的各个层面，从吃、穿、用到大大小小的艺术门类，唯独没有营造领域中的技能技巧的份。或许有人说，东阳木雕不是吗？不对，那是房屋的装饰，和盖房子造桥差得很远。既然中医可以整体地成为非遗，那么，中国的营造技术为什么就不能这样做呢，当然也可以搞一些单项，如大木作整体上梁技术，中国漆的调制技术，纸筋石灰制作、泥质吻兽的制作等等，我很希望从事中国建筑研究的专家学者们能帮助文化水平较低的泥木工们说说话，也希望非遗管理部门能把古代营造领域的遗存纳入自己的视野之中。否则，历史对这些传统的东西实在是太不公平了。

三

1970 年七八月间，我正式参加工作后第一次出差，就是到武义延福寺去采访在当地演出的武义县文宣队。这是我第一次和延福寺邂逅相遇，当时我对它印象带有一种神秘感，感到很好，但不知好在哪里。此后，由于工作关系，去的机会就多了。我很喜欢这个地方，特别是对着饭甑坛远眺，群山苍茫，山路蜿蜒，足以使人心旷神怡，加上和县文管会的几任领导和古建筑专家都很熟悉，大家无话不谈，有时从松阳方向回杭州，我也会在延福寺喝口茶，歇歇脚。前后计算起来，至少来过十次是有的。

延福寺作为武义文化遗产的第一块牌子，如何发挥它的社会效益是一个问题，改革开放以来，人们作过各种尝试，办会议招待所、修菩萨烧香，这与文物保护的基本要求相去十万八千里，当然都行不通。这说明，合理利用的前提，是要给所在的文物保护单位以正确的定性定位。定性定位正确了，合理利用就会迎刃而解。否则，强来的话，只能事与愿违。

延福寺如何定性定位？我觉得，延福寺完全不是一个具有宗教功能或潜在宗教功能的场所，而是一个带有宗教建筑躯壳的古代建筑文化的珍贵遗存。延福寺的故事很多，从本书的介绍中可以看到。如果能以适当的形式，生动地、详细地展示出来，对于广大青少年如何理解中国古代建筑文化的精髓，理解文物保护所走过的艰难历程，是大有好处的。武义还是一个优秀古建筑的集中之地，精彩的古建筑相当丰富。前面讲过，中国古代的营造技术，特别是木结构建筑的建造流程，现在的一代已经很陌生了，这是一份相当重要的遗产，如果能够在延福寺这样一个有代表性的地方做一个永久性的展览，介绍中国建筑的特点和营造手法，可以填补我省博物馆事业的缺环，是一份很有发展前途的工作。当然这些内容在现有建筑空间内是难以完成的，应当考虑在围墙之外增建一些陈列用房，围墙内是原状陈列，围墙外是较为系统的陈列，两者相辅相成。到时候，一个具有文化阅读、旅游、休闲等多重功能的延福寺景区，一定会吸引大量的游客，为武义县服务业的发展带来新的收获。

作为序言，已经写得太多了，颇有喧宾夺主之嫌，就此打住。

2013 年 8 月

概述篇

一、历史沿革与寺院格局

（一）区域环境

延福寺现属于浙江省金华市武义县，位于县城西南33公里的桃溪镇陶村，地理坐标为东经119° 36′ 07.8″，北纬28° 42′ 44.7″。

桃溪镇一带最早属于古代瓯越人活动范围，历史上的大部分时间，这里都归丽水县管辖。明正统年间处州爆发农民起义，朝廷平息叛乱后为便于管制，于景泰二年（1451年）割丽水北部三个乡设立宣平县，延福寺所在的应和乡即在此列。1958年，宣平县撤销，延福寺改属武义县，并延续至今。

桃溪镇因环溪一带“有桃千树”而得名，镇所在地陶村是武义县现今人口最多的行政村。陶村是以陶姓为主的血缘村落，风景秀丽、自然资源优良。

桃溪镇地处括苍山支脉和仙霞岭支脉交接的丘陵地带，是钱塘江水系和瓯江水系的分水岭，其地峰环涧绕，别有洞天，自古就有“桃源”之称，然其北接武义，西通松阳，东连丽水，是往来的捷径，故旧志称其“控引婺括，襟带松云”，地理位置十分重要。

桃溪是宣平地区一条重要的溪流，发源于福平山中，呈东南往西北流向，最后在宣平县城附近汇入瓯江支流。桃溪镇海拔在240～420米之间，冲沟发育明显，土壤为紫砂土、砾沙岩和紫粉泥土。这里气候温和，四季分明，属亚热带季风区，年平均温度为16℃左右，无霜期236天，年降雨量1450毫米，阳光充足，雨量充沛，适宜于多种树木生长，属亚热带阔叶林地带。民国《宣平县志》称其“高擎地掌，深湧水根，参天而列屏障，拏云而摘星斗”，“岚霭滴衣，烟霞满目”。但由于人为因素，周围丘陵地带自然植被曾经遭受严重破坏，目前所见多为近三四十年人工栽培的常绿针叶阔叶林，主要有马尾松、苦槠、杉木、油茶以及毛竹、草灌木等。

延福寺就处在这样一个山环水抱、风景清幽的山谷之中，它北依后龙山主峰，南望乌石山，西临福平山，东毗山间谷底。南北两山之间是由梯田和道路组成的狭长形谷地，桃溪于其间穿流而过。旧称延福寺周边有“翠屏山、五柳溪、悬磬岩、木鱼山、石涧井、长生池”等六景，可见其环境之好。虽然近几十年来地形地貌由于人类的活动而发生了较大的变化，但从山门放眼望去，近处梯田层叠、阡陌纵横，远处乌石如屏、层峦叠嶂，其基本地理形胜格局依然存在（插图 1 ～ 4）。

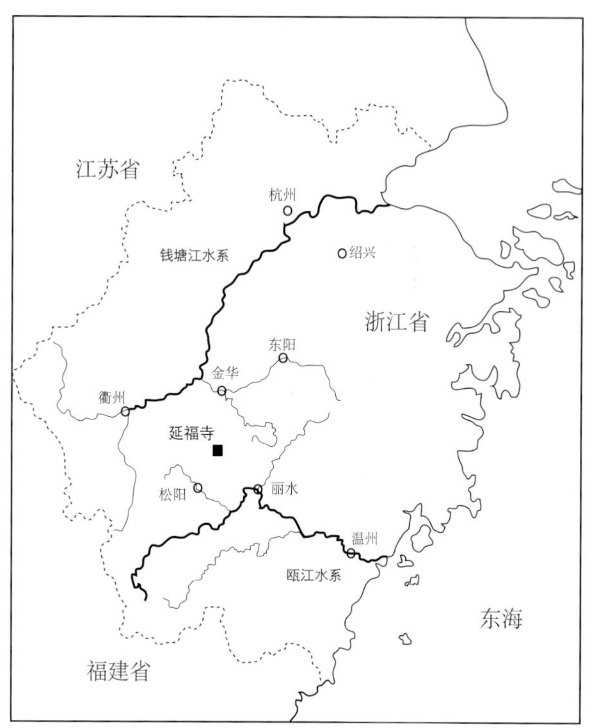

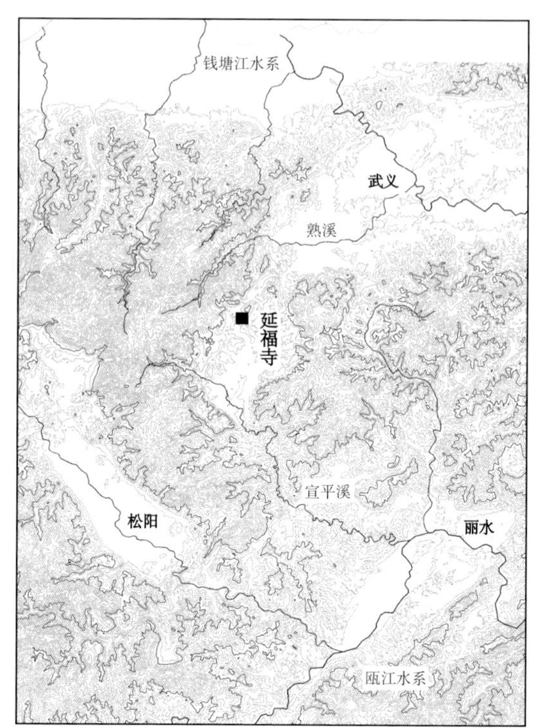

插图 1　延福寺区域位置

插图 2　延福寺地理环境

插图 3　延福寺正面北视

插图 4　延福寺背面南视

（二）建置沿革

延福寺并非城府大寺，亦不自称释佛圣迹，而是一处世外清修之地。有关其寺史，典籍中几无笔墨，只在县志中有所提及，《宣平县志》始修于明成化年间（1465 ~ 1487 年），明清两代多有修订[①]，今存乾隆十八年（1753 年）本、光绪四年（1878 年）本、民国二十三年（1934 年）本旧本县志三种。除此之外，寺院内留存的元代泰定甲子（1324 年）刘演《重修延福院记》碑[②]、明代天顺癸未（1463 年）陶孟端《延福寺重修记》碑[③]，以及历次修缮题记和陶村现存的《陶氏家乘》对其均有相关记载，藉此可管窥寺院建制之一斑。

对于延福寺始建时间，目前尚有争议。刘演碑称"唐天成二年，因其胜而刹焉"，陶孟端碑亦然。而《宣平县志》却有"晋天福二年，僧宗一建"一说，说法虽出处不明，但年号僧名俱全，且后续县志引用而未加更正，言之凿凿，不由人置之不理。天成是后唐李嗣源年号，二年即公元 927 年，也是吴越国钱镠宝正二年，理论上讲建寺应题宝正年号，后人虽可折算，一来叙史多沿袭旧文，二来折算亦可能发生错误。况且刘演碑刻成时距寺庙初建已 600 余年，内容不可尽信，但治史向来重金石之说，因其经久不变，没有传抄之误，固可信度较高。天福为后晋高祖石敬瑭年号，二年为 937 年，吴越国已取消自立年号，没有折算一说。但县志成书晚，亦无更多可佐证的史迹，凭空而出的僧宗一又查无记载[④]，可信度仍较低。然二者相差仅 10 年，皆属五代时期，五代上承唐，佛教鼎盛，中间虽有唐武宗会昌的灭佛事件，但也未能阻止它继续在民间的流传。特别是江南地区，更因统治者钱氏家族的极力提倡而得到大规模的发展，延福寺始建于五代似可信。

延福寺初名"福田院"。福田，在佛教为一种比喻：施供养救济等善事，农夫种田耕地，自有福报，故名福田。其中以"佛及圣弟子为福田"为基本说，后贫穷田之说起，乃称礼佛之事为敬田，救贫之事为悲田[⑤]。唐代即有悲田院，安顿需救济之人，北宋京师建有东、西、南、北四座福田院，亦为此义。福田一说无论是从喻体来看，还是从推广出的社会机构来看，都侧重于一时一地的平民。既不像"崇教寺"那样有至高的信仰，也不像"广济寺"那样兼济天下，而是追求一分耕耘一分收获的自给自足状态。刘演碑称"自浮屠释教盛行天下，其学者尤喜治宫室，穷极侈靡而求福田之利益也。……（院）名福田，亦将求利益也"，建寺目的更注重"利益"之实效。延福一名，则是南宋中期所改，刘演碑称"绍熙甲午，始更名曰延福"，绍熙无甲午，疑为淳熙甲午（1174 年）或绍熙甲寅（1194 年）[⑥]。

延福寺初建规模如何，碑中未提，只说从后唐始建到南宋中期约200多年间，"世运江河，率土陵谷，阐厥攸始，莫纪其极"。这期间的兴衰变化已经无可追寻。直至南宋绍熙年间[7]，在佛学研究领域有深厚造诣的赐紫宣教大师守一，立志修复寺院，为此，他“曳杖负笠，历抵诸方，□求化施，铢寸累积，归罄衣囊，增大其计，甓坚材良，山积云委”。积累了一定的经济实力，开始大兴土木，“建佛有阁，演法有堂，安居有室，栖钟有楼，门垣廊庑，仓廪庖湢，悉具体焉”。延福寺在经历了一段衰微破败之后，再一次迅速崛起，雄踞在宣平山中。经过重塑或修整的佛像，装裱贴金，整组建筑修饰一新，金碧辉煌，气势非凡。此时的延福寺还广有田产山林，岁入丰厚，盛极一时。

又过百余年，寺院破烂不堪，元延祐四年(1317年)，由皆山师德环主事，在信众的乐助下，再次进行了大规模的修葺。至泰定甲子（1324年）完工，“空翔地踊，粲然复兴，继承规禁，以时会堂，梵呗清越，铙磬间作，无有高下。酿为醇风，方来衲子。无食息之所者咸归焉。于以绍先志之不怠也。”于是进入延福寺又一鼎盛时期。鉴于当时原有铭刻寺院历史的碑刻大都已坏，“旧碑已泯，愿谒君记，以征永久”，于是镌刻新碑以纪其盛，刘演碑就是在这时候雕刻而成的，此碑遂成为记载延福寺历史的最早资料。

明代，延福寺经历了一次大的劫难。正统年间(1436 ~ 1449年)，浙闽赣地区（浙江南部、福建西北部、江西东北部）曾多次暴发矿工和农民起义，其中坚持到最后的首领之一陶得义是陶村人，于是，这一带便成了双方频繁进出的拉锯地。“乡寇蓦发，僧俗出避，官兵往复，毁宇为薪，存者无几”，农民起义军和官兵来来去去，把寺院多数建筑拆成木料当柴火烧了，“尚得宗普，惟谦相继葺理，堂殿获存”。也许是依靠这两位和尚的努力，大殿才奇迹般地被保存下来，之后又有“文碧、涧清有志空门，弃俗入寺，夙血夜寐，春耕夏种，营作惟艰，积累稍稔”。延福寺香火才得以延续。文碧、涧清等人通过数年的苦心经营，至天顺年间(1457 ~ 1464年)，“群废具举，图绘殿壁，修创廊厢”，使佛事归于正常，并添置了一些田产，寺院有了较大发展。延福寺大殿下檐也是此时所加，从而使这座单檐的小型佛殿扩大了使用面积，并变成今天的重檐模样。明天顺七年(1463年)陶孟端撰写的《延福寺重修记》碑，详细记载了这一段历史，成为又一块填补早期文献不足的重要碑记。

入清以后，有关延福寺修建的记载和证据逐渐增多。据《宣平县志》记载“有康熙九年(1670年)僧照应重建后殿、观音堂、两廊。雍正八年(1730年)至乾隆十三年(1748年)僧通茂同徒定明屡次修整大殿，创兴天王宝殿，并两廊厢屋二十一间，装塑天王金身四尊……道光十八年住持僧汉书重建山门，同治四年住持僧妙显重修。”在建国后的历次修缮中，发现留存有墨书题记五条，其中四条尚可辩读，基本上都是清代的修缮记录。东次间乳栿下有“康熙五十四年(1715年)菊月重修，僧普惠通德谨题”的墨书题记。内槽天花发现有乾隆九年

（1744 年）“释迦和阿难二尊忽焉倾颓”，于第二年 (1745 年) 重塑金身并“恐其风雨之漂滋，尘埃之飞坠，因以创□一座”的墨书，落款为“延福寺住持僧通茂徒定明，徒孙逢广”。在当心间上檐阑额下有“大清雍正十三年 (1735 年) 前僧师父普惠派下住持通茂□□同修葺大殿，重建山门”的墨书。大殿后之观音堂脊檩下有“大清光绪三十一年 (1905 年) 岁次乙巳桂月中浣谷旦延福寺云栖派师父景顺命徒住持僧心洁捐资重建谨记”，说明观音堂为全寺修建年代最晚的建筑。

民国十七年（1928 年），国民政府公布《寺庙登记条例》，次年，宣平县署对延福寺作全面登记入册。注明延福寺“佛像 24 尊，神像 6 尊，房屋 26 间，计面积 3 亩，耕地 111.369 亩，山地 5 亩，僧 3 位，僧德元名丁承标，僧志周名杨文华，僧志信名吴长林”。至 20 世纪 40 年代，庙内尚有僧人四名。

延福寺始建为佛教禅宗寺院，但历来所属的门派，并无一定规制，大抵依主持僧人的皈依为依据。延福寺早期为云栖派，民国时期，曹洞派僧德云从松阳来到延福寺当住持后，寺院就以曹洞派为主了。1945 年临济派僧玉熙从普照寺调到延福寺做主持，寺院也就成了临济派，一直延续到 1949 年 5 月解放，僧人们离开为止（表一）。

表一　延福寺修建沿革

时间	出处	事项
唐天成二年（927 年）	刘演碑	始建，名福田
晋天福二年（937 年）	《宣平县志》	
宋淳熙甲午（1174 年）或 宋绍熙甲寅（1194 年）	刘演碑记绍熙甲午，查无， 推测两个可能时期	扩建寺院，更名延福拓其旧 而新之
宋宝祐乙卯（1255 年）	刘演碑记宋绍熙后百余年铁 钟上铸钟纪年	扩建寺院 建佛阁，法堂，居室，钟楼， 门垣，廊庑，仓廪，塑像， 神询，铸钟等
元延祐四年（1317 年）	刘演碑	重修大殿 广其故基，新其遗址
元泰定甲子（1324 年）		立《重修延福院记》碑
明天顺年间(1457 ~ 1464 年）	陶孟端碑	重修大殿及寺院 图绘殿室，修创廊厢
明天顺七年（1463 年）		立《延福寺重修记》碑
清康熙九年 (1670 年)	《宣平县志》	重建后殿观音堂两廊

续表

时间	出处	事项
清康熙五十四年(1715年)	大殿东次间乳栿下题记	重修
清雍正八年(1730年)至乾隆十三年(1748年)	《宣平县志》	修整大殿，创天王殿并两廊厢屋，装塑天王四尊
清雍正十三年(1735年)	大殿当心间上檐阑额下题记	修葺大殿，重建山门
清乾隆十年(1745年)	大殿内槽天花题记	重塑释迦及阿难两尊像，增建天花
清乾隆三十七年（1772年）	题记	装修佛像
清道光十八年（1838年）	《宣平县志》	重建山门
清同治四年(1865年)	《宣平县志》	重修山门
清光绪三十一年(1905年)	观音堂脊檩下题记	重建观音堂

（三）寺院格局

延福寺建筑群坐北朝南，略向西偏，地势北高南低。自南往北按中轴线依次排列有山门、天王殿、放生池、大殿、观音堂及两厢，建筑群逐级略有升高，轴线微有变动。总占地面积4347平方米，建筑面积1184平方米（插图5、6）。

1、山门

清道光十八年（1838年）重建，建筑坐北朝南偏西20°。山门面阔一开间，进深三架，两山栋柱间设门，面阔3.77米，进深2.92米，内退南围墙1.15米，两侧以粉壁砖墙相连。整体梁架简洁，为穿斗式结构，三柱四檩，以脊檩划分，前一檩后二檩，后金檩以瓜柱承托。栋柱高3.79米，前檐柱和瓜柱柱顶同高3.41米，后檐柱高3.08米。在前檐施雕花牛腿挑檐檩，门上方悬“延福禅林”横匾。门前地面用卵石铺筑，门内地面用青砖错缝铺筑，前檐柱础为鼓形，其他为櫍形。屋面用板椽，檐口与南围墙齐，外置封檐板，椽上不施望板直接铺瓪瓦，正脊亦用瓪瓦砌置，上施青砖抹角压脊条，两端设状如切去一半的花篮形砖砌装饰。

穿过山门，几步之遥便可到达天王殿，其间以卵石铺地，两侧有约0.8米的高垅，是1974年武义县文管会对延福寺进行清理时用寺内的废土淤泥堆积而成，现已经是植被繁茂，其中山门右侧有一棵千年柏树，另有两棵酸枣树（插图7～12）。

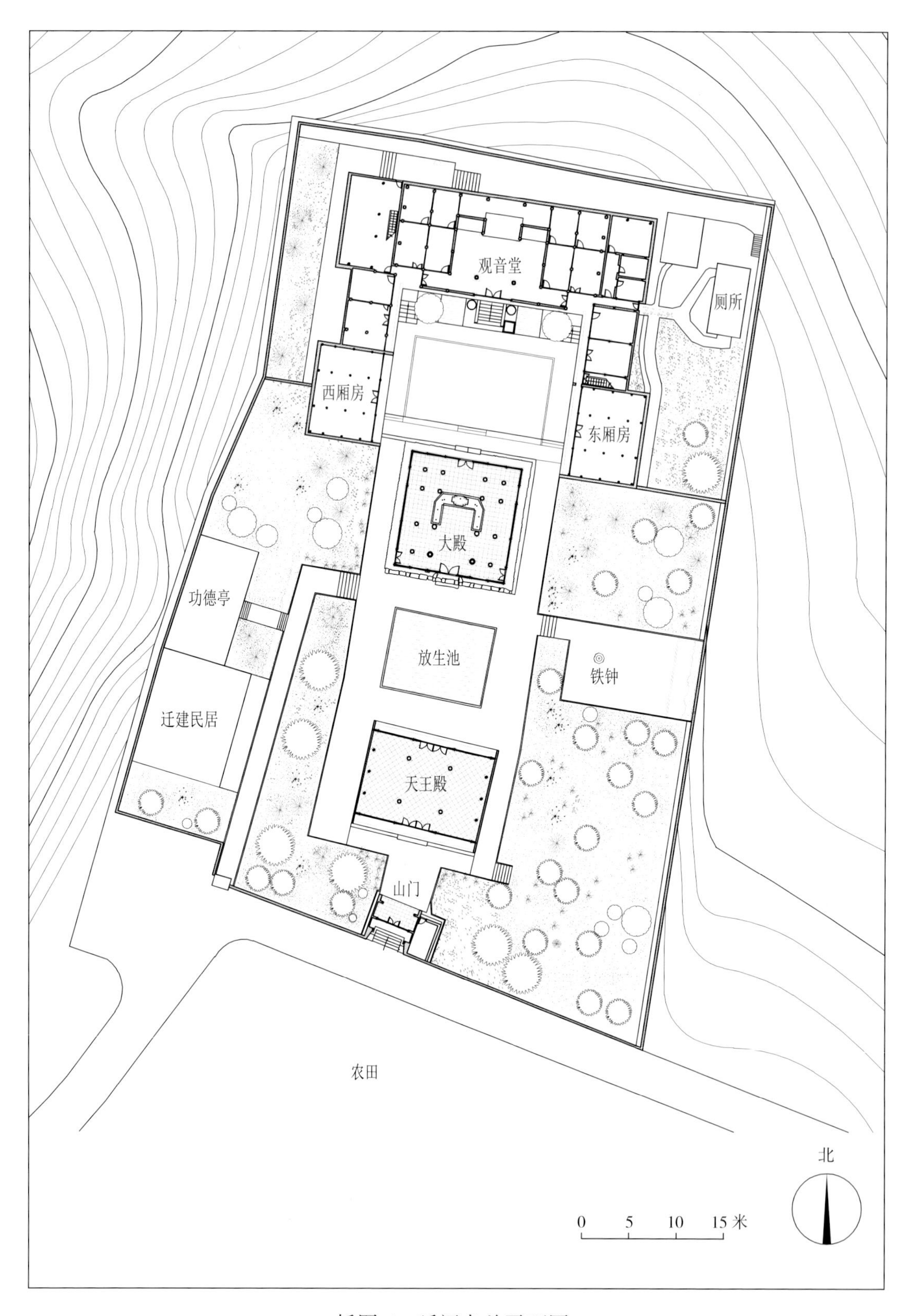
观音堂
厕所
西厢房
东厢房
大殿
功德亭
放生池
铁钟
迁建民居
天王殿
山门
农田
北
0 5 10 15 米

插图 5　延福寺总平面图

插图 6　延福寺东面全景

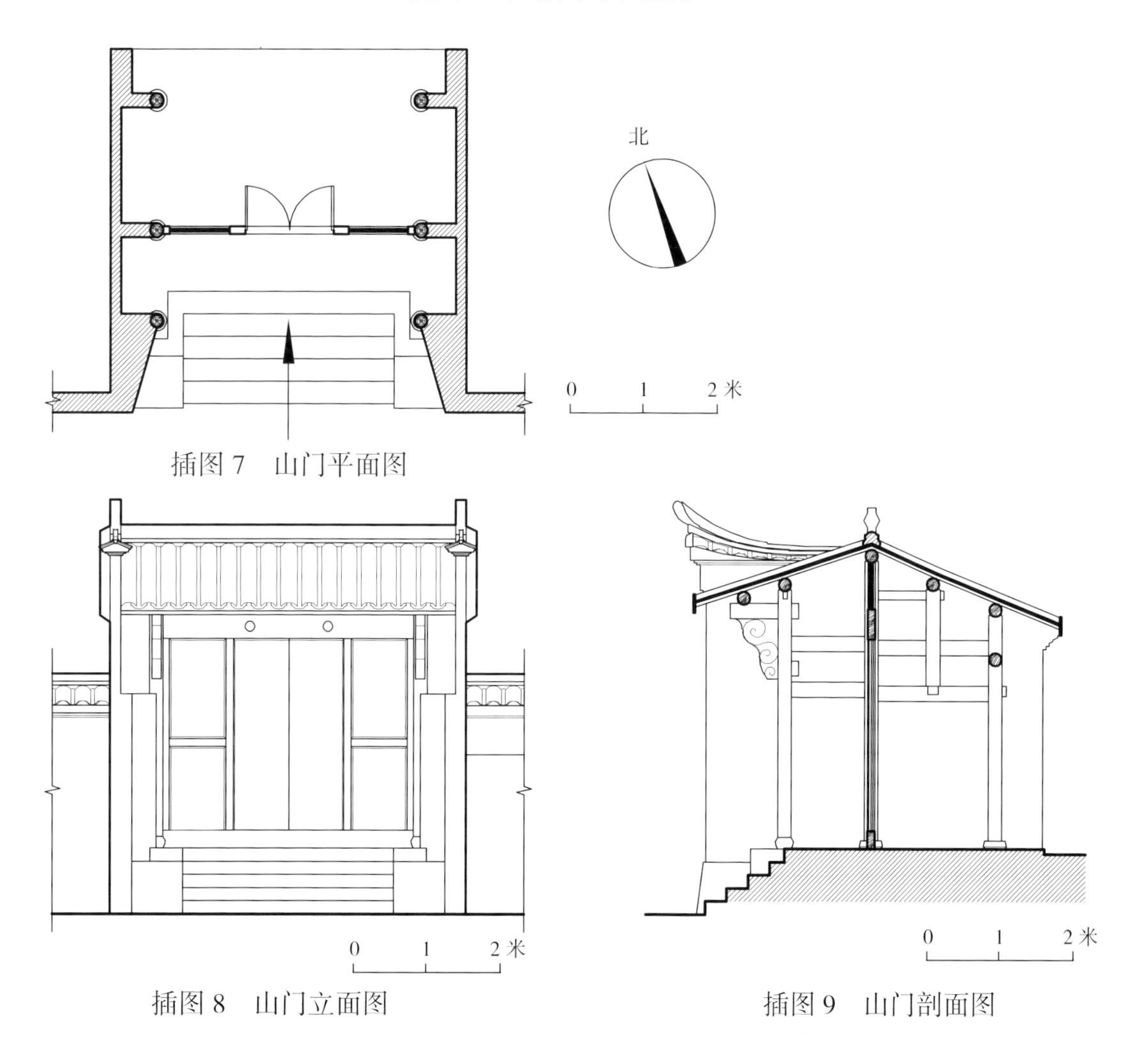

插图 7　山门平面图

插图 8　山门立面图

插图 9　山门剖面图

插图 10　山门正面

插图 11　山门背面

插图 12　山门前檐梁架

2、天王殿

清雍正八年（1730 年）至乾隆十三年 (1748 年）间创建，位于山门和放生池之间，坐北朝南偏西 13°，与山门相比，向东有所回转。天王殿为单檐硬山顶建筑，面宽三间、进深三间，通面阔 12.21 米，通进深 8.70 米。梁架组合方式饶有趣味：明间梁架四柱九檩，跨中穿插五架大梁；次间梁架五柱九檩，当中栋柱直冲到顶撑住脊檩。梁架如此灵活配置，兼具美观与实用。前金柱间穿插大型额枋，形如琴面月梁，底面雕镂花纹，上施一斗三升支撑金檩，后金柱与横枋构成一圈景框，将后檐柱间底面雕花的额枋与远处的延福寺大殿一并纳入景框。门窗上方檐柱间并不封实，而是用“工”字形板件支撑。上下檩之间，用雕作卷草纹的弓形劄牵相连，与横梁端部的鱼鳃纹等雕饰一起，为整栋建筑增加了很多活泼的动感。

天王殿台基高 0.18 米，前檐设排水沟，阶沿石与檐柱之间用卵石铺筑，室内地面用三合土，斜刻方格纹。明间柱础为鼓形，下垫古镜，前后檐柱柱础用鼓形，次间中柱与金柱柱础用櫍形。屋面用方椽，前后用封檐板，上方不施望板直接铺瓪瓦，屋脊亦用瓪瓦垒成。前檐明间檐下挂赵朴初手书“延福寺”匾一块。东缝五架梁下皮题“皇图巩固”，西缝五架梁下皮题“帝道遐昌”，皆为楷书。前檐明间东侧金柱刻“日日携空布袋少米无钱只积得大肚□□知众檀越信心时用他物供养”，西侧金柱刻“年年坐冷山门接张待李总见他欢天喜地问这头陀得意处是甚么来由”，字为楷书描金，楹底为黑色。

出天王殿，便是放生池。池长 10.5 米，宽 6.85 米，块石驳坎干砌，西南角设有出水口，以暗沟通往寺外。池岸四周围以 0.91 米高的石栏，望柱高 1.19 米，柱身断面方形抹角，柱头断面圆形，于柱头上半部分浮雕覆莲瓣三层。方塘内植荷花（插图 13 ～ 19）。

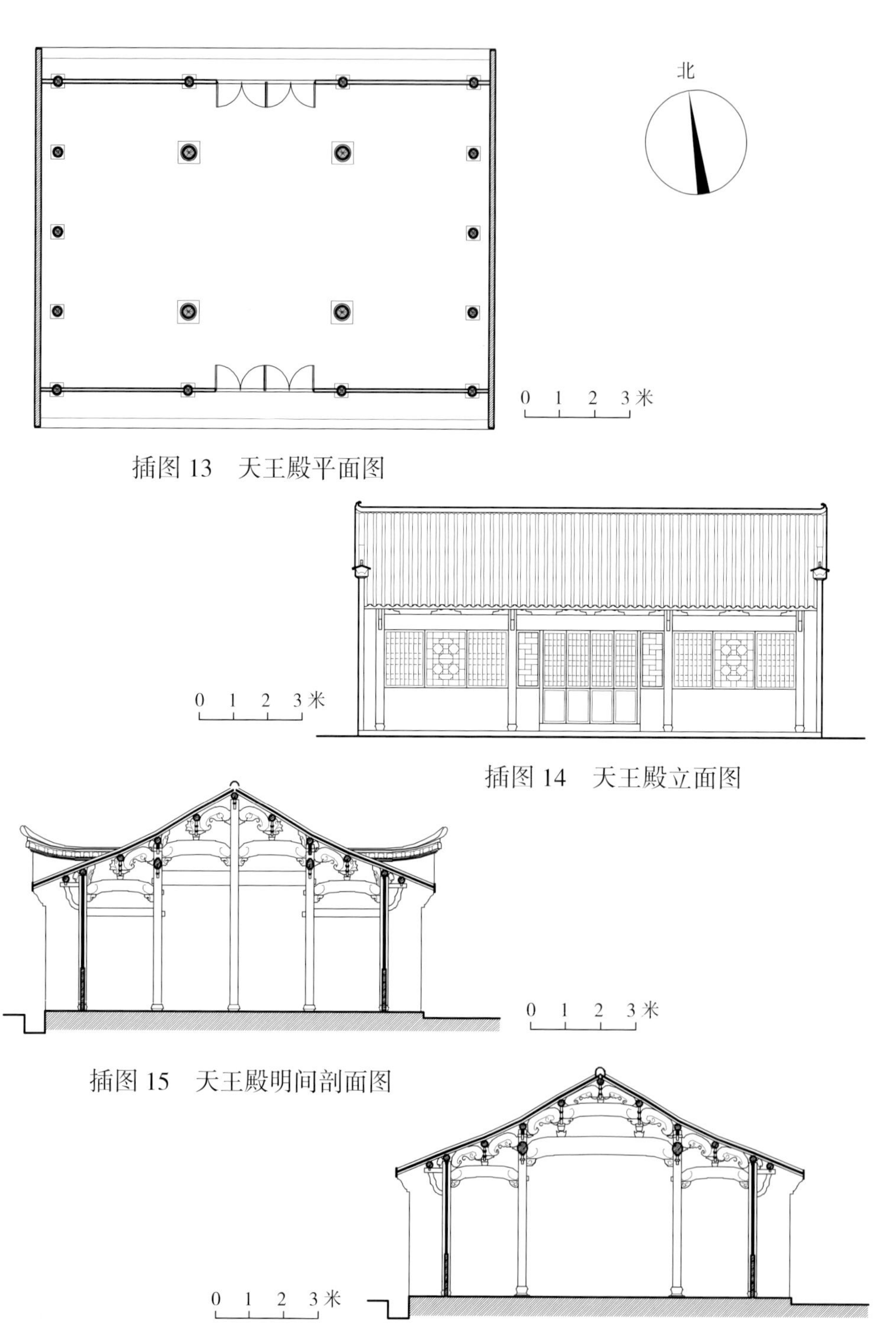

插图 13　天王殿平面图

插图 14　天王殿立面图

插图 15　天王殿明间剖面图

插图 16　天王殿次间剖面图

插图 17　天王殿正面

插图 18　天王殿明间梁架

插图 19　天王殿山面梁架局部

3、大殿

元延祐四年（1317 年）重建，是整个寺院的主体建筑。大殿坐北朝南偏西 10°，较之天王殿又向东有一些回转。大殿为重檐歇山顶建筑，下檐系明天顺年间修理时添加。现存建筑面宽五间、进深五间，面阔进深均约 11.7 米左右。元代遗存部分面宽、进深各为三间，平面呈方形，四内柱间置倒凹形佛坛，佛像已无存，周边副阶板壁墙上绘水墨画和墨书题字。上檐斗栱为六铺作单杪双下昂，用材为 15.5 × 10 厘米，补间斗栱当心间 3 朵，两次间各 1 朵，进深方向为第一间 2 朵，第二间 3 朵，第三间 1 朵。下檐斗栱为五铺作双杪，用材 11.5 × 6.5 厘米，补间斗栱布置和上檐一致，尽间均用 1 朵。梁架采用彻上露明造，只在当心间设天花藻井，梁架前后不对称，前内柱后移，用三椽栿，拓宽了佛坛前部的空间。梁栿皆为饱满的琴面月梁形制，另有劄牵梁做遒劲拱状，内柱皆用梭柱，三椽栿上蜀柱刻鹰嘴状，使得整座大殿透出一股清新古朴的美感。

大殿周边设排水沟，台基为卵石铺筑，室内铺方砖。柱础多用櫍形，只有正面当心间檐柱下施雕宝相花覆盆柱础，上加石礩，此为江南元代建筑常见的做法。屋面上檐用圆椽，檐口不钉封檐板，下檐用方椽，钉封檐板，椽上铺望板，其上瓪瓦仰合相扣，檐口用重唇瓪瓦装饰，正脊戗脊和搏脊皆是瓦条垒砌，筒瓦盖顶。

大殿内有题记五条：①内槽天花题记“尝闻善作始者贵善终善继志者贵善创今本寺大殿原有□释迦儒□并两傍大佛共七尊起始自唐天成时所塑绍熙□修元朝泰定甲子七年重修迄今已历数百有余□矣不料于清朝乾隆甲子年二月廿三日释迦并阿难二尊忽焉倾颓□□乙丑年重新塑过其有两傍□依旧换新或添□鈌一暨修理完备斯时也佛像□□金光彩焕恐其风雨之漂滋尘埃之飞坠因以创□□兟一座以□寸心使佛有久远之增光而我□无疆之厚福祈保□心坚固僧安和寺门兴旺福寿悠长 乾隆拾年乙丑岁孤冬 延福寺住持僧通茂徒定明 徒孙逢广”。②东次间乳栿下题记“康熙五十四年菊月重修僧普惠通德谨记”。③当心间上檐阑额下题记“大清雍正拾三年前僧师父普惠派下住持通茂□□同修葺大殿重建山门……”。④内槽三椽栿下题记：东“□□□□□□□家风益振”，西“天子万年膺虎拜化日舒长”。⑤前内柱之间内额下题记“伏承陶协应五兴甫□□舍杉木壹片陶仲纪仲□学士舍杉木□并杉木陈厚五学士同妻□□舍□□□□陶仲源学士舍柱并树木陶□功陈□□□□舍□木壹片尹贤一宣教同弟□□木壹片”。此外当心间在东缝后金柱与檐柱间的劄牵下，西缝后金柱与檐柱间的乳栿下，有墨书残迹，已不可辨认。

穿过大殿，便是后院。后院地势比前院高，虽然铺地整平，仍能感到坡度。院的尽端是中轴线上最后一座建筑观音堂，左右是两层高的厢房，观音堂前左右有两方水池，池鱼游弋，水池前有两株600余岁的罗汉松，荫蔽出一片清凉之地（插图20～23）。

插图20 大殿正面

插图 21　大殿背面

插图 22　大殿上檐前槽梁架局部

插图 23　大殿内景

4、观音堂

清光绪三十一年 (1905 年) 观音堂重建，它是延福寺的最后一进建筑，依山势而建，坐北朝南偏西 11°，与大殿基本处于同一轴线上。观音堂面阔七间、进深五间，通面阔 21.95 米，通进深 9.8 米。尽间山面前檐柱因与厢房相交而往内收进 0.8 米。明间梁架十檩用五柱，为五架梁前双步对后三步，次间、梢间和尽间梁架加设中柱，十檩用六柱。梢间和尽间被隔为上、下两层，用于僧人居住和堆放粮食等物品，底层至楼板高度为 2.5 米。当中三间设一字形佛台，供奉观音和土地，两侧实墙围合。地面用三合土铺筑，不加纹饰，柱础除明间前檐金柱用瓜楞敞口形，下垫覆盆外，其余均用鼓形，其中后檐内柱的柱础较大，其余较小。前檐柱顶外施雀替，雕成狮、象等造型，上施琴枋，支撑蝴蝶状的花机，均施以各色彩绘，显示出一种民间艺术的气氛。

观音堂布局很有意思，它临水而起，居于 1.18 米高的驳坎块石台基上，当中设有台阶可入殿内，尽间亦设有台阶，但却呈开敞式，不设门窗，空出前廊通道，因为处在罗汉松的阴影中，不甚引人注目，但却是一处极好的纳凉地。两段台阶间便是方池，水是殿后地下泾流及山泉汇集而成（插图 24 ～ 34）。

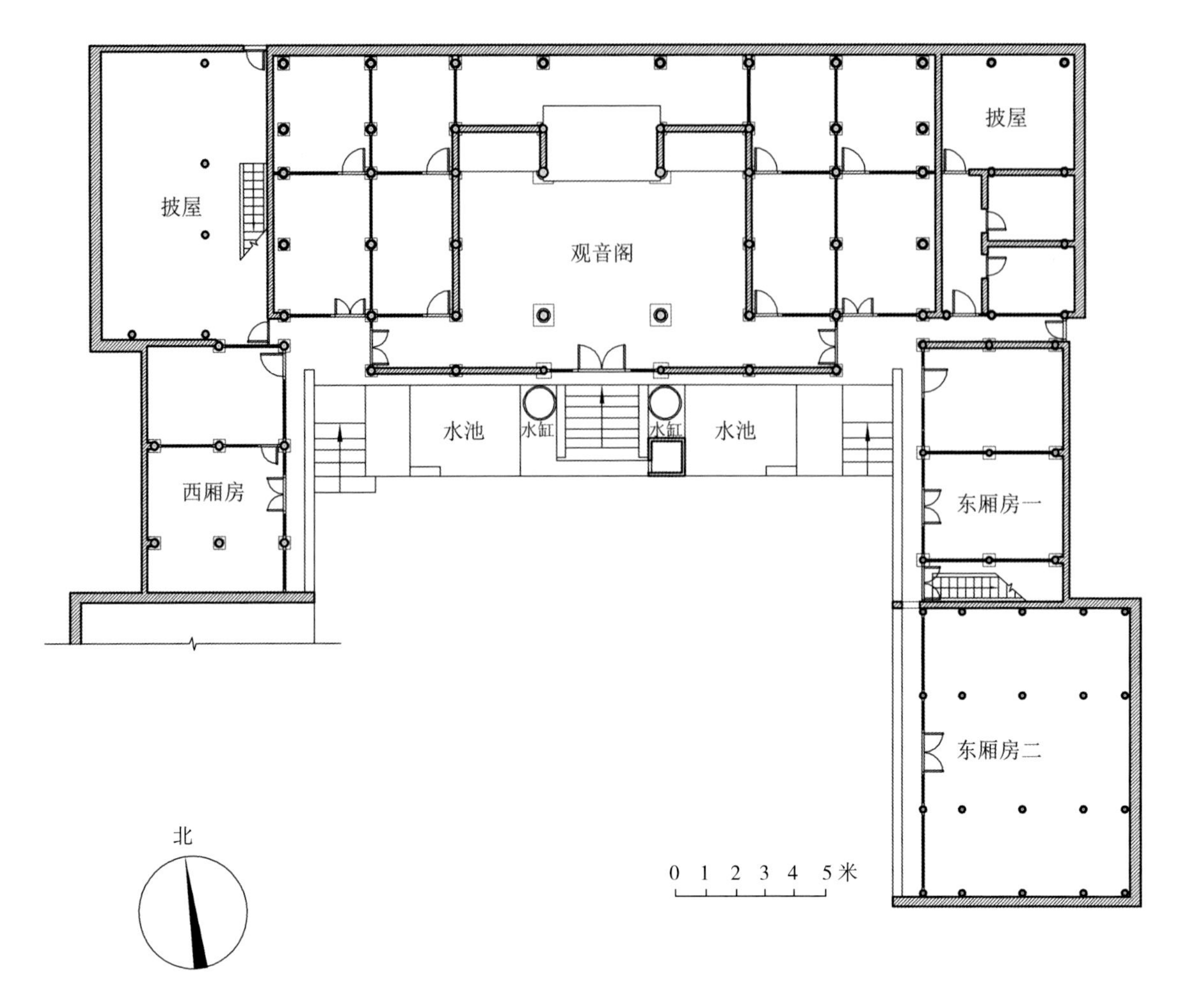

插图 24　观音堂、东西厢房一层平面图

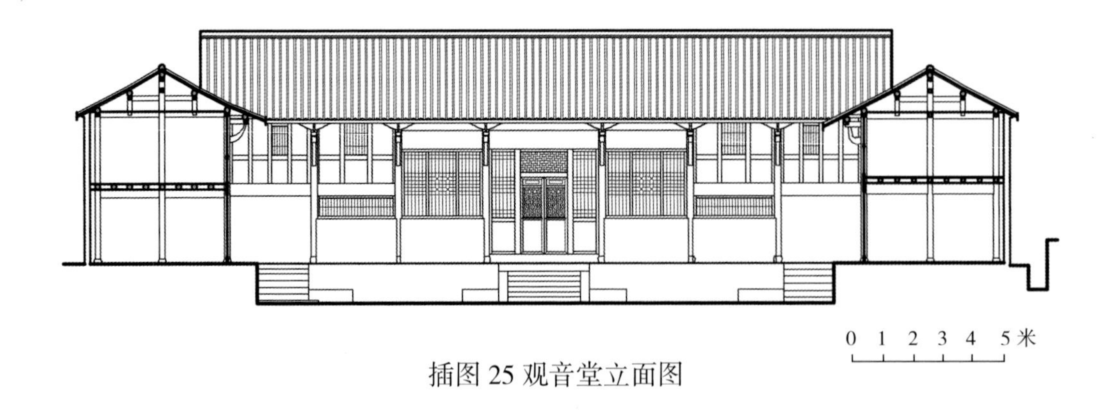

插图 25 观音堂立面图

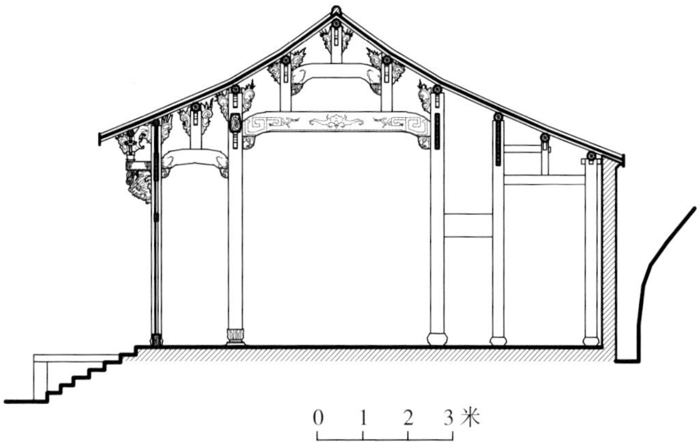

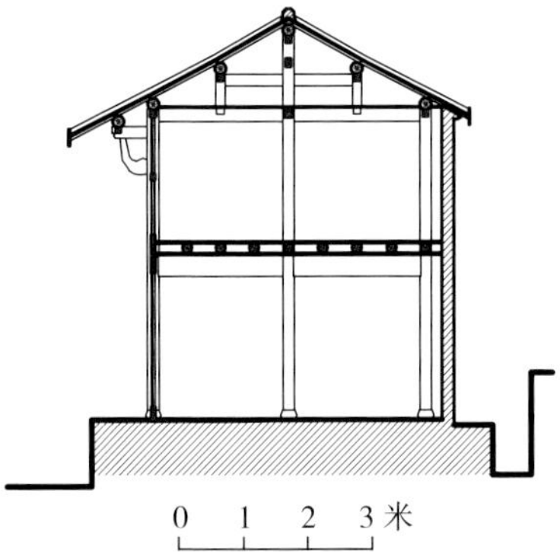

插图 29　东厢房一剖面图

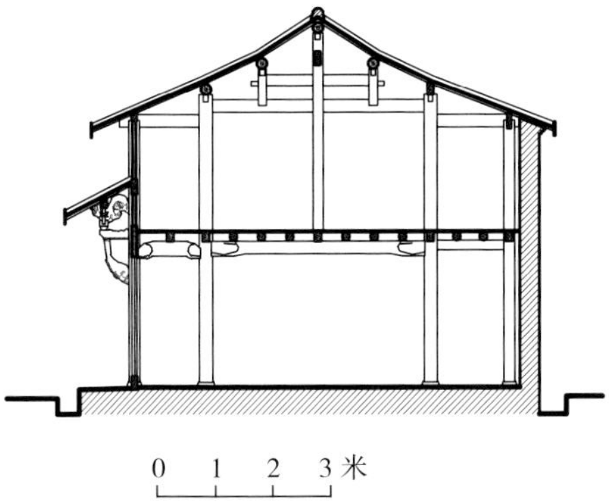

插图 30　东厢房二剖面图

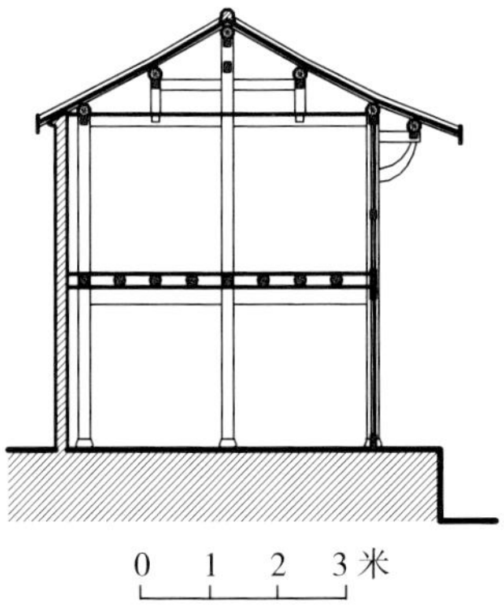

插图 31　西厢房剖面图

插图 26　观音堂明间剖面图

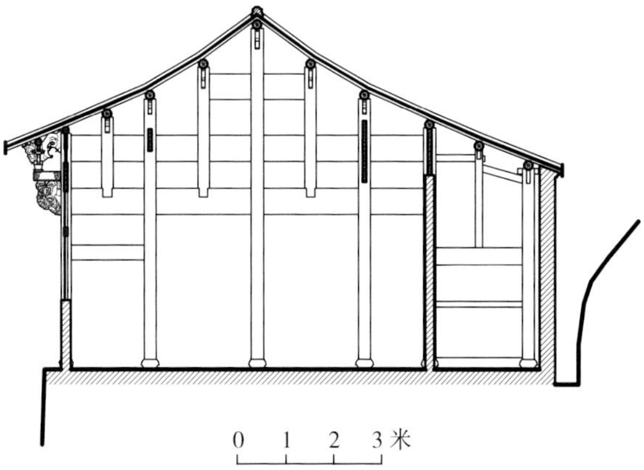

插图 27　观音堂次间剖面图

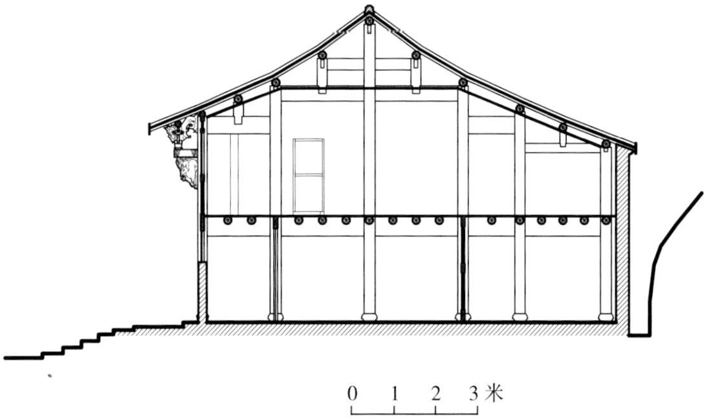

插图 28　观音堂梢间剖面图

插图 32　观音堂正面

插图 33　观音堂明间梁架局部

插图 34　观音堂前檐西视

5、东西厢房

后院左右对设厢房，因地势分成北高南低的两部分。西侧厢房的南房已毁，现建有三开间木构人字梁架两坡屋于原址上。东侧厢房则保存较好，其北房建在与观音堂同高的台基上，单檐硬山顶。南房台基较北房台基低约 1.10 米，重檐硬山顶，南北两房共用一堵山墙，后檐下用块石干砌驳坎，台基下筑有排水明沟。

东侧的南厢房檐下做法和观音堂相似，也作牛腿、琴枋和花机，只是雕刻没有那么复杂，且不施彩绘，牛腿只做圆弧造型，端部雕出鱼鳃纹和卷草纹饰，下大上小的断面和曲线的造型饱满有力且富有弹性（插图 35、36）。

插图 35　东厢房正面

插图 36　东厢房一层挑檐

6、其他文物

（1）元泰定甲子刘演《重修延福院记》碑

这是延福寺保留下来具有重要史料价值的碑刻，是了解延福寺的历史，研究宋元时期该地区佛教、社会、文化等的可贵实物例证。此碑碑身高 165 厘米，宽 76 厘米，厚 14 厘米，为《营造法式》所载“笏头碣”形制（插图 37、38）。

（2）明天顺七年陶孟端《延福寺重修记》碑

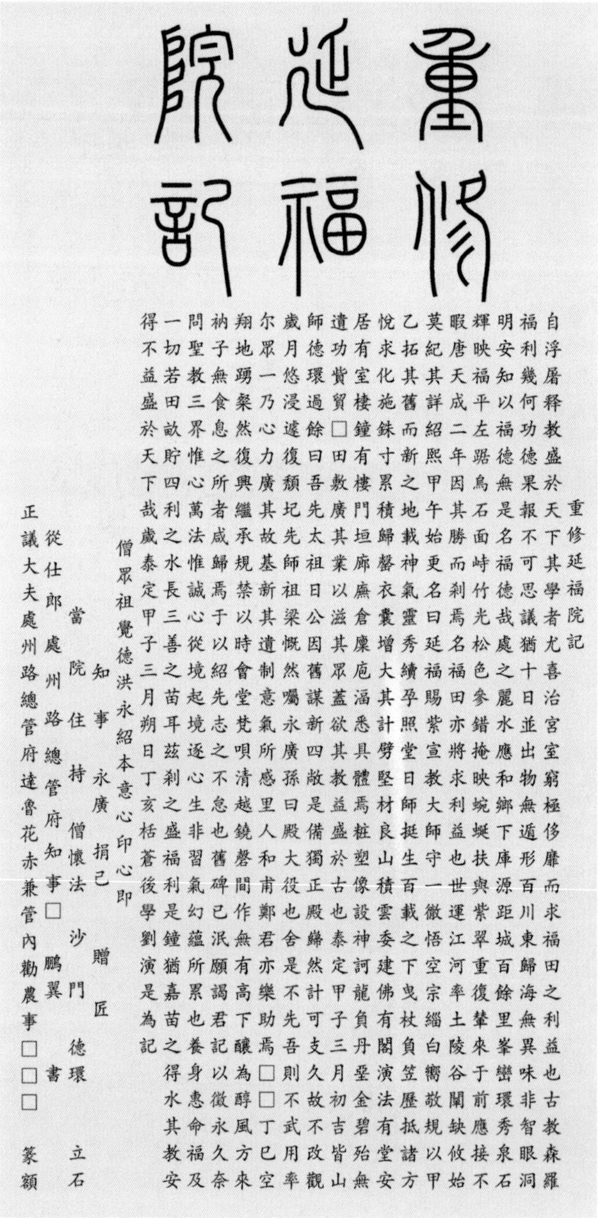

重修延福院記

重修延福院記

自浮屠釋教盛於天下其學者尤喜治宮室窮極侈靡而求福田之利益也古教森羅
福利幾何功德果報不可思議猶十日並出物無遁形百川東歸海無異味非智眼洞
明安知以福德無是名福德哉處之麗水應和鄉下庫源距城百餘里峯巒環秀泉石
輝映福平左踞烏石面峙竹光松色參錯掩映蜿蜒扶輿紫翠重復犇來于前應接不
暇唐天成二年因其勝而剎焉名福田亦將求利益也世運江河率土陵谷闕缺攸始
莫紀其詳紹熙甲午始更名曰延福賜紫宣教大師守一徽悟空宗緇白嚮敬規以甲
乙拓其舊而新之地載神氣靈秀續孕照堂日師挺生百載之下曳杖負笠歷抵諸方
悅求化施銖寸累積歸罄衣囊增大其計劈堅材良山積雲委建佛有閣演法有堂安
居有室樓鐘有樓門垣廊廡倉廩庖湢悉具體焉粧塑像設神訶龍負丹堊金碧殆無
遺功貲貿□田數廣其業以滋其眾蓋欲其教益盛於古也泰定甲子三月初吉皆山
師德環過餘曰吾先太祖日公因舊謀新四敞是備獨正殿巋然計可支久故不改觀
歲月悠浸遽復頹圮先師祖梁慨然囑永廣孫曰殿大役也舍是不先吾則不武用率
尔眾一乃心力廣其故基新其遺制意氣所感里人和甫鄭君亦樂助焉□□丁巳空
翔地踴槃然復興繼承規禁以時會堂梵唄清越鐃磬間作無有高下釀為醇風方來
衲子無食息之所者咸歸焉于以紹先志之不怠也舊碑已泯願謁君記以徵永久柰
問聖教三界惟心萬法惟誠心從境起境逐心生非習氣幻蘊所累也養身患命福及
一切若田畝貯四利之水長三善之苗耳茲剎之盛福利是鐘猶嘉苗之得水其教安
得不益盛於天下哉歲泰定甲子三月朔日丁亥栝蒼後學劉演是為記
僧眾祖覺德洪永紹本意心印心即
知事　永廣　捐己　贈　匠
當　院　住　持　僧懷法　沙門　德環　立石
從仕郎處州路總管府知事□鵬翼　書
正議大夫處州路總管府達魯花赤兼管內勸農事□□□　篆額

插图 37　刘演碑碑阳文字翻录

插图 38　刘演碑拓片

该碑记录了明初兵乱后延福寺的一次重修事件，与刘演碑遥相呼应，是追溯延福寺历史面貌的又一宝贵资料。此碑碑身高182厘米，宽65厘米，厚13.5厘米，也是笏头碣形制（插图39、40）。

（3）铁钟

寺内有宋代铁钟一口，现位于大殿东侧，刘演碑“栖钟有楼”，今楼亡而钟移置于此。钟通高156厘米，身高126厘米，下口径107厘米，八耳浅波形沿口。钟身分为上下两层，

延福寺重修記

延福寺重修記

栝郡有新邑曰宣平乃麗水之分邑也邑有鄉曰應和蓋因其舊名也鄉有寺曰延福亦承其舊額
也距邑二十餘里峯巒環拱潤水廻逸寺立其中一境清幽四園蒼翠為山間之勝地也寺之創始
莫究其詳據舊碑所載唐天成二年名曰福田至宋紹熙賜名延福歷元至今殿閣廊廡廢興□□
其故在於時之治亂僧之賢否致其然耳宋時有賜紫宣教大師守一者修瓶苟完張設甚美□□
時有照堂日師及德環等継置田山重立碑記基業多寡歷歷可知歲月侵尋崩壞雖說尚得僧□
宗晉惟謙相繼葺理堂殿獲存其徒文碧潤清有志空門棄俗入寺夙興夜寐春耕夏種營作惟勤
積累稍念正統年間鄉寇驀發僧俗出避官兵往復毀宇為薪存者無幾迨靖複業文碧等規法界
之殘悉意生殖數年之間諸工旋作群廢具舉圖繪殿壁修創廊廂且購得膏腴之田事業孔般天
順癸未仲春一日潤清忽手持竹楮數幅來告予曰小釋子發誓出家盡心竭力不能弘振宗風□
買得薄田數畝恐經年遠或致遺昧欲鐫一石為記以免後之棄失非敢言功德也願丐大筆記之
以傳永久予推佛氏之教始于西域自漢行入中國上下崇信寺院制建不啻千百所習其教者甚
衆有能洞達禪理覺悟真空者其次有遵守清規增龍法界者餘則有□蒙釋教切竊衣食者此□
不足言矣吾鄉往往出家居守茲剎者賢否悉皆有之鄉人所共知者也其間暗侵公利明貯私□
或肥潤于裕累者皆不久而衰歇若惟謙文碧潤清者幾何人哉今立茲石以為後來者知廣業之
艱難與得名之不易俾能朝夕經理不至於懈怠廢弛縱不能覺悟具空亦可以增隆法界為釋門
之盛事也予見其能重公而輕私紹先而繼後誠可嘉也遂爲條其續置之業以記之
大明天順七年昭陽協洽之歲醜月吉日鮑村巡檢司巡檢桃溪陶孟端　撰
門人余懷義　書
本寺住持惟謙
文碧
潤清
捐己立石

插图39　陶孟端碑碑阳文字翻录

插图40　陶孟端碑拓片

每层六个方格，上大下小，上层有三个方格铸字，其中一格铸："处州丽水县应和乡延福院住山比丘……徒众协力遍结僧俗，时宝佑乙卯腊月……，铸匠碧湖柳德清"。其左一格铸"南无大乘金光明经、南无大乘妙法莲华经"。其右一格铸："皇帝万岁，重臣千秋，佛日增色，法轮常转"。

此钟对于延福寺意义当不比寻常，刘演碑最后论及教义，借用了《释氏要览》中讲田相法衣的一段话："田畦贮水，生长嘉苗，以养形命，法衣之田，润以四利之水，增其三善之苗，以养法身慧命"，一方面点出福田之意，一方面又说"兹刹之盛，福利是钟，犹嘉苗之得水，其教安得不益盛于天下哉"，突出了钟的重要性。

（4）铜钟

寺内尚有铜钟一口。唐大历十二年铸，原存放于宣平冲真观内，1968年冲真观被毁，移至延福寺保管。唐代铜钟国内保存至今的并不多见，这一口铜钟也十分珍贵（插图41、42）。

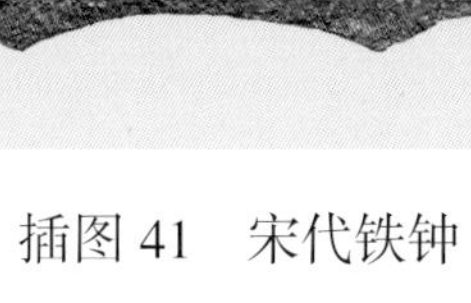

插图41　宋代铁钟

插图42　唐代铜钟

（5）石狮

大殿有石狮一对，体型较大，长约100～110厘米，高约60～70厘米，造型古朴生动，从形态及雕刻刀法看，似为元代以前之物。两狮均作伏地状，头微微侧向，毛发卷曲，一只张口，当为公狮，另一只闭口，当为母狮。按照常规做法，公狮应位于东侧（大殿左侧），母狮应位于西侧（大殿右侧），以其姿态而言，颇像是唐宋建筑中常见的角石，后世较为少见（插图 43）。

插图 43 石狮

（6）镇澜桥

距离延福寺约 330 米的山脚下，有一座跨溪而建的清代石拱桥——镇澜桥，桥上可辨认留有建桥亭的遗迹，从桥亭遗迹和已经废弃的登山道路的遗迹来看，应是当年信众来延福寺进香礼佛的古道。从形制上看，石拱桥和桥亭均有一定的规模，与现在寺院基址的距离比较远，走向也不一致。另外，在寺院东侧早已开垦种植的地方，又曾发现过卵石筑砌的地面、墙脚基石等，虽然不像是最早时期的建筑，但也可能曾经是寺院的一部分。根据现有碑记对延福寺繁盛时期的描述来分析，早期延福寺的建筑布局可能超越现有范围。有两种可能：一是在现在的基址以外，当初还有部分建筑分布在左右更为广泛的区域之内；二是寺门的正南方向可能还有建筑或构筑物，并应该有和建筑物中轴线相一致的进香道路，而不会像现在这样要绕过西边的小山梁到达寺院的山门。而作为大雄宝殿的元代建筑有可能处于中轴线比较靠后的位置。现存的格局，大致应是明代中叶以后形成的。当时的重修，是在矿工和农民起义中曾经发生过“官兵往复，毁宇为薪，存者无几”的惨痛教训的状况下开始的，或许为避免以后再出现人为破坏，或因财力掣肘，不得已将建筑后移并紧缩在现有基址之内。当初过桥拾级而上的道路和原有位置趋前的殿堂未加修复。总的来说，虽然当时延福寺的规模比不上城里的大型佛教寺院，但却是一座规制完整的庙宇，有着完整和清晰的中轴线概念，符合唐宋时期一般佛教寺院的规制要求（插图 44、45）。

插图 44　镇澜桥北面全景

（7）出土文物

修缮期间，在整治后院降低地坪的过程中，出土了很多大号瓪瓦、筒瓦、方砖和瓦当，瓦当大小各异，图案多样，出土最深处距离地面 1.2 米。在整治放生池和大殿右侧深水沟时，出土一些瓦片和瓦当。在整治大殿地基时，在佛座后侧和西侧距地表 50 厘米以下发现两条

插图 45 镇澜桥东面全景

用五层筒瓪瓦筑成的坎儿，长约 4 米多，高 60 厘米，中部有虎头瓦当，用途不明。这些建筑构件对于了解延福寺建筑形制规格和演变过程，具有重要的参考意义（插图 46）。

插图 46 出土筒瓪瓦

二、建筑营造与价值综述

（一）选址布局

1、选址

（1）禅宗教义

根据元代泰定甲子刘演《重修延福院记》碑和《宣平县志》记载，延福寺最初是作为佛教禅宗寺院创建于五代后唐天成二年（927年）。

禅宗是纯粹的中国佛教的产物。汉代时佛教自印度传入，至魏晋南北朝时期，印度大乘佛学与中国本土的传统儒、道文化和魏晋“玄学”文化相互碰撞、融合，形成了从佛性理论、修行方式到终极境界自我完足的思想，中国禅宗及其思想初具雏形。隋唐时期，六祖慧能创立南禅宗，推动禅宗不断发展成熟并走向繁盛。唐中叶至五代，禅宗更以南方为重地，其势力甚至压过禅宗以外的其他佛教流派，呈现出“一花开五叶”的兴盛局面。同时，随着禅宗的发展，禅僧的修行和生活方式都发生了变化，由遁隐、游化到定居一处，这一变化过程以晚唐百丈禅师的别立禅院为转折点，独立的禅宗寺院亦随之出现，至唐末五代禅寺的兴建在南方地区达到繁盛。

延福寺正是在这一历史背景下兴建的禅寺。它选址于旧时古道旁，其周围山水环抱，环境寂静清幽，是唐末五代乃至宋元时期禅寺择址的首选场所，它的选址思想与禅宗教义以及禅宗的发展历程更是密不可分的。

从禅宗教义角度来说，它一方面提倡“触类是道”的山水自然观，认为自然山水具有佛道的彰显外化功能[8]，见道之人能从这种对自然的直觉观照之中，契悟宇宙的实相，达到“明心见性”、“顿悟成佛”的境界。如唐代“灯录”里的著名偈语“青青翠竹，总是法身；郁郁黄花，无非般若”，即证明了自然山水是禅道对应物和统一体的观点。另一方面，自然山水也是禅宗悟道、喻道的借助物。寂静空灵的自然山水，起到了自然纯化的作用，使自然之境转化为内心的自然意境。慧能时代的高僧玄觉在其《证道歌》中曾说：“入深山，住兰若，岑岑幽邃长松下，优游静坐野僧家，阒寂安居实萧洒”[9]。从中反映出禅僧借助自然万物超越世俗，从而升华到洞明佛性的禅佛境界。上述两个方面揭示出禅宗教义与自然山水之间的深刻联系，这也是延福寺及其他众多禅寺择址最为重要的因素。

延福寺这类禅宗寺院选址于寂静山林也是顺应禅佛渊源和发展的必然结果。禅宗源自印度佛教，印度佛教与自然、山水原本就有着不解之缘。据佛经记载，释迦牟尼修道之初，至跋伽仙人苦行林中；见园林寂静，心生欢喜，即坐林中树下，观树思维，感天动地，六反震动，演大光明，覆蔽魔宫，后遂成道。而禅宗在中国的形成和发展过程中，又与中国“崇尚自然”的传统思想文化相融合，在印度佛教的基础上进一步强化了“自然”的概念，尤其是魏晋之后与中国士大夫自然田园式隐逸的人生哲学相融合，深刻影响了禅宗寺庙的择址思想（插图 47、48）。

（2）风水思想

风水，也称堪舆，是中国古代有关住宅、村镇及城市等居住环境基址选择及规划设计的学问。风水以“负阴抱阳、背山面水”为基本的观念原则，从一个角度体现了中国“天人合一”的传统文化思想，是中国历代传统建筑选址的准绳。延福寺的选址当然也脱离不了“风水”的影响。首先，它背倚后龙山主峰，以此作为主山形成屏障，左右岗阜环绕，与主山连成一体呈环抱之势；前有桃溪曲折流过，隔溪面山以饭甑坛为案山；这样一处封闭空间形成了良好的小区域生态和气候环境，冬暖夏凉，气候宜人，周边山体植被丰茂。可以说，延福寺所选基址环境符合理想的风水格局，成为中国古代建筑风水择基的直接见证。另外，延福寺殿址坐北朝南，地势较为平坦且前低后高具有一定的坡度，有利于雨水和山水排泄，避免寺院内部遭受水患侵扰，同时周边茂密的植被也避免了寺院周围水土的流失，是一处“标

插图 47　延福寺北面山形环境

插图 48　延福寺南面山形环境

准”的吉祥福地。

2、布局

佛寺布局发展变化的主要诱因是宗教仪轨和僧团结构，自两汉佛教传入以来，随着逐渐本土化，寺院也呈现出由早期以塔为中心，发展为前塔后殿或左右并置，最终到以佛殿为中心的转变[10]，至禅宗兴盛，因其独特的制度，更发展成独特的样式，被称为伽蓝布局。唐代开始，禅宗寺院伽蓝布局初现，形成以法堂为中心[11]、东西列两序的格局形式。南宋之后，随着禅宗丛林的迅速发展，其寺院伽蓝布局形式也逐渐发展完善，并成为一种成熟、稳定的定式，并延续下来，一直影响江南地区后期禅宗寺院格局。张十庆参照五山十刹图[12]，并结合日本伽蓝七堂[13]的布局模式，对该定式进行总结，即以佛殿为中心的横纵十字轴结构，中轴线上纵列山门、佛殿、法堂和方丈；横轴线上厨库与僧堂对置于佛殿东西两侧。

根据延福寺历代修缮情况看，其寺院规模和格局可分为三个阶段：第一阶段自始建至南宋，即“福田院”时期，相关记载较少，推测寺院规模较小，体制较为简单；第二阶段自南宋起，宋元一脉相承，属“延福院”时期，规模扩充，体制渐臻完善，发展达到鼎盛，寺院格局属禅宗伽蓝式；第三阶段明清两代，属“延福寺”时期，历经衰败之后，明清寺院重整，规模变动虽然不大，但体制变化致使格局不同以往，如钟楼消失，增创天王殿等等，如今我们所见的延福寺格局大体即是清康熙、乾隆时期确定下来的。由此可以看出，延福寺伽蓝组织实为跨越千年的历史结果，其选址在五代，脉络和精华在宋元，现今格局在清康熙、乾隆时期。以此为纲，始可谈论规划布局。

参照禅宗伽蓝基本形制的发展规律，推测延福寺历代布局情况如下：

延福寺最初的布局已无可考，从其名“福田院”，或许受“福田思想”影响较大，因其基本说法是供养佛及圣弟子为福田，寺院以佛殿为中心或有可能。因无更多资料，其他建筑情况尚无法推测。

延福寺第二阶段上自南宋扩建起，下至元延祐重修，实为一派师徒所为[14]，其伽蓝布局基本成型大体是在南宋宝祐年间[15]。因其属禅宗形制，且有刘演碑文字记载，固可对其伽蓝布局做一推测。延福寺至南宋宝祐年间已经是“建佛有阁，演法有堂”（刘演碑），并未明确显示出有以法堂为中心的时期，或可认为延福寺一直是佛殿中心式布局。

宋宝祐年间完成的寺院建筑除佛阁之外，尚有法堂、僧堂（照堂）[16]、钟楼、山门、廊庑、仓廪、庖湢[17]。禅寺基本模式的重要元素都已具备，至于放生池（方池），此处虽未提及，但后世更无新增之说，且五山十刹图寺院前多设池，固也将其纳入。但延福寺未提及有鼓楼、经藏等建筑，故认为钟楼是独立于东侧的，西侧亦或有房舍如厕屋等。

复原的伽蓝布局以佛阁为中心。中轴线依次布置山门、佛阁和法堂，横轴线上布置僧堂和仓廪库房。遵照东西序列，西侧布置僧堂和照堂等修行场所，东侧布置仓廪庖湢等生活场所。钟楼列于山门东侧，厕屋位于西侧。廊庑环绕庭院，形成以佛阁为主的一进庭院，和以法堂为主的二进庭院，并以放生池作为一进庭院的点景。

延福寺第三阶段经历了元末兵燹致使的衰败，明初乡寇横行引起建筑毁坏，寺院建筑除大殿外所剩无几，禅门清规不再，废墟上重建起的伽蓝，布局也不同宋元。此基本布局仍以佛殿为中心，后殿重修作为观音堂，清康乾时期寺院出现一次振兴，增扩了寺院面积，创建了天王殿并两廊厢屋二十一间，但却再未重建钟楼，曾经被认为是“寺院福利”的铁钟受到冷落[18]，禅寺光辉一去不返（插图 49、50）。

3、环境意匠

延福寺总体布局不仅具有禅宗寺院伽蓝布局的特点，而且受到中国古代“天人合一”思想的影响。对于中国传统建筑群来说，在“天人合一”哲学思想的影响下，良好的规划布局主要表现在对自然的直接因借，与山水环境的契合无间。

延福寺利用自然地势合理布局，巧妙地解决了寺院内部排水问题，因其地处江南，雨

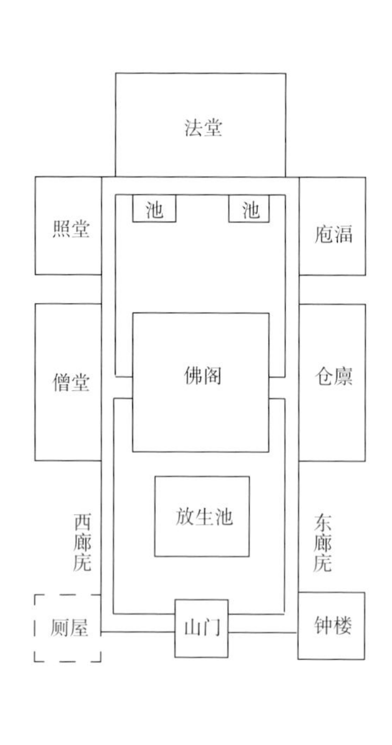

插图 49 延福寺宋代伽蓝布局推测图

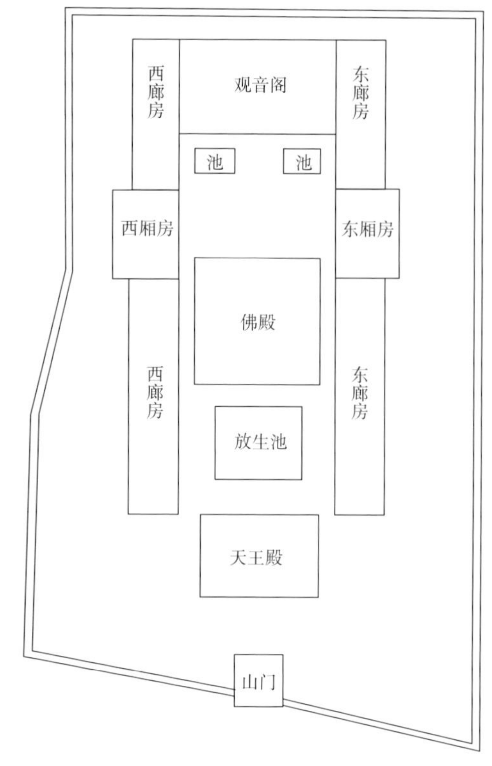

插图 50 延福寺明清伽蓝布局图

水丰润，寺址又处于山间谷地，周围山水均于此汇集流下，如何排水是一个关键问题。一方面，寺内轴线上建筑自南向北层层高起，形成后高前低的坡地，利于汇水迅速流经寺内向寺外低地和河流排泄；另一方面，寺内设计有一套完整的排水系统，特别利用放生池，达到了极好的蓄水防水作用。寺院最北是观音堂，建筑下有较高的台基，能起到有效的防护作用，前方左右各有一方水池，汇聚地下径流和山水，可以从后院地下暗沟流入大殿后檐的排水沟。大殿台基东、西外侧亦设有排水沟，水可由大殿两侧汇入殿前放生池。放生池西南角设有出水口，以暗沟通往寺外。如此一来，只要日常维护得当，寺院排水应当没有问题。

更重要的是，延福寺通过各部分建筑的巧妙布局，实现了对自然山水的合理因借，将自然景观引入寺内，使寺院自然地融入到山水环境之中。以早期的元代大殿为基准，案山饭甑坛处于大殿南北向中轴线南向延伸的终点，与大殿正对。山门、天王殿虽基本处于大殿中轴线上，但与大殿布局并不平行，天王殿较大殿略有转折，山门较天王殿亦有转折，两次转折之后，站于山门前内望，通过层层院落、殿门不能一眼望穿，直视大殿。并且，站在山门南望，远处的饭甑坛略偏，但与饭甑坛所在的山体大致平行，取景方正，有借得天地之气的感受。这种通过轴线微差变换使建筑群不仅随山就势而且取得良好景观态势的手法，实际上是“借景”理念的一种运用，这在浙江的寺庙建筑中并不是孤例。延福寺轴线的两次转折，让饭甑坛作为寺庙建筑群的“案山”一次又一次地进入人们的眼帘，强化其作为“案山”在组织整个宏观环境景观的作用，手法十分高明（插图 51 ~ 53）。

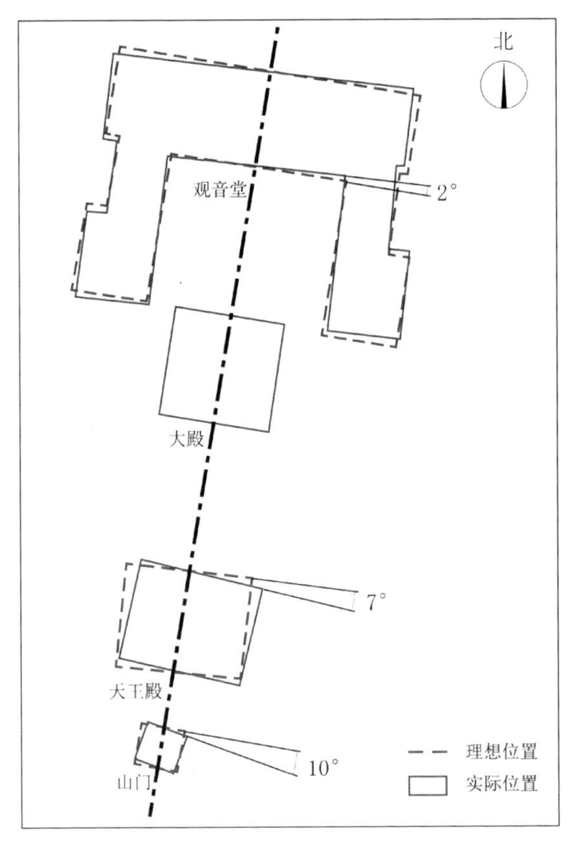

插图 51 延福寺建筑群现状布局关系图

插图 52 延福寺院落转折（自山门前北望）

插图 53 延福寺山门对景案山（自山门南望）

（二）建筑营造

1、大殿建筑形制与做法

大殿是延福寺主体建筑，为重檐歇山殿，方五间，八架椽屋副阶周匝。据文献史料记载和样式做法推测，上檐为元延祐四年重建，下檐为明代扩建。大殿总面阔约 11.7 米，总进深约 11.75 米，进深略大于面阔，但相差不足一尺，基本为正方形。元构部分总面阔约 8.44 米，总进深约 8.49 米，总高约 8.52 米⑲，长、宽、高尺寸基本接近。

（1）室内布局

大殿的核心是由四内柱围合而成的第一重空间，其面阔 4.54 米，进深 3.64 米，当中设置倒凹形佛坛。佛坛很大，前部直抵前内柱，两侧则越过柱中线，宽至柱外皮位置，后部斜抹两角让出柱位，一座佛坛几乎占满了整个开间。此四内柱造型呈明显的梭柱样式，在整座建筑中最为粗壮，其下方櫍形柱础的尺寸也最大。清乾隆年间在佛坛上方增设了板式天花，“恐其风雨之漂滋，尘埃之飞坠”⑳。

以四内柱为基准，檐柱向北、向西、向东各拓展 1.95 米，向南拓展 2.90 米，围合出第二重空间。此 12 根檐柱亦为梭柱样式，櫍形柱础也较内柱稍小，只在前檐平柱的櫍形柱础下又加垫了雕花的覆盆柱础。

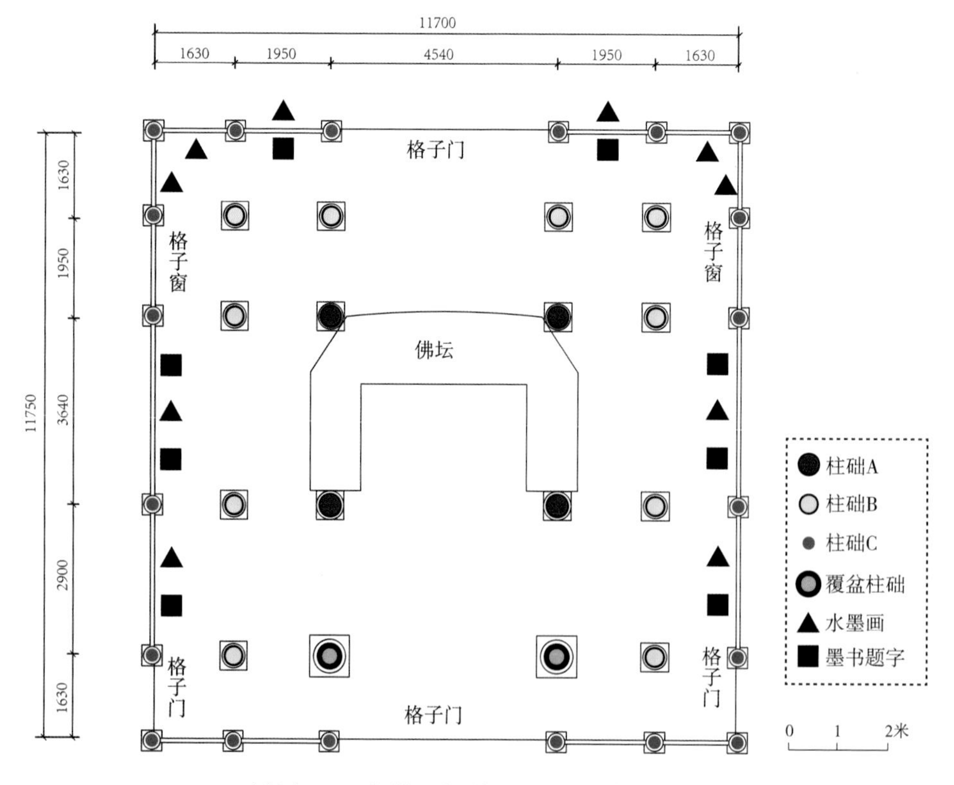

插图 54　大殿空间格局平面示意图

明代附加下檐，下檐柱自上檐柱向四周扩展 1.63 米，围合而成第三重空间。下檐柱之间为编竹夹泥墙，上绘水墨画及墨书题字，并于前后檐心间和两山南侧设门，前檐次间和两山北侧设窗。此 20 根下檐柱不做梭柱，柱顶亦非圆和卷杀，櫍形柱础尺寸均较小。

整体来看，大殿规模并不大，但当心间相对比例较大，梁思成先生见之亦不禁感慨："当心间特大，次梢两间之联合长度，尚略小于当心间"[21]。室内布局很有规律，同时强调核心空间和前部空间，柱和柱础的形制自中心向外围逐级递减，惟在入口处稍加点缀（插图 54、55）。

插图 55　大殿内景

（2）梁架结构

大殿梁架以内四柱所形成的第一圈构架为核心主架，几乎所有梁栿都至少有一端直接入内四柱，并作透榫出柱。在此核心主架中，前后内柱间用的三椽栿，东西内柱间用的内额，皆是两端入柱，因而构成一个围合的梁柱结构。内柱柱头上以襻间斗栱承托平梁，并在前后屋内额上施补间斗栱。

上檐柱以双重额相互拉结，形成大殿的第二圈构架，并借助横梁与核心主架组合成一体。横梁前用三椽栿，其余三面用乳栿，均是一端用檐柱斗栱承托，一端入内柱。三椽栿上另施蜀柱。乳栿下均用顺栿串拉结檐柱柱头和内柱，而三椽栿下不施顺栿串拉结，使得礼佛空间更为高敞。

下檐柱以阑额相互拉结，形成大殿的第三圈构架，并借助下檐乳栿与上檐构架组合成一体。下檐乳栿一端以下檐柱头铺作承托，另一端入上檐柱身。

大殿的整个梁架秩序井然，主要的承重构件——横梁和柱子紧密交接在一起，扮演了梁架结构中最重要的角色。除此之外，大殿在上下两槫之间另设有弓形劄牵拉结，惟脊槫两端未用。大殿上檐柱均向中心做两个方向的侧脚，平柱侧脚值大于角柱，柱顶连线呈内凹弧线，角柱较平柱生起6厘米。大殿屋顶为歇山造，歇山缝梁架做法简单，不施斗栱，

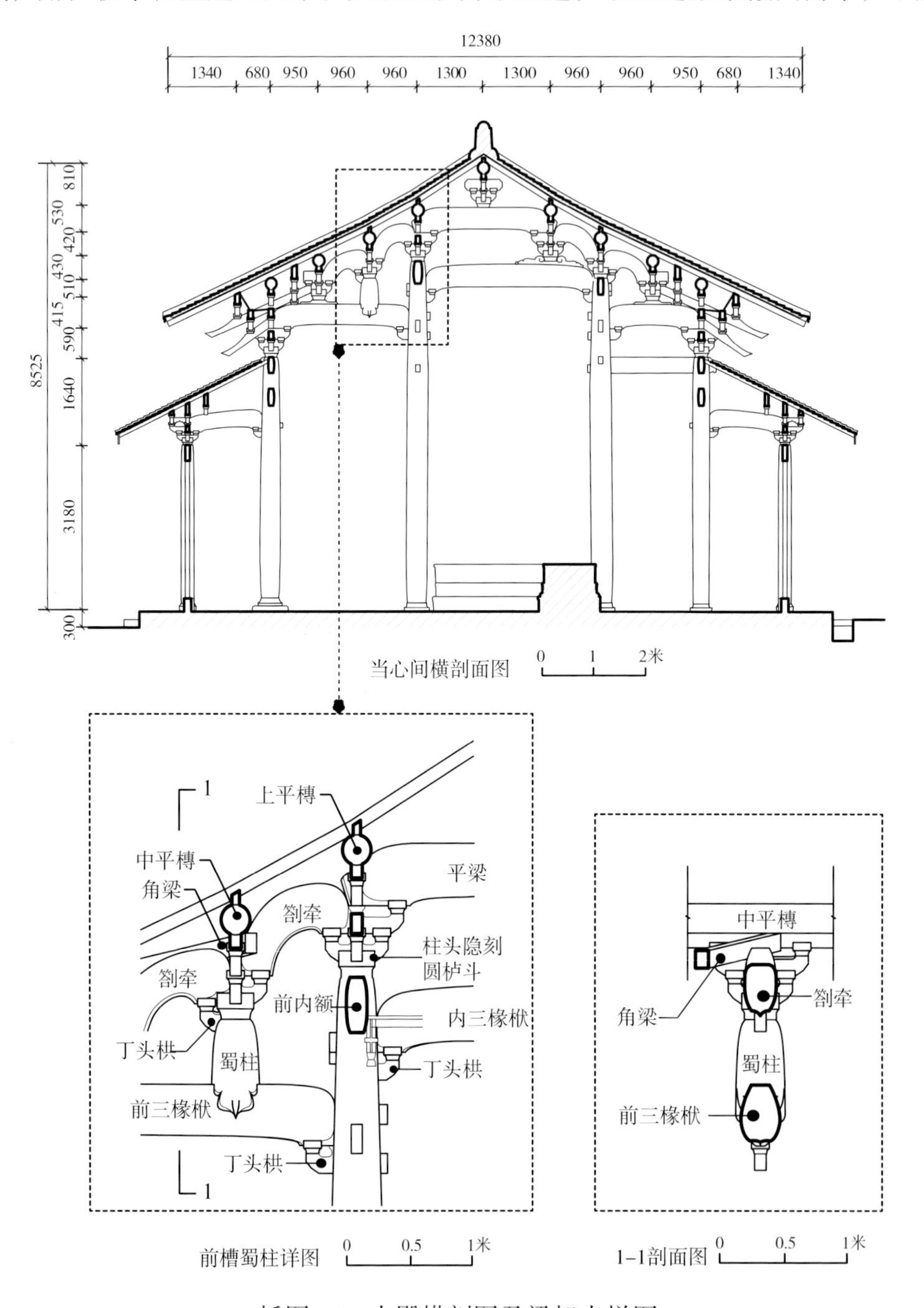

插图56　大殿横剖图及梁架大样图

屋架出际很长，距离檐柱中线约为半槫径，各槫上均设生头木，正脊两端生起较大。上檐转角处做法为转角铺作及补间铺作昂尾从三向挑斡交于下平槫。大角梁前端落在撩檐枋上，里转两架椽，后尾分别落在前槽三椽栿上蜀柱和后内柱之上，入襻间斗栱，挑中平槫。子角梁平贴在大角梁之上，并没有斜立翘起，但因同时使用生头木和子角梁，檐口曲线仍有较为明显的起翘。大殿屋架使用圆椽不用飞椽，上檐举折自下而上分别为 4.3 举、5.5 举、6.2 举，下檐一椽，4.8 举（插图 56 ~ 65）。

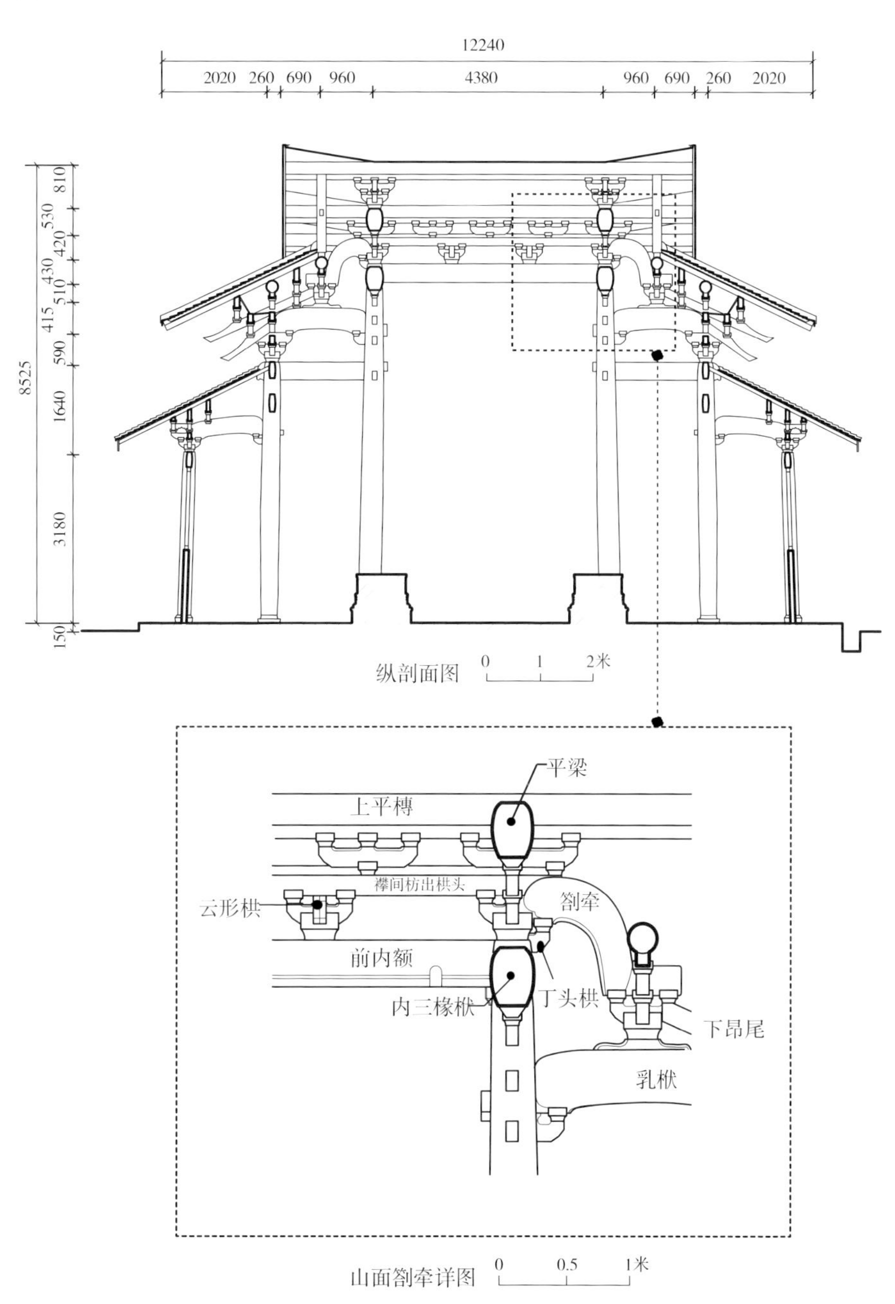

插图 57　大殿纵剖图及梁架大样图

插图 58　上檐前槽三椽栿梁架

插图 59　上檐西山乳栿上劄牵

插图 60　前内柱柱头梁架局部

插图 61　前内柱柱头

插图 62　前内柱襻间斗栱

插图 63　蜀柱

插图 64　歇山出际和生起

插图 65　上檐角梁

（3）铺作斗栱

①外檐铺作

大殿上下檐皆用斗栱，补间斗栱当心间用3朵，进深方向第二间用2朵，其余均用1朵，共计外檐斗栱84朵。上檐为六铺作单杪双下昂，单材15.5×10厘米，足材21.5×10厘米。栌斗宽30厘米，耳高8厘米，平高3厘米，欹高8厘米。交互斗宽16厘米，耳高3.5厘米，平高2.5厘米，欹高3.5厘米。下檐为五铺作双杪，单材11.5×6.5厘米，足材16.5×6.5厘米，用材小于上檐。

上檐柱头铺作外跳华栱偷心造，两层下昂各承单栱素枋，不用耍头；柱头中线上为三层单栱素枋层叠；里转两跳华栱偷心造，上层昂尾与下平槫下襻间相交，下层昂尾与梁栿相交，梁栿背上坐重栱素枋。补间铺作外跳与柱头铺作相同；里挑华栱上出靴楔以承昂尾，两昂尾不平行，上层昂挑斡下平槫，下层昂尾托于上层昂尾之中段，上施重栱素枋。

下檐柱头铺作外两跳华栱偷心，泥道两层重栱素枋，里跳华栱承乳栿。补间铺作外跳与柱头铺作相同，里挑华栱出三跳，“斗栱虽上下檐卷杀极相似，然究不及上檐老成，且后尾华栱上之素枋，雕刻已趋繁琐，近晚期做法，疑为明代作品，又经清代重修的”[22]（插图66、67）。

②襻间斗栱

室内斗栱基本都用于槫下襻间的位置。

脊槫下襻间为2材，重栱造，出一跳令栱，上承云形丁华抹颏栱，但未用叉手；上平槫下襻间为3材，前上平槫下襻间为单栱素枋交叠，在柱头处，纵架方向出柱的半栱头与丁栿上的弓形劄牵咬合，下设入柱丁头栱承托。横架方向前出一跳承弓形劄牵，后出两跳承平梁。并用补间，上层补间三朵不出跳，下层补间两朵均出足材云形华栱，上层单栱为重栱中的慢栱长度，下层单栱为重栱中的瓜子栱长度，但上下各随间均分，彼此并不对位。后上平槫下襻间为三重栱，前出两跳承平梁，后出一跳承弓形劄牵。中平槫下襻间为2材，前后均为重栱造，横架方向慢栱均与向上拉结的弓形劄牵端相交，瓜子栱均与向下拉结的弓形劄牵端相交，下设入柱丁头栱以承之。后中平槫下襻间另有丁栿上弓形劄牵，做法与前述相似，并用补间两朵，均做重栱造，不出华栱。下平槫下襻间为2材，前后均为重栱造，做法与中平槫襻间相似，惟向下拉结者不是弓形劄牵而是昂。除襻间斗栱外，内柱上亦做丁头栱以承梁栿（插图68 ～ 73）。

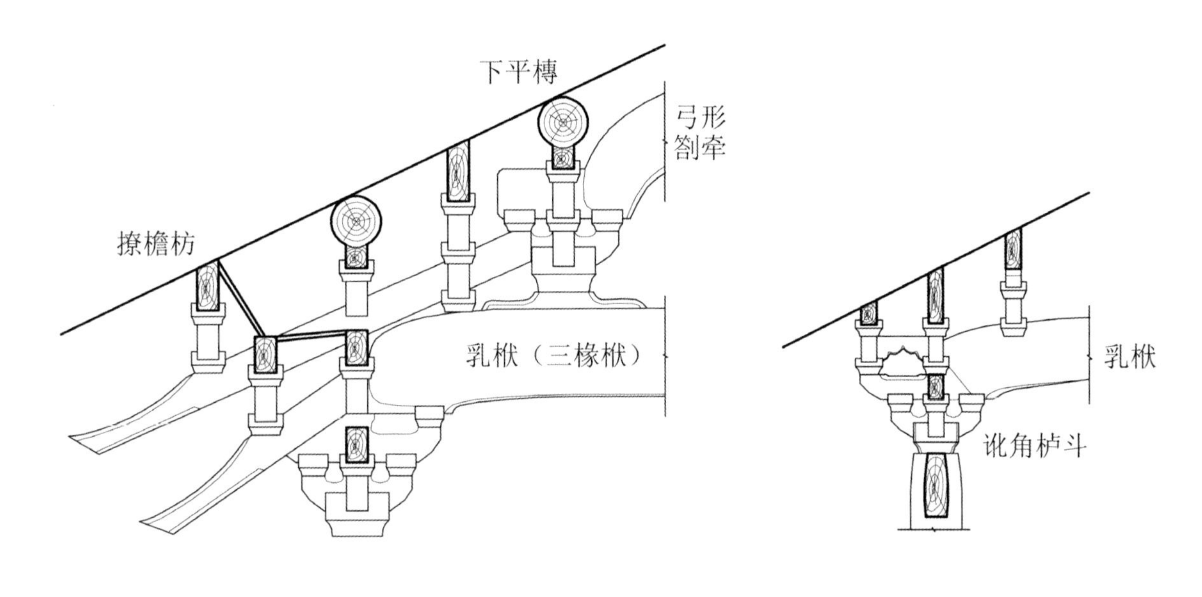

上檐柱头铺作侧视图　　下檐柱头铺作侧视图

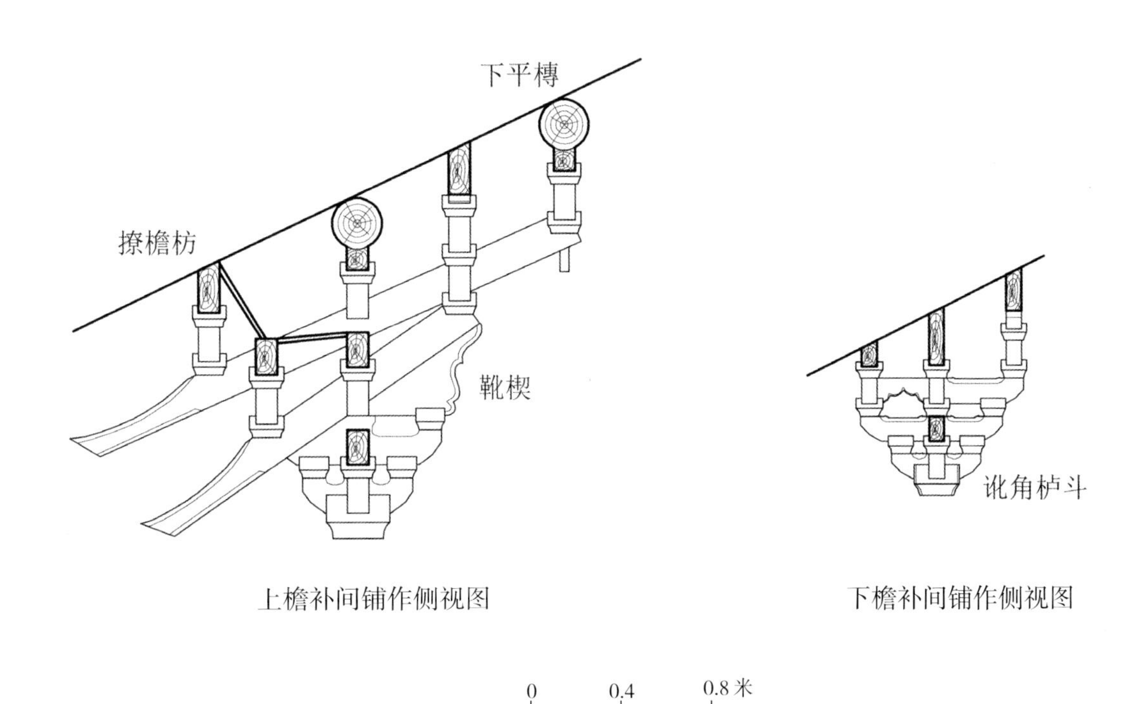

上檐补间铺作侧视图　　下檐补间铺作侧视图

插图 66　上、下檐柱头及补间铺作大样图

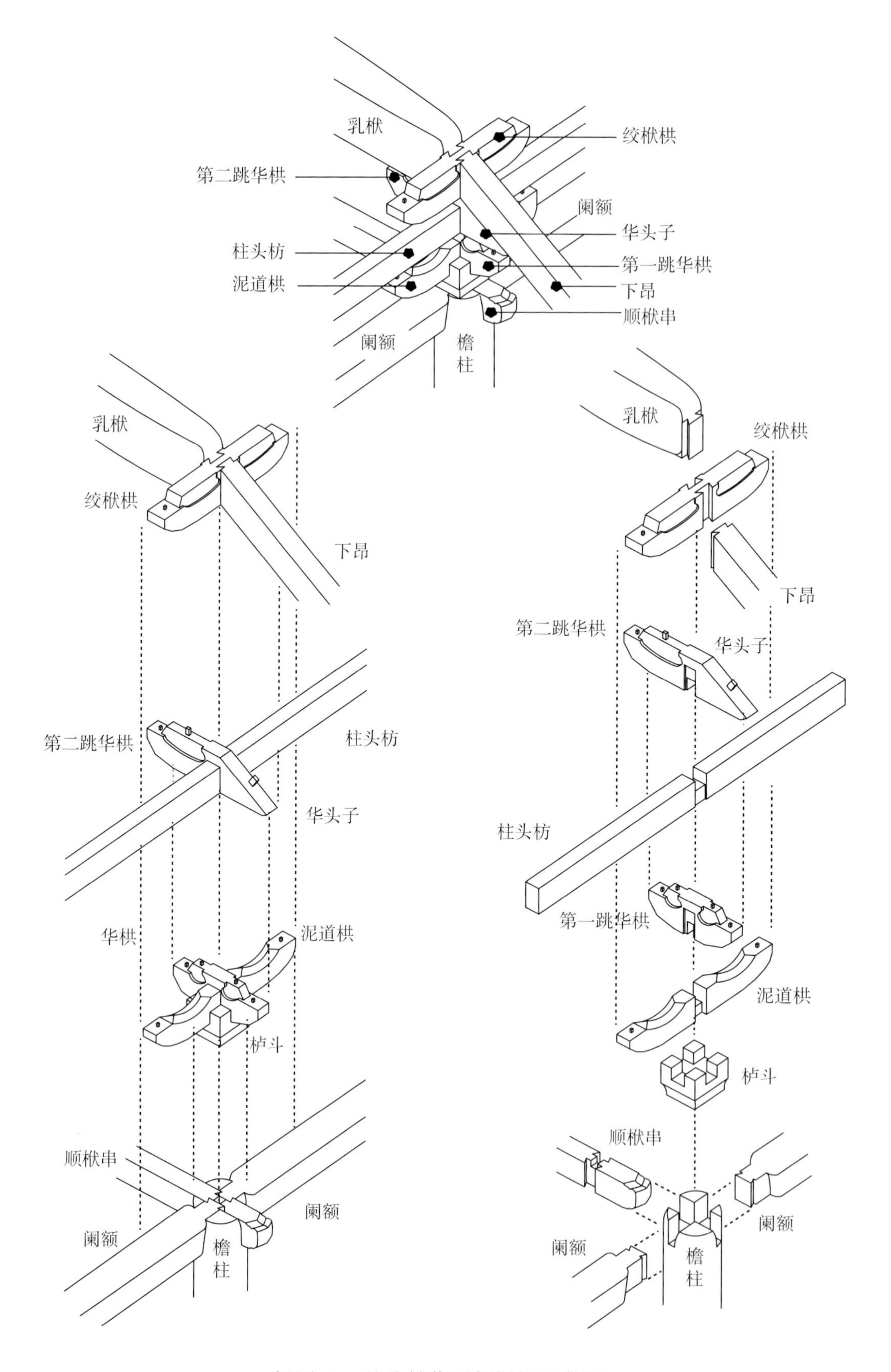

插图 67　柱头铺作局部拆解示意图

插图 68　上檐补间铺作

插图 69　上檐柱头铺作里跳

插图 70 上檐转角铺作外跳

插图 71 下檐转角铺作外跳

插图 72　下檐柱头铺作里跳

插图 73　当心间三椽栿上襻间斗栱

（4）样式做法

①柱

上檐柱皆为梭柱形，内柱下三分之一处最宽，柱径达 517 毫米，柱底径 457 毫米，柱顶径 312 毫米；“曲线柔和，尤以金柱为佳”，“最耐人寻味的是柱上下两段均有收分，是名符其实的梭柱，比《营造法式》所说自柱之上段三分之一开始者，挺秀多了”[23]。另外，殿身前槽三椽栿上用骑栿蜀柱，下端刻做鹰嘴状，柱顶至鹰嘴尖端长 0.75 米，上部卷杀，在梁栿相交处柱径达 380 毫米左右。

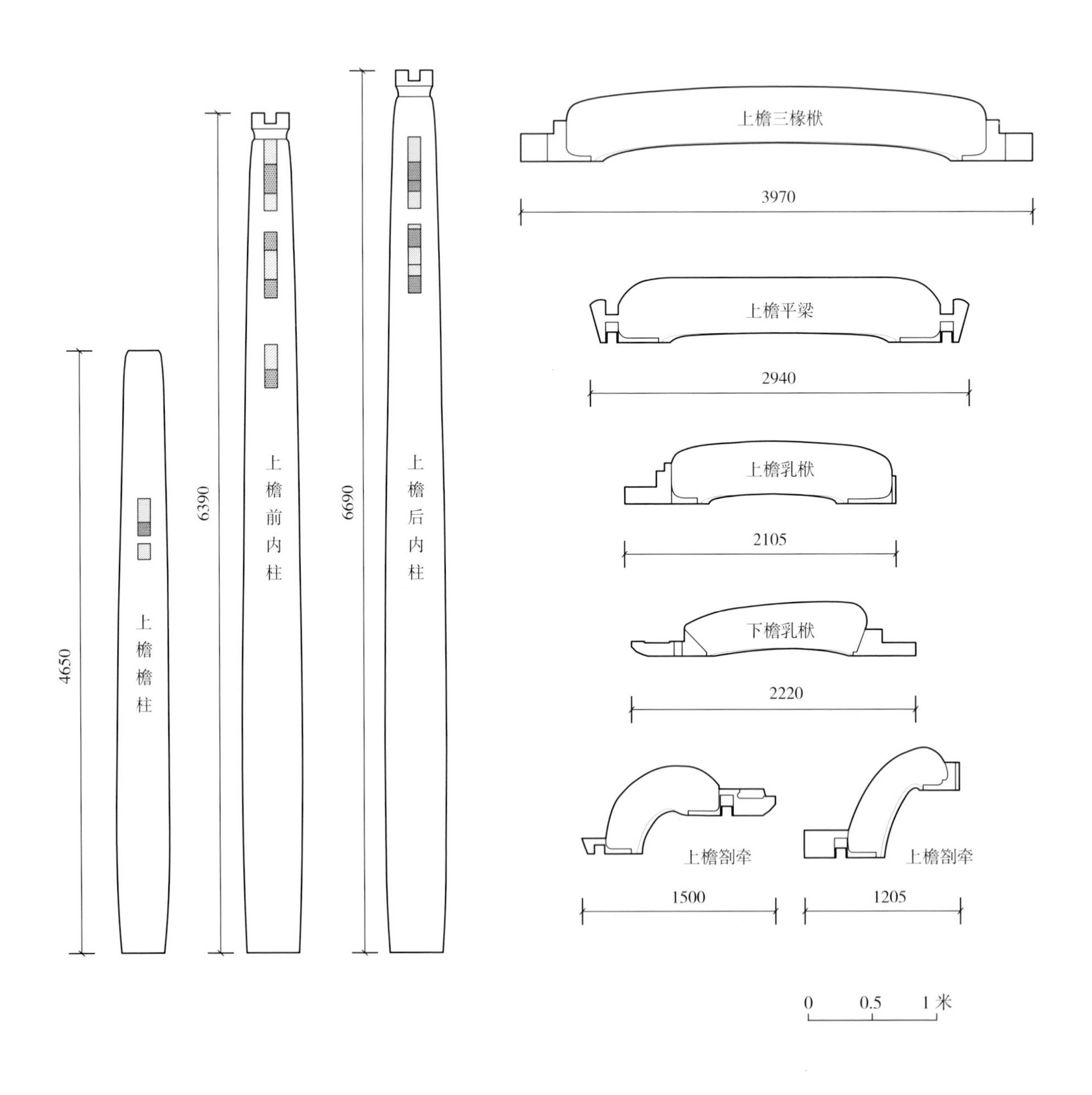

插图 74　柱、梁分件图

下檐柱未用梭柱，柱底径315毫米，柱顶径265毫米。“均是后易，不作梭柱形，柱顶什九无卷杀，即一二处有之，亦仅在柱顶前后砍杀，为明代后因陋就简的办法”。

②梁栿等

大殿梁栿均为月梁形制，横梁断面上小下大，两颊凸起作高琴面状，两肩卷杀，入柱处做圆润的弧线收头，不作明显斜项，梁下皮亦微作琴面，两端尚可见沿中线左右剜刻的痕迹。弓形劄牵既有用整块木料也有上端用料拼贴的做法，两端入斗栱，出头垂直砍削，梁下皮中分剜刻的做法十分明显。檐柱间不施普柏枋，而使用双重额，上层阑额断面高330毫米，两颊微做琴面，外侧开卯口呈下檐椽尾，至转角双向出头做曲线形。下层由额造型和阑额相似，只是断面达360毫米，正面当心间由额下皮内凹做琴面。梁栿下施顺栿串，尺寸、形制和阑额一致，且至檐柱均做出头，出头形制和阑额完全一样。

下檐梁栿也做月梁形，呈倾斜布置，外低内高；木料有大头小头，外小内大；梁栿端头做直线形斜项，斜长明显。“用材粗糙，砍杀亦欠工整”。阑额只有一重，南北阑额在转角处出头，东西不出头。“伸出特长，雕刻稚俚”[24]（插图74）。

③斗、栱、驼峰等雕刻构件

大殿栌斗共有三种造型：用的最多的是正常的方形栌斗，另外还有上檐四内柱上雕刻出来的圆栌斗，以及下檐讹角斗。栌斗年轮断面多在泥道方向，散斗及开单槽的交互斗和齐心斗多为截纹斗，年轮断面在不开槽的方向。

大殿上檐出跳方向华栱全部是足材，当中隐刻齐心斗，除此之外，泥道方向的横栱基本全是单材（除柱头铺作的绞栿栱和转角铺作的绞昂栱为足材）。单材栱的栱眼自中心向两侧做琴面剜刻，形成分水形式，足材栱的栱眼则均做隐刻。华栱做两瓣卷杀，横栱做四瓣卷杀。下檐柱头铺作华栱为足材，横栱和补间铺作华栱皆为单材，做法和上檐相似。

大殿前后下平槫下襻间使用扁长驼峰，未雕纹饰，只作简易弧线并刻有线脚；后上平槫下襻间（即内槽三椽栿上）使用扁长驼峰，表面雕刻卷草纹饰；脊槫下襻间未用驼峰，丁华抹颏栱两端做曲线，未雕纹饰。前内柱间内额上补间使用足材云形栱，上雕云形纹饰（插图75、76）。

④大木榫卯

梁栿：梁栿入柱皆作透榫出柱。梁栿入檐柱柱头铺作处，上檐梁栿作燕尾榫，榫头仅3厘米，与下层昂相对插入足材绞栿栱；下檐绞入斗栱，出头作第二跳栱。平梁两端绞入斗栱，出头斜抹作耍头状。

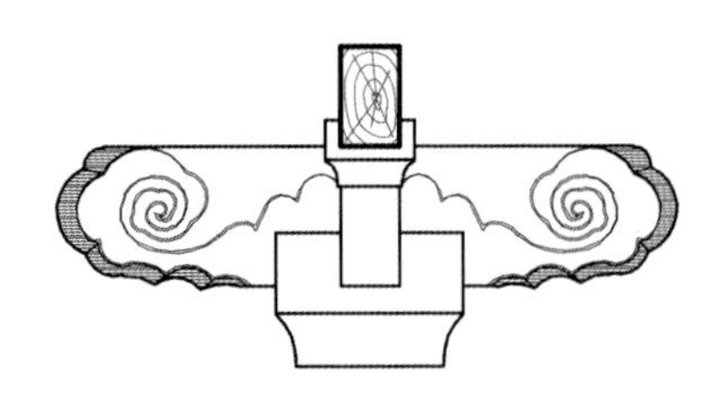

前内额上云形栱

当心间三椽栿上驼峰

插图 75　当心间三椽栿上驼峰

插图 76　构件纹饰

丁头栱：上檐丁头栱作透榫。下檐丁头栱为半榫，榫头不出柱。

上檐阑额：共有三种做法。第一种是在前檐柱位置，两向阑额作螳螂头口相互咬合；第二种是在角柱位置，两山阑额作透榫出柱，透榫两侧开燕尾榫的卯口，与前后檐阑额及假阑额出头咬合；其他为第三种，阑额作燕尾榫，和入柱的顺栿串榫头咬合。

上檐由额：两种做法。角柱位置作透榫出柱；平柱位置作对开榫卯口的直榫，相互咬合。

上檐顺栿串：顺栿串和两山阑额作法一致，并与阑额相互咬合（插图 77 ~ 81）。

插图 77 平梁榫卯

插图 78 上檐乳栿与斗栱交接

插图 79 上檐阑额榫卯

插图 80 下檐乳栿与斗栱交接

插图 81 上檐阑额、顺栿串柱头交接

⑤台基、柱础、佛坛等石质构件

大殿台基建在前低后高的台地上，卵石砌筑，台明前端用红砂岩条石铺筑，长短不匀，台明宽在 0.95 米左右，高 0.3 米，较为低矮。柱础多采用素面櫍形，唯有当心间上檐前平柱用雕花覆盆形柱础，上雕宝相花纹。

佛坛总高 0.9 米，其下为高 0.3 米的红砂岩条石，用于坛正面的做出圆混状出头，其上用雕花青砖砌成须弥座式样，表面涂白灰。须弥座用六层砖，自下而上分别雕刻素面、水浪纹、卷草纹、合莲、雕花束腰、仰莲。束腰以方砖竖砌，上雕莲花、菊花、月季花等，用于坛正面的设置侧砌的卷草纹隔间。佛坛上原有七尊造像，为一佛二弟子四供养人，文革期间被毁，现只有埋于基坛内的部分保存下来，正中主尊的位置是一个砖砌的亚字形折角佛座，两旁造像基座已没有痕迹，只留下支撑泥塑的木骨坑，弟子像的位置各多出一个木骨坑，露出砍切平整的木料，可能是清朝重修弟子像时辅助支撑所加（插图 82 ～ 84）。

⑥门窗、天花等小木构件

前檐明间开门窗。室内及后檐次间外墙的墙面上绘有山水壁画及墨书题字共计 18 幅。据 1934 年营造学社测稿所示，下檐柱进深方向第一间两山墙设门，第四间开窗，前后檐两次间为棱花窗，其余均为竹编夹泥墙。

室内原作彻上露明造，清乾隆九年（1744 年）于当心间加天花，虽用平板，但构图模拟八角藻井和平綦做出分格， 藻井内画团龙，平綦内画写生花鸟，皆为粉底彩绘（插图 85）。

⑦屋面

屋面采用仰合瓪瓦垒叠而成，瓪瓦以出土重唇瓪瓦为标本制作而成，屋脊采用瓦条垒筑，已经是多次修缮后的面貌。两山山花并未封闭，只作博风板和悬鱼遮蔽榑头。

2. 大殿建筑特征

（1）平面配置

①方形殿堂

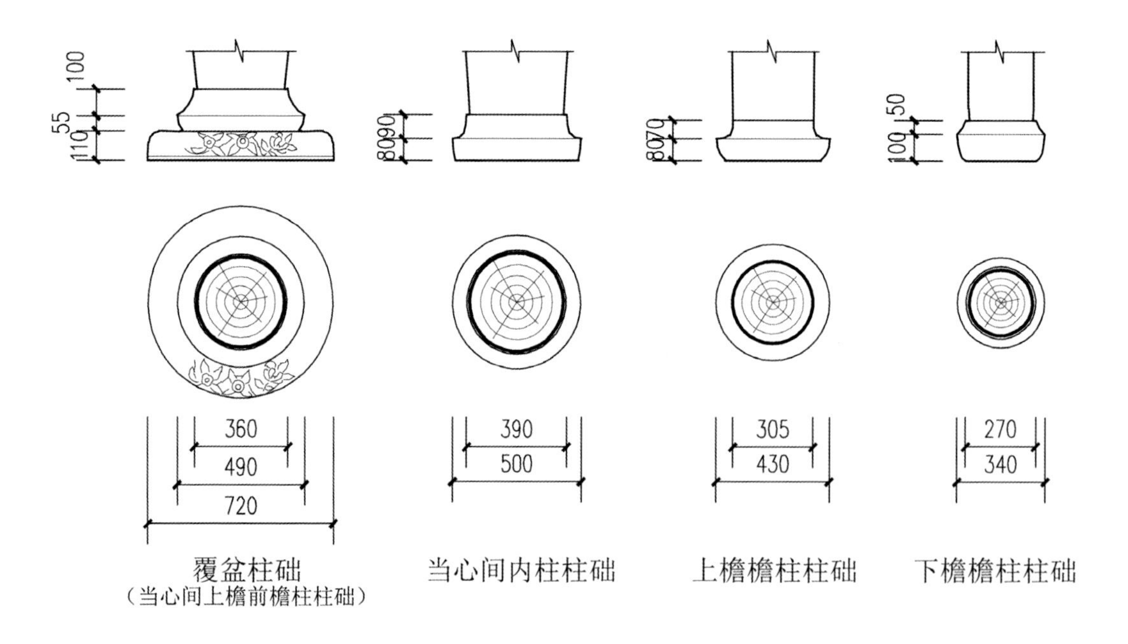

插图 82　大殿柱础大样图

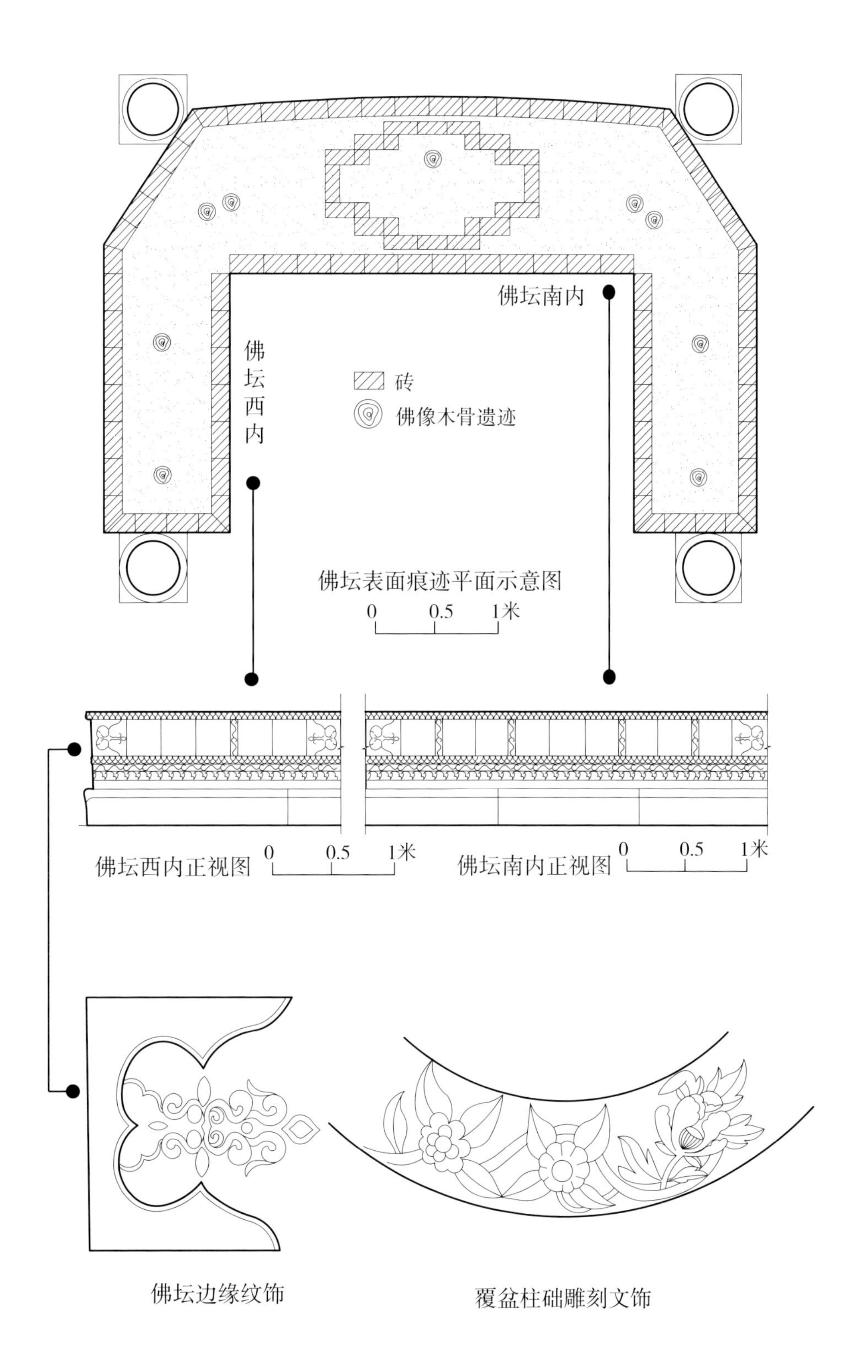

插图 83 大殿佛坛大样图

插图 84 佛坛细部雕刻

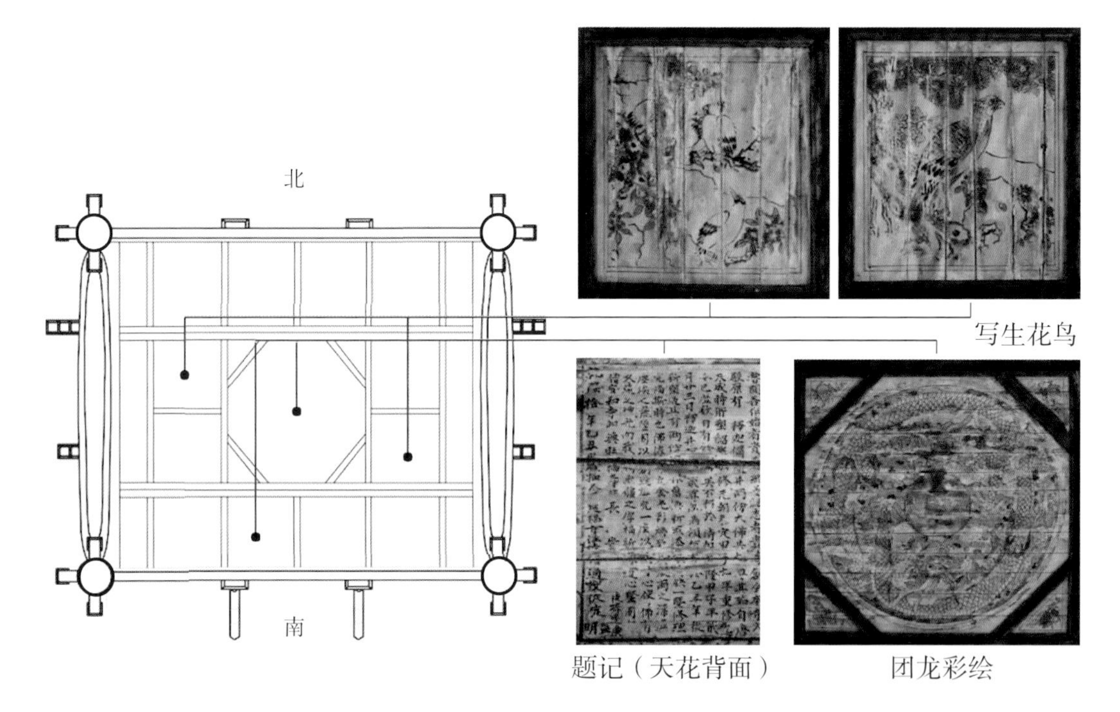

插图 85 大殿天花构图及细部彩绘

延福寺大殿采用了唐宋小型殿堂常用的方形平面，划分为中心空间和环绕空间，适应于绕行礼拜。方形殿堂格局和井字型构架及歇山屋顶有天然的对应关系。作为核心主架的四根内柱，围合出功能使用上的中心区域，并承接转角角梁，使中心区域上空是前后两面坡的完整屋面，与周围檐柱围合的辅助空间形成鲜明的对比，实现室内格局、梁架结构和外观效果的高度统一。

延福寺大殿在理想的方形格局基础上，前内柱向后退，重心后移，拓宽了前部辅助空间，适应正面礼拜的需求。但大殿前槽三椽栿上使用蜀柱劄牵而非乳栿，具有一定的代表性，蜀柱相当于未落地的内柱，代替了核心构架的部分功能，属于理想格局的一种变体。

此类方形殿堂格局有明确的主从关系，同时受到转角厦一架或两架椽的限制，次间的开间通常都不会很大，当心间尺寸往往大过次间，延福寺大殿表现的尤为明显。

②倒凹形佛坛与亚字形折角佛座

作为整个建筑崇拜空间的主体，虽然延福寺大殿的塑像已经毁坏无存，但佛坛仍保留下来。佛坛很宽大，并呈倒凹形，早期佛教建筑中造像配置的数目较少，一铺三尊到五尊尚可以一字排开或集中在前后。至唐以来，造像场面日趋宏大，一铺多尊已很常见，很难布置于一方之地而不前后遮蔽，倒凹形佛坛也应运而生。唐五台山南禅寺大殿、宋榆次雨花宫等方形殿都用到了倒凹形佛坛，这在敦煌石窟的礼拜空间也有体现。

延福寺大殿的倒凹形佛坛，呈三面环绕的形式，塑造出一个内聚形空间，与早期狭小微凹的做法很不一样。佛坛上的亚字形折角佛座也有较为典型的时代特征，这种式样在印度和东南亚地区十分常见，但在我国中原地区早期一般为圆形、方形、六角形或八角形，

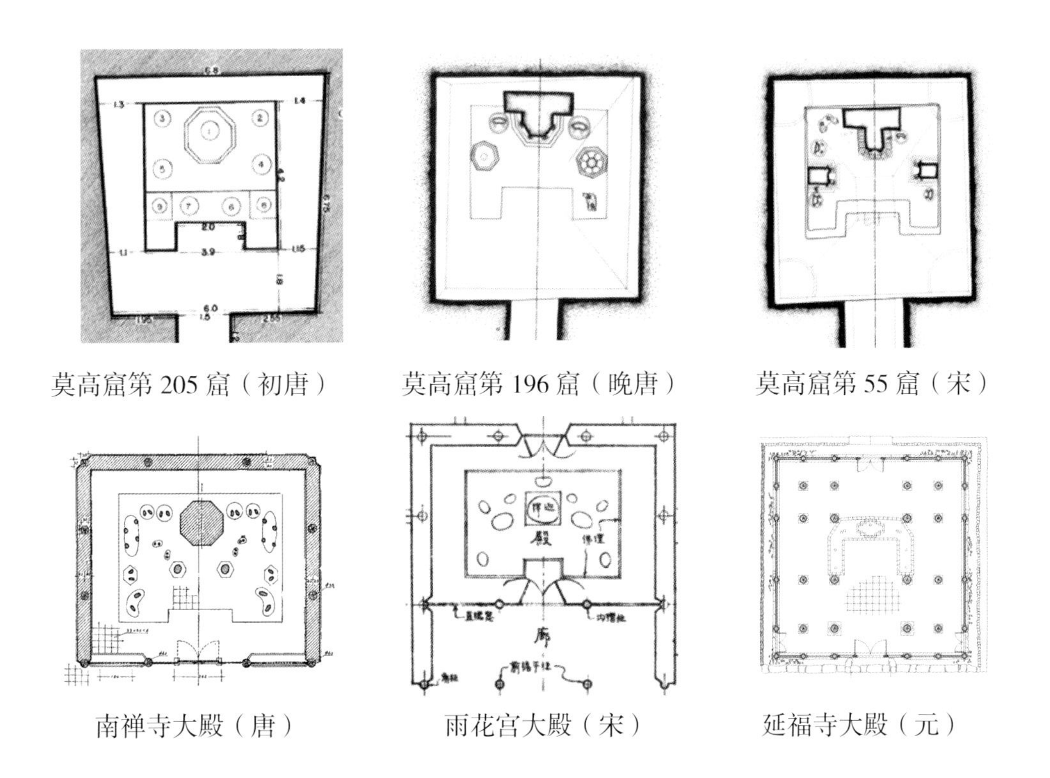

莫高窟第 205 窟（初唐）　莫高窟第 196 窟（晚唐）　莫高窟第 55 窟（宋）

南禅寺大殿（唐）　雨花宫大殿（宋）　延福寺大殿（元）

插图 86　方形平面与倒凹形佛坛

基本未见亚字形，直至元代才逐渐流行起来（插图 86）[25]。

（2）梁架

①井字型构架和插梁架做法

延福寺大殿从整体构架逻辑关系上看，是典型的井字型构架[26]，与宁波保国寺大殿，金华天宁寺大殿一样，分成核心主架和外围辅架，属于江南方三间厅堂的传统做法。但从细节做法上看，亦具有自身特色。较之保国寺大殿和天宁寺大殿核心主架梁栿一端入柱、一端由斗栱承托的做法，延福寺大殿核心主架间梁栿和内额两端全部直接入柱，不经过斗栱传递，更接近于“插梁架”做法[27]。特别是内柱柱顶圆栌斗并非是一个独立构件，而只是柱头模仿刻出圆栌斗的造型，梁柱仍是直接交接的。

斗栱抬梁的做法在整座大殿里也有出现，且显示出诸多独特之处，最显而易见的是中平槫下襻间斗栱：弓形劄牵下面采用了插入鹰嘴蜀柱的丁头栱承托，这是明显的插梁架结构特征，丁头栱直接和柱子交接，可以适应梁栿位置而随宜变化，并不像斗栱中里外出跳的华栱，具有自身的里外平衡，显然此处的襻间斗栱非但不是独立的“结构层”，甚至也不是一个独立的构件组合。另外，上檐梁栿与柱头铺作的交接做法也较为特殊，梁栿虽然入柱头铺作，但却并未像大多数抬梁式做法一样，绞入铺作内做栱头出跳，或者叠压在斗栱上方，而是依靠燕尾榫搭扣在足材绞栿栱上。从这几方面看，同为井字型构架，延福寺大殿较之保国寺大殿和天宁寺大殿，更多的使用了插梁架的做法（插图 87）。

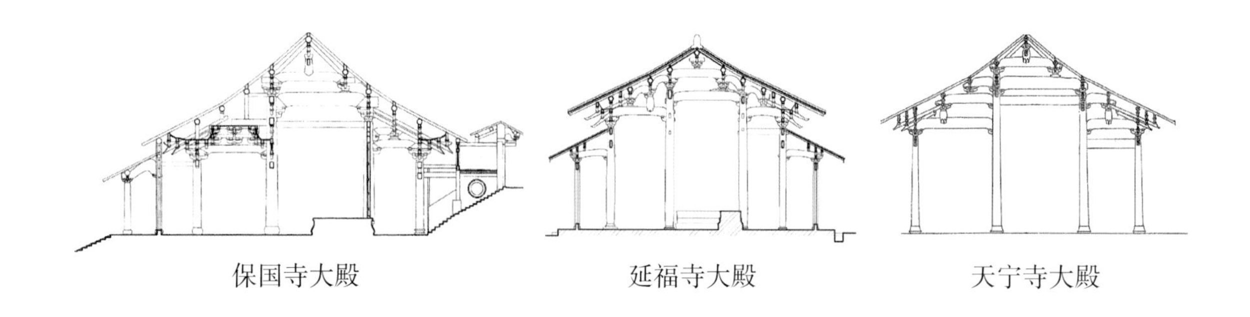

插图 87 井字型构架梁柱关系比较

②发达的额与串

延福寺大殿的额和串使用频率很高，柱与柱之间皆有拉结，拉结联系构件发达也是江南建筑的特点。特别是串，在早期北方地区较为少见，属于江浙地区两宋以来的地方传统做法[28]。

大殿顺栿串用材及造型做法和阑额完全一致，难分彼此，在外檐平柱的位置，阑额和顺栿串十字拉结，榫卯互相咬合，更显示出一致的结构作用。

双重额也是一个很显著的特色，这种做法加强了外围辅架之间的联系，在保国寺大殿中也有体现，但不同之处在于，延福寺大殿的由额非但没有用来承载下檐椽，而且断面比阑额更高，这与《营造法式》所述："凡由额施之于阑额之下，广减阑额二分至三分，如有副阶即于峻脚椽下安之"的说法不同，也与保国寺大殿等很多实例不同，与其本身不直接承重只做联系构件不匹配，出现这种现象是否和后世修建下檐有关还尚待考证。另外，前檐柱位置的由额下皮微微内凹，做出类似门额式的简易造型，配合前檐柱下柱础的特殊做法，其间虽未设门，却也有了一种划分内外界限的特征（插图 88、89）。

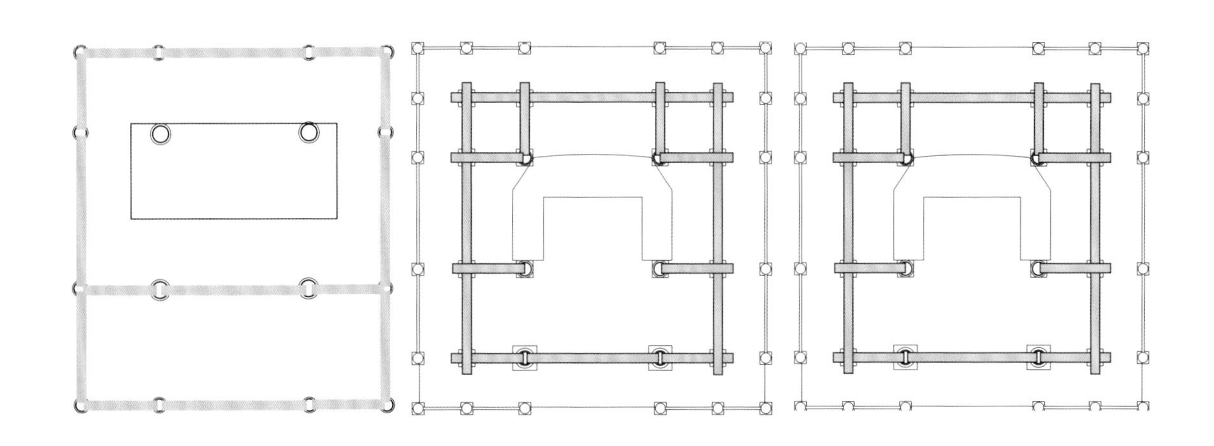

插图 88　阑额及檐柱间顺栿串分布示意图

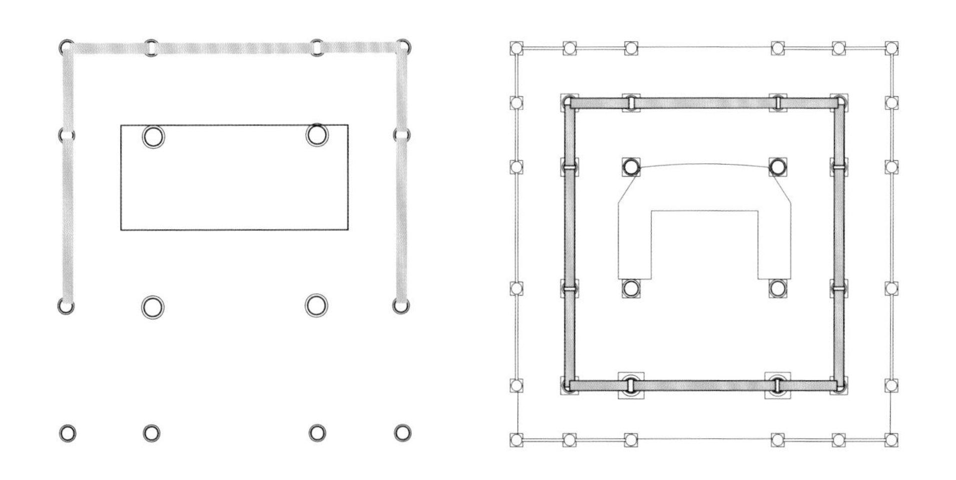

插图 89　由额分布示意图

（3）斗栱

①三朵补间铺作

延福寺大殿当心间用了三朵补间铺作，这是当心间开间极大，为均衡立面构图的必然选择，同时也是元代建筑的特征，后期建筑当心间补间铺作逐渐增多是一条明显的发展脉络，从唐佛光寺大殿的一朵到保国寺大殿的二朵，至延福寺大殿三朵已然发展成熟。

②六铺作单杪双下昂

《营造法式》总铺作次序中："出三跳谓之六铺作，下出一卷头，上施两昂。"建筑实例中北方用六铺作多为双杪单下昂，敦煌莫高窟两例窟檐为三杪不出昂（三卷头），六铺作单杪双昂的做法有明显的南方地域倾向。以江南宋元建筑为祖型的日本禅宗样建筑也以单杪双下昂为定式[29]。

延福寺大殿斗栱特征，可引梁思成在《中国建筑史》里的一段话："其上檐斗拱出单杪双下昂，单拱造，第一跳华拱头偷心。第二三跳为下昂，每昂头各施单拱素枋。其昂嘴极长，下端特大。其第二层昂不出自第一层昂头交互斗以与瓜子拱相交，而出自瓜子拱上之齐心斗。第二层昂头亦仅施令拱，耍头与衬枋头均完全省却。其在柱头中线上，则用单拱素枋三层相叠。其后尾华拱两跳偷心，上出靴楔以承昂尾。昂尾不平行，故下层昂尾托于上层昂尾之中段，而在其上施重拱。其柱头铺作，则仅上层昂尾挑起其下层昂尾分位乃为乳栿所占。此斗栱全部形制特殊，多不合历来传统方式，实为罕见之孤例"[30]。

早期江南建筑保存较少，这些"特殊"的形制，一方面随着实物发现的增多和研究的深入逐渐有了更清晰的线索，另一方面其在地域文化和时代风格上的独特价值也更趋显著。

其一单栱素枋。《营造法式》卷四："单栱七铺作两杪两昂及六铺作一杪两昂或两杪一昂，若下一杪偷心则于栌斗之上施两令栱两素方，或只于泥道重栱上施素方。"大殿柱头中线上施三层单栱素枋，斗栱外跳两昂头上也全部为单栱素枋，这在整体建筑年代学上讲，是较早的做法[31]，同时也是南方建筑地域特征之一，和北方多层素枋累叠形成鲜明对比。

其二华栱特别短，泥道栱较长。《营造法式》卷四："华栱，足材栱也。两卷头者，其长七十二分。每头以四瓣卷杀，每瓣长四分……泥道栱，其长六十二分。每头以四瓣卷杀，每瓣长三分半……（瓜子栱）其长六十二分；每头以四瓣卷杀，每瓣长四分……（令栱）其长七十二分。每头以五瓣卷杀，每瓣长四分……慢栱，施之于泥道、瓜子栱之上。其长九十二分；每头以四瓣卷杀，每瓣长三分。"大殿无论是上檐单杪双下昂中的华栱，还是下檐双杪中的华栱，长度都远远小于泥道栱。按照上檐用材 15×10 厘米折算：上檐华栱长 50 分°，泥道栱下两层长 70 分°，第三层和外跳昂头上令栱均为 62 分°，里跳重栱中瓜子栱 42 分°，慢栱 66 分°。这种华栱长度远小于横栱的做法，尚未发现相似实例（表二）。

表二 延福寺大殿上檐斗栱栱长

构件名称	延福寺大殿构件实测值（毫米）	以 10 毫米 / 分°折合值	营造法式
华栱	498	50 分°	72 分°
泥道单栱	686/620	70 分° /62 分°	62 分°
令栱	620	62 分°	72 分°
瓜子栱	420	42 分°	62 分°
慢栱	660	66 分°	92 分°

其三琴面昂特别长。《营造法式》卷四："下昂：自上一材，垂尖向下，从枓底心取直，其长二十三分。自枓外斜杀向下，留厚二分；昂面中顱二分，令顱势圜和。亦有于昂面上随顱加一分讹杀至两棱者，谓之琴面昂。"大殿用不平行双昂，均为琴面昂，昂嘴极厚，且是斜杀，高达 16.5 分°，昂身分别长 170 分° 和 240 分°，出斗底心平长 58 分° 和 65 分°。大殿虽然出两跳昂，但挑出距离不长，余出的昂头却特别长，昂上表面弧度很大，至端部已经超过弧线最低点，回旋出峰，因而昂嘴极厚，并利用斜杀，使昂嘴看起来更大。

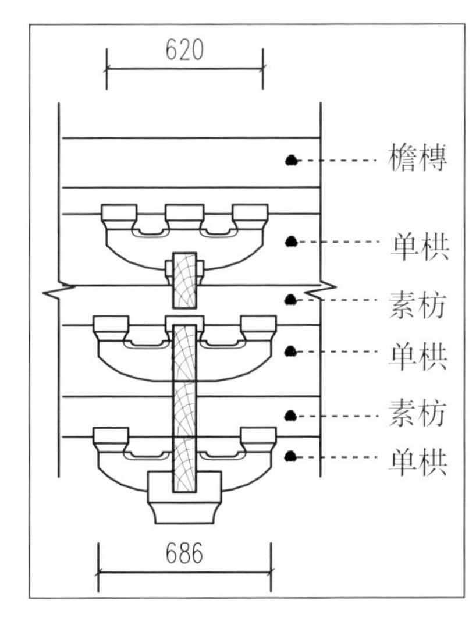

补间铺作扶壁详图

上檐下昂琴面做法

插图 90 上檐斗栱形制特征

昂侧面距离下皮2厘米处做一道线脚，加强昂头的装饰效果。总的来说，琴面昂的造型是非常醒目的。

这种昂伸出特长、昂嘴宽大的造型做法，在早期建筑中很少见，江南地区相似者如景宁时思寺大殿，而在日本禅宗样建筑中则几乎成为定式，如圆觉寺舍利殿、功山寺佛殿双昂都伸出较长，成为突出的特征（插图90）。

（4）举折

大殿檐部最下为4.3举，中间为5.5举，脊步为6.2举。对比南方早期建筑，延福寺的举高属于较平缓的类型。大殿檐椽长两架，因而第一架和第二架举高相等，与景宁时思寺和金华天宁寺相同，可见地方特色（表三）。

表三　早期南方建筑屋面举折示例

<table>
<tr><th>建筑</th><th>第一架</th><th>第二架</th><th>第三架</th><th>第四架</th><th>第五架</th><th>总举高／前后檩檐枋间距</th></tr>
<tr><td>莆田玄妙观三清殿[32]</td><td>0.33</td><td>0.46</td><td>0.58</td><td>0.64</td><td></td><td>0.23</td></tr>
<tr><td>福州华林寺大殿[33]</td><td>0.45</td><td>0.47</td><td>0.52</td><td>0.54</td><td></td><td>0.24</td></tr>
<tr><td>武义延福寺大殿</td><td colspan="2">0.43</td><td>0.55</td><td>0.62</td><td></td><td>0.25</td></tr>
<tr><td>景宁时思寺大殿[34]</td><td colspan="2">0.50</td><td>0.61</td><td></td><td></td><td>0.26</td></tr>
<tr><td>肇庆梅庵大殿[35]</td><td>0.52</td><td>0.59</td><td>0.58</td><td>0.64</td><td>0.69</td><td>0.30</td></tr>
<tr><td>金华天宁寺大殿[36]</td><td colspan="2">0.48</td><td>0.66</td><td>0.85</td><td></td><td>0.31</td></tr>
<tr><td>宁波保国寺大殿[37]</td><td>0.48</td><td>0.69</td><td>0.74</td><td>0.90</td><td></td><td>0.35</td></tr>
<tr><td>苏州轩辕宫正殿[38]</td><td>0.47</td><td>0.69</td><td>0.85</td><td>0.93</td><td></td><td>0.36</td></tr>
<tr><td>上海真如寺大殿[39]</td><td>0.59</td><td>0.64</td><td>0.71</td><td>0.88</td><td>1.05</td><td>0.39</td></tr>
</table>

（5）形制做法

①梭柱

梭柱早期典型案例是六朝时期河北定兴北齐义慈惠石柱，隋唐以后北方甚为少见，但在南方仍然盛行。江南地区五代仿木结构的石塔如杭州闸口白塔、灵隐寺双石塔以及湖州飞英塔内石塔等皆用梭柱。

现存早期木构建筑实例中使用梭柱的，江南地区以延福寺大殿最为典型，而后又有景宁时思寺大殿。华南地区较为多见，如华林寺大殿、莆田玄妙观三清观、肇庆梅庵大殿和福建陈太尉宫等皆用梭柱。实际上，梭柱做法在南方部分地区一直沿用至今，并用于民居、宗祠等地方建筑中，如浙中东阳地区、广东潮汕地区等[40]。梭柱做法一般基本顺应木材的长势，小头在上，大头在下，最粗处在柱子下部近地面处。

②高琴面月梁与梁底剜刻

月梁作为一种有装饰意义的梁栿样式，自唐佛光寺东大殿已见，后来在南方地区应用极为普遍，但做法亦有地域差别，江南早期实例如保国寺大殿等两颊琴面都较为平直，华南地区如华林寺大殿、元妙观三清殿等梁栿多作浑圆造型。

延福寺大殿则介于江南和华南地区做法之间，呈现为饱满的高琴面，而且梁栿断面轮廓作上小下大的渐变曲线，较为特殊，与明清以后江南地区流行的冬瓜梁形态相近，只是后者断面多作上大下小。早期实例有如朝鲜高丽时代的浮石寺无量寿殿，梁栿断面亦为上大下小的圆浑造型，基本是将圆形木料上部斫平，用以承托大斗等构件。延福寺大殿的月梁做法并不多见。

配合高琴面月梁做法的又一显著特征是梁底剜刻，以《营造法式》月梁之制及多数早期建筑来看，一般梁底剜刻只作两端卷杀的琴面，而延福寺大殿则另作纵向的一道中楞，向两颊分作琴面。这种做法极为明显的体现在弓形劄牵底部，而较长的横梁则只在两端尚能看到三角形的楞头。此做法亦见于金华天宁寺大殿，其劄牵虽未做弓形，但梁底也有明显的中分琴面做法。这种梁底剜刻和栱眼的琴面做法极其相似，具有一定的代表性。

③弓形劄牵

延福寺大殿在上下槫之间，用弓形劄牵拉结，从功能上兼有劄牵拉结的作用和托脚支撑的作用，这种构件类似华南地区古建筑中的“束木”，在日本禅宗样建筑中也十分多见。

④栱眼的琴面与隐刻做法

栱样式是影响建筑形象的关键要素之一，栱眼作为极细节的部位，也有很多种处理手法，其中隐刻做法较为普及，南北皆有使用，而琴面做法则较集中于南方，保国寺大殿、虎丘二山门等江南建筑多有用到琴面做法。《营造法式》图样中也在不同构件中区分出了这两种栱眼形式：华栱用隐刻，横栱用琴面[41]。

延福寺大殿华栱多为足材用隐刻，横栱均为单材用琴面，而华栱方向的丁头栱因是单材也用琴面，可见大殿是以琴面做法为主，足材因其特殊性无法使用琴面，而用隐刻。

（三）价值综述

1、历史价值

延福寺大殿作为现存江南早期木结构建筑为数不多的实例，虽为元构而有宋貌，既有江南建筑的特征又有其独特之处，在建筑史上具有极为重要的参考价值。它沿袭早期江南建筑的形制做法和营造技术，保留有很多古制，是宋《营造法式》和江南建筑紧密联系的重要例证。另外，在地域文化的作用下，延福寺大殿建筑的营造做法体现出早期浙中与江南、华南地区营造做法兼容并蓄的关系；在中日文化传播的背景下，延福寺大殿建筑样式与同时期日本禅宗建筑的相近性反映出江南建筑与日本禅宗样建筑之间的传承关系。

（1）是《营造法式》南方谱系的直接例证

《营造法式》是北宋官方制定的营造专书，成书过程参照了江南建筑技术与样式，已为人熟知。延福寺大殿继承和延续了江南地区早期建筑的做法，在很多方面可以为《营造法式》在南方地区的传承和延续提供实证[42]。

其一，八架椽屋之制。《营造法式》大木作制度图样中，列举了自十架椽至四架椽的厅堂侧样，其中八架椽屋尤为特别，具有自身谱系特征，如梁栿采用月梁造、梁栿以叠斗相间，梁尾入柱并以丁头栱承托，梁下使用顺栿串等。延福寺大殿在整体构架方面，基本符合上述做法，只是叠斗部分更多的被驼峰和蜀柱所取代。

其二，梁柱之制。《营造法式》中柱有直柱、梭柱之分，梁有直梁、月梁之别。从目前现存实物遗迹来看，梭柱、月梁在北方已无迹可寻，而在南方确得以延续，在早期宋元遗构乃至明清时期建筑内均有存在。延福寺大殿采用此种梁柱形制，即是南北木构样式谱系差异性的例证，也是宋以后《营造法式》影响南方建筑的证明。

其三，斗栱之制。《营造法式》中昂有批竹昂、琴面昂之分，栌斗有方栌斗、圆栌斗之别。江南建筑多用曲线与曲面装饰，也暗示了南北木构不同谱系。延福寺大殿不仅仅使用琴面昂、用到了圆栌斗，包括琴面栱眼在内都表现出追求圆润柔和造型的趋向，也印证了《营造法式》中这一谱系的形式特征。

（2）集江南与华南营造做法于一身

江南地区和华南地区分属两大文化体系，内部有较为稳定的匠作传统和建筑营造体系。延福寺地处浙江省中南部，位于钱塘江和瓯江的分水岭，实际上已接近浙南山区边缘，属于江南最靠近华南的位置，其所处区域的建筑营造即带有江南地区主流做法的特点，又结合了部分华南地区的营造方式，具有独特的地域性，可以同时作为两大文化体系的参照对象。

其一，江南特征。井字型构架体系，当心间极大，补间斗栱数目较多，多用顺栿串，六铺作单杪双下昂，截纹斗等做法皆是江南地区的建筑特征。延福寺大殿在构架类型和样式形制等方面基本遵循江南地区特点。

其二，华南特征。延福寺大殿在构造等具体做法方面有相当一部分显示出华南地区的建筑特征，如屋面较为平缓、多用丁头栱和插梁、多用弯曲劄牵等。

（3）是证明早期江南建筑与日本禅宗样建筑源流关系的实例

宋元时期，禅宗在南方盛极一时，并形成五山十刹之制，日本僧侣求法不断，同时将江南营造技术带回国内，发展成为日本建筑史上独特的禅宗样建筑。同为禅宗一系，延福寺大殿的建筑样式和日本禅宗样有诸多相似之处，可以互为参照。

其一，不饰油彩。禅宗讲究素朴自然，建筑装饰以构件自身造型为主，不另做彩绘，延福寺大殿及禅宗样建筑均保留木材的素面，可见禅宗之意。

其二，方三间殿四周附加下檐。禅宗样建筑平面多为方三间，外加一椽长的下檐，和延福寺大殿格局十分相似。

其三，构架强调中心空间。延福寺大殿采用井字型构架，自然形成内四柱围合的核心空间。禅宗样建筑虽然多减去前内柱，但在上部形成一圈斗栱承托天花，同样架构起中部核心空间。

其四，突出昂型。禅宗样建筑基本都是六铺作双昂造，和延福寺大殿一样，双昂并不旨在追求出檐距离，而是强调昂的造型、昂头的长度及昂嘴的厚度，有许多禅宗样建筑的昂底也会作成弯曲弧线，加强其造型特征。

其五，弯曲劄牵。延福寺大殿在槫下都用弓形劄牵连接襻间，这在禅宗样建筑中亦有体现，但因其屋架假椽的作法，上部弯曲劄牵并不及副阶所用的“海老虹梁”显著，海老虹梁多是类似S型拱起的构件，向内的一侧高于外侧。延福寺大殿下檐乳栿虽然没有如此明确的造型，但内高外低，内大外小的形式，隐约也有海老虹梁的影子。

2、科学价值

延福寺作为跨越千年的寺院，一直保留至今，这不仅仅有历代经营维护之功，也有其本身选址布局顺应环境之力。大殿作为其中最重要的建筑，已有近700年的历史，这有赖于其结构的成熟稳固，和适应当地条件的做法以及先进的技术水平。

（1）选址布局得当，适应丘陵山地环境

寺院选址在村落附近一处背山面水的山腰缓坡之上，周围丛林掩映，入寺要经过山下桃溪上的镇澜桥，一方面远离了世事纷扰，另一方面营造了良好的小环境，背山可以抵御冬日寒风，面水可以提供日常灌溉，寒来暑往，秋收冬藏，一直兴盛不衰。

山间盆地多雨潮湿，寺院历经千年，形成一套有效的排水体系，寺内设有放生池、水潭和前后贯通的沟渠，山洪雨水顺小沟渠可汇集入池潭，水池在一定高度设有排水渠，水量过大时可引至寺外，实现蓄水排水的控制。

（2）大殿结构做法稳固，适应地域环境，技术水平高超

大殿核心构架的结构做法以柱梁直接传力为主，在构架整体刚度上，梁柱直接交接形式无疑大于梁柱间接（经斗栱）交接形式[43]。辅架则以加强连接为主，大量使用联系构件额和串，外檐柱间还用到双重额，形成两道交圈的拉结体系，加强了整体性能，具有较强的稳固性。

（3）大殿构架布局灵活，适应佛殿礼拜空间需求

大殿前内柱后移，上檐前槽用三椽栿，内槽用三椽栿，后槽用乳栿，整体构架前后不对称，扩大了佛坛前部空间，适应了佛殿前部礼拜空间的需求，在空间使用上具有一定的科学性。

3、艺术价值

延福寺大殿以其逻辑清晰的结构，精致优雅的造型，堪称建筑艺术珍品。

（1）清晰的结构与装饰逻辑

大殿以四内柱形成核心主架，又借助梁栿和顺栿串拉结外圈辅架，转角主要受力构件角梁全部落在内柱（蜀柱）上方，最终构成一个完整的井字型构架。整个构架体系主次分明，井然有序，具有高度秩序化的美感。

装饰做法与构架体系相对应，形成一体化的设计。井字型构架具有很强的向心性，核心空间的装饰性也最为独特：四根内柱柱顶雕刻圆栌斗，区别于檐柱上的方栌斗，殿内几处雕镂纹饰的构件——内槽三椽栿上驼峰及内额上出跳华栱——都用于塑造内柱空间，配之清代所添加的天花，这部分空间脱颖而出。

作为大殿的门面，上檐平柱处也做了细腻的处理：两平柱使用了不同于其他櫍形柱础的雕花覆盆柱础，同时平柱间的由额下皮也做出琴面内凹之势，以示区别。

（2）鲜明的建筑造型风格

大殿建筑洋溢着大气古朴，却不失柔美的风韵。梭柱、高琴面月梁、弓形劄牵、鹰嘴蜀柱、琴面昂、琴面栱眼、靴楔等等一系列装饰化的构件做法，都展现出一种浓郁的柔曲之美，使得整个建筑看上去非常典雅。

琴面做法应该是延福寺大殿最典型的艺术处理手法。它赋予构件一种既不过分夸张，又不生硬的自然曲度，仿佛构件都像琴弦一样被绷紧，达到了最精神的状态。构件虽然均作艺术加工，却无俗态，虽柔美，却不失力量。

（3）精细制作

大殿的艺术效果源自每一处构件的精细加工，如上檐昂头下方会隐刻一条槽线，阳光照射过来，自然形成一道光影，会非常醒目。上檐里跳昂下靴楔亦是如此，因为大殿上檐不设栱眼壁板，光线射入，打在靴楔上，沿靴楔边缘的隐刻槽线便会形成一道光影，将其优美造型勾勒出来。

另外，构件细部的中分式琴面做法也充分利用了光影效果，单材栱眼、靴楔、内额上的云形栱、弓形劄牵底都用到了中分式琴面，在光线较为充足的时候，便会产生一明一暗的对比，使得构件立体感更强，视觉上的空间变化也更为丰富。

注释

① 详见宋晞《明成化处州府志纂修考——兼论处州府志即处属各县县志之纂修与流传》，《方志学研究论丛》，1999年。

② 下文简称“刘演碑”。

③ 下文简称“陶孟端碑”。

④ 福建有宗一大师，对浙江地区丛林影响极大，但在五代初已去世。“梁福州玄沙院师备传，王氏始有闽土，奏赐紫衣，号宗一大师，开平二年（908）年终，至今浙之左右，山门盛传此宗。江表学人无不乘风偃草”（《宋高僧传》）。

⑤ 出自《中华佛学百科全书》。

⑥ 陈从周《浙江武义县延福寺元构大殿》一文中已经提及。

⑦ 此处年代存疑未定，但作为延福寺历代修建沿革中重要的节点，此处仍使用这一说法，后文如出现同一年代同此条注释。

⑧ 详见赵晓峰《禅与清代皇家园林——兼论中国古典园林艺术的禅学渊源》。

⑨ 详见赵晓峰《禅与清代皇家园林——兼论中国古典园林艺术的禅学渊源》。

⑩ 参见王维仁《中国早期寺院配置的形态演变初探：塔·金堂·法堂·阁的建筑形制》。

⑪ 唐《百丈清规》言：“不立佛殿，唯树法堂表佛祖亲嘱受。”另据戴俭考证，唐朝禅宗修行以“问答”取缔“观”，相应的伽蓝布局亦以“法堂”取代“佛殿”成为中心。

⑫ 五山十刹图绘寺院的原始格局现已无存，但日本尚流传着入宋日僧图绘“五山十刹图”的抄本，从伽蓝平面到佛具法座皆有图样。梁思成引译的田边泰考证中提出五山伽蓝全部平面大抵方正，先于正面前方设池，次置门，佛殿，法堂，方丈于一直线上，其左右则鼓楼钟楼，僧堂，东司，宣明，及其他各建筑，左右均齐配列。

⑬ 日本仿写江南禅寺，而有“伽蓝七堂”之说。据张十庆考证，所谓“伽蓝七堂”指日本禅寺主体构成上的七座殿堂及其相应的布局形式，最早见于日本奈良（1402 ~ 1481 年）的《尺素往来》：“七堂者，山门、佛殿、法堂、库里、僧堂、浴室、东司也。”他并说，伽蓝七堂是日本对宋元禅寺主体布局形式的抽象概括和程式化，有本质上的一致。

⑭ 见刘演碑：“吾先太祖日公因旧谋新，四敞是备，独正殿岿然，计可支久，故不改观，岁月悠浸，遽复颓圮”。

⑮ 南宋在绍熙年间和宝祐年间先后两次扩建。从刘演碑碑文看，主要的增建在绍熙后百载之下，故取铸钟的宝祐年间为伽蓝成型的时间。

⑯ 刘演碑、陶孟端碑皆称住持僧为照堂，而非方丈，方丈指代人和指代建筑实为一体，照堂亦然。

⑰ 刘演碑：“建佛有阁，演法有堂，安居有室，栖钟有楼，门垣廊庑，仓廪庖湢，悉具体焉”。

⑱ 刘演碑：“兹刹之盛，福利是钟”。

⑲ 开间面阔为柱脚尺寸，高度为脊榑至室内地坪尺寸。

⑳ 内槽天花题记。

㉑ 出自梁思成《中国建筑史》，《梁思成文集三》。

㉒ 详见陈从周《浙江武义县延福寺元构大殿》。

㉓ 详见陈从周《浙江武义县延福寺元构大殿》。

㉔ 详见陈从周《浙江武义县延福寺元构大殿》。

㉕ 莫高窟 205 窟平面图引自石璋如《莫高窟》，196 窟，55 窟平面图引自《中国石窟·敦煌莫高窟》，南禅寺平面图引自柴泽俊《南禅寺大殿修复》，雨花宫平面图引自莫宗江《山西榆次永寿寺雨花宫》

㉖ 详见东南大学建筑研究所《宁波保国寺大殿：勘察分析与基础研究》P122。

㉗ 详见孙大章《民居建筑的插梁架浅论》

㉘ 详见傅熹年《试论唐至明代官式建筑发展的脉络及其与地方传统的关系》。

㉙ 参考东南大学建筑研究所《宁波保国寺大殿：勘察分析与基础研究》P153。

㉚ 详见梁思成《中国建筑史》，完成于 1944 年。

㉛ 详见徐怡涛《公元七至十四世纪中国扶壁栱形制流变研究》。

㉜ 参见天津大学 2011 年 3 月测绘。

㉝ 参见孙闯《华林寺大殿大木设计方法探析》。

㉞ 参见浙江省古建筑设计研究院，丽水时思寺修缮工程测绘图。

㉟ 参见《肇庆梅庵》，傅熹年《中国古代城市规划、建筑群布局及建筑设计方法研究》中认为是元代建筑。

㊱ 参见浙江省文物考古所文保室《金华天宁寺大殿的构造及修缮》（尺寸估算）。

㊲ 参见东南大学建筑研究所《宁波保国寺大殿：勘察分析与基础研究》。

㊳ 参见东南大学测绘。

㊴ 参见《上海市郊元代建筑真如寺正殿中发现的工匠墨笔字》。

㊵ 详见李哲阳《潮汕梭柱设计匠法》。

㊶ 详见参见东南大学建筑研究所《宁波保国寺大殿：勘察分析与基础研究》P174。

㊷ 详见东南大学建筑研究所《宁波保国寺大殿：勘察分析与基础研究》P170-174。

㊸ 详见东南大学建筑研究所《宁波保国寺大殿：勘察分析与基础研究》P132。

修缮篇

一、近现代的保护与研究

（一）保护与研究

1、民国时期的保护与研究

清末民国初，中西文化在碰撞中产生火花，国人对古迹古物的保护观念增强，延福寺也受到了各方有识之士的关注。民国二十二年（1933年），宣平县一位有文化修养且具有社会服务意识的绅士陈育仁给省政府写信，反映延福寺为千年古建筑，要求省政府予以保护。1933年6月16日，浙江省教育厅教字第1152号训令宣平县政府，指出："宣平县陈育仁去函件反映陶村延福寺为千年古建筑，如果实系古代建筑，自应予设法查明保护"。宣平县政府很快采取行动，并于同年12月25日发训令"查明保护"，也是在这一年，中国佛教会浙江宣平分会成立。民间的推动，政府的支持，是延福寺保护和研究的先决条件，而真正揭示其价值，堪称学术意义的古建筑研究，则始于中国营造学社。

中国营造学社于1929年在北京成立，拉开了中国古建筑系统考察研究的帷幕。著名建筑学家梁思成、林徽因夫妇应朱启钤社长的邀请，投身这一工作，在全国各地展开实地调查、踏勘，历经千辛万苦，使一大批唐宋时期的古建筑得以浮出尘埃，成为世人心中的国宝。

1934年10月，梁思成和林徽因夫妇应浙江省建设厅厅长曾养甫之邀，南下杭州商讨六和塔的重修计划[①]，刘致平同行。在杭期间，他们听到了有关延福寺的情况，决定杭州工作完毕后，转赴延福寺实地考察，一探究竟。在同年的11月中旬，一行人来到了延福寺，当时交通极为不便，传闻最后是坐驴车上的山。然而，考察的兴奋盖过了旅途与工作的艰辛，经过详细测绘和识读石碑铭文，他们惊喜的发现这是一处难得的元代木构，而且颇具宋风。"经审查测量研究之后，得悉延福寺大殿为元中叶泰定间物，结构尤存宋风，其月梁，棱柱，及柱櫍，皆合营造法式之制"[②]。不仅如此，其后又在金华天宁寺内发现了另一座元代大殿，大家欣喜异常，不由感慨"江南气候本不宜于木建筑之保存；洪杨后，古寺刹之幸免者尤鲜，此次在浙南竟发现二处，实属难得"[③]。返程后，原计划将调研资料详加整理，刊登在次年

《营造学社汇刊》上，但这一时期有大量的调查资料亟待发表，已非汇刊所能容纳，所以改由梁思成、刘敦桢另编《古建筑调查报告》，分为两集专刊发表。第二集元代建筑即包括了延福寺大殿[④]，但时局动荡，抢救考察犹不及，出版更至耽搁，后来战乱频繁，文稿图版也有遗失。如今只留下了现场测绘草图和部分照片[⑤]，当我们面对这些“遗稿”，抚今追昔颇多感慨，虽然当时测绘时间仓促，草图极其简略，但刻画斗栱的线条却清晰俊朗，显示出扎实的建筑学功底，很多建筑惊奇也跃然纸面，诸如总平面图除了标注中轴线建筑外，还特别标注了沟、塘、潭，勾勒出一副完整的延福寺排水体系。测绘图上标注的“两瓣卷杀”的令栱、“两材两栔”的襻间、“上急下缓”的斗欹（䫜）势，也是延福寺大殿带给他们不同以往体验的直接呈现，包括此次修缮期间发现的第二跳昂头留有的旧三角形槽口，也未能躲过他们的眼睛。他们的工作是卓有成效的，不仅获得了大量第一手资料，绘制了图纸，为现代保护与研究提供了参考依据，更重要的是，他们凭借大量实地调研经验和广博的建筑学素养，指出了延福寺不同于北方建筑的独特性，从而确立了延福寺在中国建筑体系中的重要地位。

尽管延福寺的价值在上世纪三十年代已经为学术界所知，但由于时局混乱，延福寺仍和普通寺庙一样，长期处于萧条之中。临解放时，仅留下一名和尚。解放后，此人在土改中被遣送返乡还俗当了农民，寺院的田产和山地被分光，厢房分给单身无屋的农民当住宅，延福寺一度处于无人管理的状态中（插图 91 ～ 93）。

2、50 ～ 70 年代的保护与研究

50 ～ 70 年代，在“左”的思潮干扰下，延福寺的命运和其他文化遗产一样，几番风雨，历经兴衰。然而，一些专业人士和相关文化部门认识到延福寺的重要性，于重重阻碍中坚持了对它的研究和保护，虽偶有停滞，但并未完全终止，也使得延福寺得以继续留存。这期间，延福寺先后进行过两次较大的保护修缮活动。

第一次大的保护修缮活动是在 1954 年，属于结构抢险。延福寺年代远久又历经战争，部分结构损坏，有倒塌的危险。1954 年 1 月 29 日，浙江省文化事业管理局化社 (54) 字第 112 号文件通知宣平县人民政府，通知中指出：“延福寺为江南罕有的木构古建筑，应加以保护，因我省缺乏懂得该项建筑的人才，对该寺的损坏不能大修，目前为防止倒塌，决定进行小修……。”宣平县文化馆陈挺生负责延福寺修缮任务，同年 4 月 20 日动工，5 月底竣工。这次修缮中，除揭瓦、调换部分斗、栱、檩条、椽木外，其中一件最值得庆幸的事是用大杉木将大殿柱头倾斜撑住 (已向西斜)，使其不倒，保持原状，可以待日后从容处理。1954 年《宣平县桃溪区延福寺修理情况总结》这一文件对当时修缮的施工进展情况、修缮

插图 91　林徽因在延福寺考察（1934 年）

插图 92　梁思成在延福寺考察（1934 年）

插图 93　林徽因在延福寺考察（1934 年）

内容以及发现情况均进行了记录：泥工方面，主要对屋面进行了翻漏、修缮大殿前水塘驳坎及寺后东侧排水沟的新建；木工方面，为柱子加附柱，更换屋面檩条14根、椽80根，用柏、樟木更换补配斗栱，修补大殿前后门窗和板壁；另外对斗栱更换补配情况、斗栱尺寸逐一进行登录（表四、表五）。

表四　1954年延福寺大殿修缮上檐斗栱（外檐）补配数量信息表（单位：件）

部位			东面	南面	西面	北面
上檐	上昂	斗	1	47	25	11
		昂	–	5	3	–
		栱	–	2	–	–
	下昂	斗	4	23	13	4
		昂	–	4	1	–
		栱	–	–	–	–

表五　1954年延福寺大殿修缮下檐斗栱补配数量信息表（单位：件）

部位		外跳	墙柱上	内跳
下檐	斗	28	7	14

注：该报告内很多名称或为当地方言或为当地木构命名，上述表格在此基础上的整理归纳，可能存在信息理解错误情况。

第二次大的保护修缮活动是在1974年，省文管会决定对延福寺进行抢救性修缮，动工前夕，生产队才开始撤离。因为当时找不到懂技术的专家，县文管会负责修缮的童炎、陈尉、涂志刚和木工一行5人，去宁波保国寺等地参观学习修缮经验。回来以后，深感古建修缮容不得半点马虎，不敢贸然行事，决定“依葫芦画瓢”的方法，采取逐步拆卸，按已损坏霉烂构件的原样制作替代品，加以更换。以“伤兵带拐棍”的手法来支撑有问题的梁架，以保持不塌不漏。特别成功的是请农村建屋师傅，以土办法矫正了已向西倾斜的柱子，增添了悬鱼惹草和屋脊灰泥翘角，角梁后尾用铁件拉牵加固。同年12月修缮工程竣工。同时，陶村大队最终搬出占用延福寺的保管室、养蚕场、养猪场，由县文管会设专人管理（插图94 ~ 98）。

除保护修缮外，在延福寺保护的其它方面也取得了一定的进展。1954年8月28日，宣

插图 94 大殿修缮现场（1974 年）

插图 95 大殿修缮现场（1974 年）

插图 96 大殿更换柱子（1974 年）

插图 97 大殿瓦面修缮（1974 年）

插图 98 大殿修缮后全景（1974 年）

平县人民政府文教科宣文(54)字第4121号文件下达了《关于加强对古建筑保护工作的通知》。1959年，柳城区文化站干部吴雪雄向省里反映延福寺被生产队用作灰铺和牛棚、拆除寺院东侧围墙、空基开田搞种植生产等情况。浙江省文物管理委员会(59)浙文秘字第190号文件下达永康县(时武义县并入永康)人民政府指令转知桃溪公社加强古建筑的保护。1960年，延福寺成为第一批省级文物保护单位，这在很大程度上使文物得到了保护。1962年，由当时桃溪区公所主持，对延福寺漏水进行翻修，大殿正脊上安装避雷针，并在大殿东侧构筑一条新围墙，以解决1958年老围墙拆除后整座寺院暴露在旷野之中的问题。1965年桃溪区文化站向县文教科报告，延福寺大殿四周被生产队丢弃的灰泥堆积一米多高，导致排水沟堵塞，大殿更加潮湿。文教科拨款疏通阴沟，同时制作省保单位标志碑。

在延福寺相关研究方面，1960年陈从周先生带领学生来浙江考察古建筑，在省文管会委员朱家济先生陪同下，走访海宁、海盐、杭州、金华、东阳等地，其间专程来延福寺考察，并将考察测绘的成果撰写成文，在《文物》杂志1966年第四期发表。这是“文革”前延福寺建筑状况的真实记录，此行拍摄的延福寺佛像照片，成为最后的绝响。

3、改革开放后的保护与研究

改革开放后，沉寂许久的文化工作迅速振兴。1978年3月2日，全国古陶瓷研究会在延福寺召开，与会代表高度评价延福寺的历史、科学、艺术价值。8月27日，《浙江日报》刊登《元代建筑延福寺》一文，是全省文革后第一篇介绍文物古建筑的文章，引起社会各方面高度关注。随着延福寺在社会上知名度的扩大，80年代陆续发生几件有影响的事情。1981年，浙江省在文革后首次调整和重新公布省级文物保护单位，延福寺依旧名列其中。1983年10月25日，浙江省文物局批准成立延福寺文物保管所。1987年，武义籍画家潘洁兹先生请赵朴初先生为延福寺书写“延福寺”匾额。

同时，延福寺的保护工作初步展开。一方面修复环境面貌，进行了几次小规模的维修，在1978年的原址上重建西厢房，1983年对东厢房三开间进行落架大修，同时加固、修复围墙。另一方面对建筑的结构损伤进行了几次结构抢险维修。延福寺面临的主要问题是潮湿及虫蚁的危害。1989年延福寺山门由于白蚁危害而倒塌，省文物局拨款1万元，动工修缮，同时对两侧围墙添瓦、粉刷，并由县白蚁防治站为延福寺施药防治白蚁。1993年延福寺天王殿明间右缝月梁突然断裂，牵动明间全部倒塌，原因是白蚁的严重危害造成松木月梁成为空壳，加上6月份以来长期阴雨甚至暴雨，加重瓦和木构件的重量而引起倒塌。武义县当即组织人员进行抢修，修复后的月梁采取五根杉木拼接而成。

1990年以后，延福寺重塑佛像的问题引起各方的关注。浙江省文物局对这一行为进行劝阻，并正式行文《关于不准在延福寺重塑佛像的函》给武义县人民政府。1993年6月21日，武义县文化局局长陈锐安带文管会办公室3位同志到延福寺传达省文物局不准在延福寺塑佛和蒋岩金县长的指示，决定将已塑佛像加以封存，拆除供桌供具，停止烧香活动。直到1997年，延福寺重塑佛像最终全部拆除。这一事件的处理也暴露出延福寺文物保护工作存在一些的问题，武义县政府对此采取了一定的措施，完善地方文物的保护和管理。1994年，武义县公布了《关于延福寺文保所组成人员通知》，成立延福寺文保所，县文管会主任涂志刚兼文保所所长，由文保所接管延福寺日常工作，将延福寺管理权限由地方乡镇收归为县文管会直接管理。同年，武义县人民政府颁布《关于加强延福寺保护范围和建设控制地带的通知》，发至各乡、镇、机关单位和有关村。1996年，国务院国发(1996)47号文件公布延福寺为全国重点文物保护单位，延福寺的保护等级进一步提高，同时对它的保护修缮工作也提到了议事日程。

插图99　梁超先生在延福寺考察（1991年）

改革开放推动文化事业发展，国内外专家学者纷至沓来。1978 年 11 月 9 日，祁英涛先生带领梁超、孔祥珍工程师等到延福寺测绘、考察 10 天。1979 年 9 月 27 日，日本横滨大学工学博士关口欣也由陈从周教授陪同到延福寺考察古建筑 3 天。1981 年 4 月 9 日，潘谷西教授一行 5 人专程到延福寺考察。1986 年 11 月 8 日，日本国神奈县川山寺市麻生片平南隆基考察延福寺。1988 年 3 月 27 日，日本僧人安居太道和设计师吉河功到延福寺考察。1989 年 11 月 2 日，杨烈高级工程师在省文物局副局长梅福根陪同下到延福寺考察，并发表了对延福寺年代的看法。他说："以我看来，柱和梁架大多数大构件还是宋代的，元代构件只是部分，延福寺的时代应定宋为妥。"1990 年 8 月 29 日，南京东南大学学习古建筑的日本留学生杉野丞至延福寺参观考察。1991 年 6 月 16 日至 17 日，梁超老师和她的助手杨新工程师到延福寺考察，对延福寺的保护和修缮提出宝贵意见。1996 年 4 月，梁超再一次接受武义文管会的邀请，携助手李小涛工程师前来延福寺测绘、拍照、查阅资料，为延福寺修复设计做资料准备，为期 6 天（插图 99 ～ 101）。

插图 100　延福寺大殿修缮方案论证会（1999 年 9 月 23 日）

插图 101 国家文物局文保司
原副司长晋宏逵检查延福寺修缮工地

（二）困境与展望

自建国以来，延福寺的保护工作虽然并未完全停滞，但受到技术、经济、人力等条件的限制，尤其是经历了“文革”的动荡，延福寺的存在可谓“风雨飘摇”。1958 年，延福寺被生产队占用，作灰铺、牛棚，并将寺院东侧围墙拆除，围墙泥烧灰作肥料，空基开田搞种植生产，延福寺的保护岌岌可危。1966 年破“四旧”之风弥漫全国，延福寺大殿内珍贵的元代佛像被砸烂、捣毁，整个寺院被陶村大队占为养蚕、养猪和生产队的保管室，延福寺原本建筑和塑像一体的格局却被打破，建筑价值遭到了极大的损失。以上是威胁延福寺安全的外因，从内因上来讲，延福寺一直受到虫蚁、水患的威胁且未得到有效治理。自 70 年代末至 90 年代初这短短的十余年间，武义县文管会因这一问题已经 9 次向浙江省文物局提交修缮申请报告，并多次对出现问题的围墙、东西厢房和倒塌的延福寺山门、天王殿明间等进行了抢修。

进入 90 年代，随着文物保护逐渐得到重视，许多古建筑保护方面的专家来延福寺参观考察，对建筑残损和濒临倒坍的危险均感同身受，都认为需要对延福寺进行系统的大规模维修。有些专家还提出过具体的构想、初步的图纸，但因缺乏关于建筑和环境全面系统地勘（测）察资料，很难将方案做深、做细。例如 1996 年梁超先生在撰写《浙江省武义县延福寺大殿方案设计概说》中写到："……九六年春应邀又一次去延福寺对大殿的残损现状进行了重点勘察；但因连简单的架子都没有，只靠望远镜对梁架作了观察，故而勘察不够细致。"

1997 年开始，武义县人民政府向浙江省文物局申请延福寺列项修缮的事宜，并委托浙江省古建筑设计研究院编制详细规范的修缮方案，准备一举根除延福寺的安全隐患。然而，此次延福寺修缮工作的推进并非一帆风顺，其间除修缮技术问题外，其他各类矛盾和问题也纷至沓来。

1、文物保护与村民利益的冲突

延福寺修缮的启动正逢后塑佛像准备拆除之际，当地村民的利益与文物保护之间发生了不小的碰撞，延福寺的修缮工作也不幸被卷入其中。改革开放以后，佛教活动逐渐恢复，延福寺作为距离陶村最近的寺庙，在当地经济能力低下无力新建寺庙的情况下重新成为村民举行佛教活动的场所。当时文物保护体系和管理制度并不完善，文化部门无力约束当地村民的佛事行为。而当地村民对文物保护也不理解，认为拆除佛像影响了他们正常的活动，阻止文物管理部门拆除。就这样，佛像拆除问题从 1993 年一直延续到 1996 年延福寺被批准为第四批全国重点文物保护单位后，都未得到解决。直到 1997 年，国务院下发的 13 号文件中明确指出："由文化、文物及其他非宗教部门管理的寺观教堂等古建筑，不得设置功德箱收取布施及从事宗教活动，更不得从事迷信活动。"浙江省文物局根据这一文件严令延福寺后塑佛像必须予以拆除，否则对其修缮方案不予上报。武义县人民政府组织文物管理部门与当地村民进行多次沟通协调，最终承诺：次年于延福寺周边另寻一地建造或搬迁一处古建筑作为寺庙以供村民佛事使用，并委托浙江省古建筑设计研究院尽快为延福寺进行保护规划，统筹对延福寺周边的环境整治和建设活动，这才使得村民同意拆除延福寺佛像，并停止了延福寺内的佛事活动（插图 102）。

1997 年底，延福寺后塑的 13 座佛像被迁出，随后武义县文物管理所在年内向省文物局提交了"关于要求给延福寺大殿立项修缮的请示"。然而，1998 年此事又再起波澜。延福寺的修缮经费没有在本年度内划拨到位，武义县政府向村民承诺的事项无法在年内兑现，当地村民不了解具体情况，又准备将佛像搬回延福寺内。武义文管会得知后，立刻向省局汇报，

武义县教育与文化委员会
武义县文物管理委员会

武教文(1997)150号

关于要求拆除延福寺佛像的请示

武义县人民政府：

国务院国发(1997)13号文件中明确指出："由文化、文物及其他非宗教部门管理的寺观教堂等古建筑，不得设置功德箱收取布施及从事宗教活动，更不得从事迷信活动。"延福寺作为我县唯一的全国文物保护单位，目前寺内尚塑有佛像，给延福寺的管理带来困难、安全工作存在重大隐患。对此，国家和省文物局曾提出过严肃批评。省文物局领导明确指出：延福寺寺内佛像必须马上拆除，如不拆除，今后的大修方案不予上报国家文物局，出了问题必须严肃查处。

根据国务院和上级主管部门的意见精神，我们请求拆除延福寺佛像。有关拆除事项特请示如下：

1、由县委宣传部、统战部、文明办、教文委、文管会领导参加召开桃溪镇领导、原塑佛筹备会部分成员会议。传达上级指示和县委、县府意见，向群众讲明道理，取得理解、支持

2、在群众理解支持的基础上由宣传部、统战部组织一个拆佛队，拆除大殿内佛像（暂时保留前后殿佛像）。为防止个别群众闹事，请县公安、当地派出所协助执行。

以上请示，当否，请批复。

武义县教育与文化委员会
武义县文物管理委员会
一九九七年七月二十九日

主题词：文物　保护　请示

插图 102　《关于要求拆除延福寺佛像的请示》（1997 年）

省局紧急垫付 20 万元经费，启动延福寺新庙项目，才得以平息。事件虽然过去，但是延福寺修缮工作再次后延。

2、经费问题

上世纪 90 年代，国家经济刚刚复苏，用于文物修缮的经费并不充足。延福寺修缮申请立项报告中，根据梁超先生的修缮设计提请工程预算经费 118 万余元。最终国家文物局批准经费仅 100 万元，除修缮工程经费外，还包括为满足当地信众需要新建的延福寺新庙用款和修缮报告出版经费在内。这样的经费对于修缮延福寺来说实在是捉襟见肘。1999 年后，浙江省古建筑设计研究院又对延福寺进行重新勘察，在梁超先生勘察的基础上发现了新的问题，再次向省文物局申请经费 200 余万元，最终未获得批准（插图 103）。

3、技术力量问题

当时，文物修缮的施工、管理并未形成完善的体系，各方参与者对文物的理解、对修缮的认识程度也不同，尤其是在今天来看很多认识都处于初级阶段。首先从基层文物管理者来讲，他们都不是文物保护专业出身，对于文物的修缮一知半解，也没有文物修缮工程的实际管理经验。加上古建筑施工监理行业还未兴起，文物修缮都是由文物管理人员自己来监督管理的，专业知识的缺乏在一定程度上影响了延福寺大殿修缮管理的有效性。施工方面，当地有经验的、优秀的传统大木匠师傅很难寻，普通的木工和施工队伍对传统木结构不了解，尤其是对如延福寺这种形制复杂的木结构更是从未接触过，他们根本无法承担这么重要的文物修缮工程。另外，施工人员的文物保护意识不足，他们可能从木结构本身出发认为很多构件糟朽后需要更换，却并未意识到对于文物来说还需要尽可能多地保留文物的历史信息。

尽管如此，在国家文物局和浙江省文物局的强力主导下，一次可以称作“世纪大修”的延福寺文物保护工程终于在世纪之交的 1999 年正式拉开了大幕。

二、延福寺大殿的“世纪大修”

（一）大殿修缮勘察

延福寺虽然在解放后经过多次维修，但很多问题都未得到根本解决。对延福寺大殿的勘察由于条件限制，只能从外表推测其残损情况和安全隐患。80 年代以来，到延福寺参观考察的专家在肯定延福寺在中国建筑史研究方面具有重大价值的同时，一致呼吁要采取切实有效的措施加强对这一珍贵文物的抢救和保护。他们认为，如不进行一次全面的、综合性

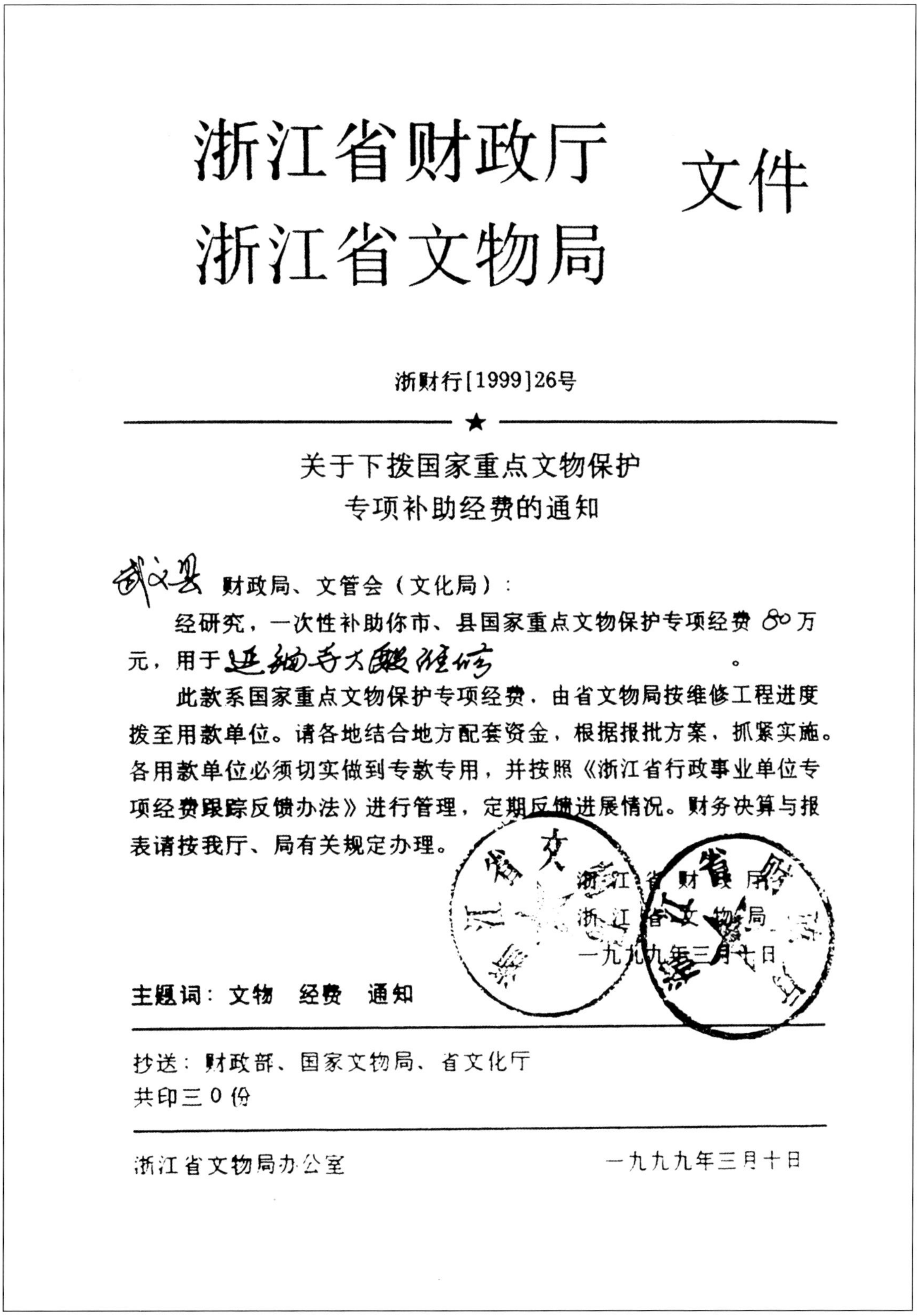

浙江省财政厅
浙江省文物局 文件

浙财行[1999]26号

★

关于下拨国家重点文物保护
专项补助经费的通知

武义县财政局、文管会（文化局）：

经研究，一次性补助你市、县国家重点文物保护专项经费80万元，用于延福寺大殿维修。

此款系国家重点文物保护专项经费，由省文物局按维修工程进度拨至用款单位。请各地结合地方配套资金，根据报批方案，抓紧实施。各用款单位必须切实做到专款专用，并按照《浙江省行政事业单位专项经费跟踪反馈办法》进行管理，定期反馈进展情况。财务决算与报表请按我厅、局有关规定办理。

浙江省财政厅
浙江省文物局
一九九九年三月七日

主题词：文物 经费 通知

抄送：财政部、国家文物局、省文化厅
共印三0份

浙江省文物局办公室 一九九九年三月十日

插图 103 《关于下拨国家重点文物保护专项补助经费的通知》（1998 年）

的大修，延福寺大殿随时都有坍塌的危险。正是在这种情况下，国家文物局古建筑专家杨烈、梁超先生先后来延福寺勘察，对修缮工作提出若干指导性意见，梁超在1996年还编制了初步的修缮设计方案。但由于各种原因，进程一直延宕不前，直到1996年初国务院公布延福寺为全国重点文物保护单位后，形势才有所变化。浙江省文物局考虑到实际情况，在征求梁超先生意见后，决定将延福寺维修工程交由浙江省古建筑设计研究院执行，具体由黄滋负责。一次堪为“世纪大修”的文物修缮工程就此全面启动。

1999年5月9日，浙江省古建筑设计研究院工程负责人黄滋带领五位专业技术人员进驻延福寺，对延福寺大殿建筑本体和周边环境进行了大规模的全面勘察和测绘，正式进入了延福寺大殿修缮的实质性阶段，对大殿建筑残损情况和原因以及周边环境与建筑的关系有了更深入全面的了解。在此基础上，撰写了《延福寺大殿残损情况的勘察分析报告》，为修缮方案提供了依据，也是第一份全面研究延福寺大殿建筑残损及沿革流变的基础性资料。

1、现状勘察

（1）大殿现状与残损状况

1）台基

台基是古代木构建筑的基础，直接影响建筑的稳定、防水，是承受上部荷载、维护木结构持久的关键部位，同时具有美观、礼仪等多方面作用。

大殿台基建在前低后高的台地上，卵石砌筑。大殿西檐台明表面前端低于下檐檐柱磉石、高于室外地坪，台明随地形逐渐抬高至后檐与下檐檐柱磉石持平，也与大殿西侧室外地坪持平。后檐台明则低于后院的地面。

大殿下檐外现有台基可能为明代重修时所加，从上檐出檐距离与下檐檐柱柱位情况推测，下檐檐柱现状位置当为元代大殿台基边缘，檐柱磉石可能为原压阑石。施工期间，大殿西外廊下檐檐柱与上檐檐柱之间的地面，又发现一段长4.2米、用破大瓪瓦砌筑的小坎，可能是更古一些的阶沿。大殿台基很矮，前台明只有0.3米高。台基平面基本呈方形，长、宽约为13.5米。台明均以卵石砌筑，只有前檐台明用长短不一的红砂岩条石压面。大殿内为三合土地坪，沿45°方向画块，每块30厘米见方，并在佛坛前部画120厘米见方的拜石。铺地之下即为淤泥，泥中混杂有块石、碎瓦，有少量炭状物质。

勘察表明，台基存在外地坪上升、地基沉降、风化残损、积水返潮等问题，需要彻底整治（表六；插图104 ~ 108）。

表六 大殿台基分部残损情况表

部位	残损状况	原因
室外地坪	室外地坪前低后高，西侧后半部和大殿台基上平，后院地坪则整体高于大殿台明，导致雨水倒灌	地处山坡，后部地势高，地坪淤土不断上升导致台基低于后院地坪
台基	大殿东侧卵石台基向外鼓出	上部结构歪闪，台基局部受压增大
阶条石	红砂岩条石残损断裂严重	经久风化
室内地面	室内地面长年潮湿发霉，遍长青苔，殿内三合土地面残破不堪	大殿地处山坳，常年有地下汇水径流，台基低矮，排水不畅，水流倒灌，殿内通风条件差
地基	是混杂有块石、碎瓦以及少量炭状物质的田泥，局部区域泥质松软，其中尤以佛台前与两前内柱之间泥质为甚，用钢纤可轻松直插下去约1米深，导致地基沉降	地基土质较差，且未满堂夯实，又常年处于饱水状态

插图104　室内三合土地面潮湿残破

插图 105　台基前沿压阑石

插图 106　西、北侧室外地面高于台基

插图 107　大殿室内基层出土早期阶基遗迹

插图 108　地基土壤含水常年处于饱和状态

2）主体构架及构件

大木构架是古代木构建筑的主体部分，既是主要的受力结构又是主要的形象要素，凝聚了木构建筑大部分精华。它和建筑的礼仪制度、地区的民俗风情都有关系。

大殿大木梁柱多用苦槠木（一种江南地区盛产的木料，耐腐蚀，刚性好，性苦不易虫蛀，早期建筑如天宁寺大殿亦多用苦槠，大殿的苦槠木因经历几百年而苦味消解失去了防虫蚁作用），榑、椽、枋多用杉木。

① 柱及柱础

大殿共用柱36根，除最外圈下檐檐柱外其余均为梭柱，当心间4根内柱因对应榑位不同，前内柱高6.69米，后内柱高6.39米，柱底径366毫米，柱顶径250毫米，柱径最大处414毫米左右。内柱外12根上檐檐柱，除前檐当心间两根因柱础较高柱高相对减小为4.55米外，其余多数在4.64 ~ 4.69米之间，柱底径338毫米，柱顶径238毫米，柱径最大处408毫米左右。最外圈20根下檐檐柱基本不做梭柱，柱高在2.91 ~ 2.95米之间，柱径在252毫米左右。

勘察表明，大殿柱子及柱础存在沉降位移、部分虫蛀腐朽等问题（表七；插图109 ~ 114）。

表七　大殿柱及柱础分部残损情况表

部位	残损状况	原因
柱础	1、上檐西南角柱和上檐西山后檐平柱的柱础断裂 2、后加附柱落于上檐前平柱础石之上	地基沉降及其引起的荷载不均匀分配，后期修缮改动
柱子	1、歪闪拔榫：下檐檐柱多存在沉降位移，弯扭不齐的现象，编竹夹泥墙与抱框之间产生缝隙，引起壁画起层、开裂等连锁现象 2、霉烂虫蛀：上檐四根内柱较为严重，从外表上看，油漆保存尚好，但经敲击、钻探，上段三分之一处的外皮虫蛀严重，呈烂絮状，下段保存完好；上檐西山两平柱及前檐东平柱被蚁蠹蛀食中空，表皮亦有霉烂，拨挑即可剥落；其余上檐檐柱也存在表皮虫蛀、局部糟朽的问题，或由于风化出现空洞。下檐檐柱多数完好，约有三根糟朽中空，余者表皮风化、局部糟朽，特别是柱根，因受潮湿环境的影响，加上室外雨淋风吹日晒，出现烂洞	地基沉降导致结构失稳，潮湿及风化致使霉烂，虫害致使构件结构性能降低
地栿	明间地栿风化残损严重，木质纤维化程度很高，局部出现烂洞	风化残损

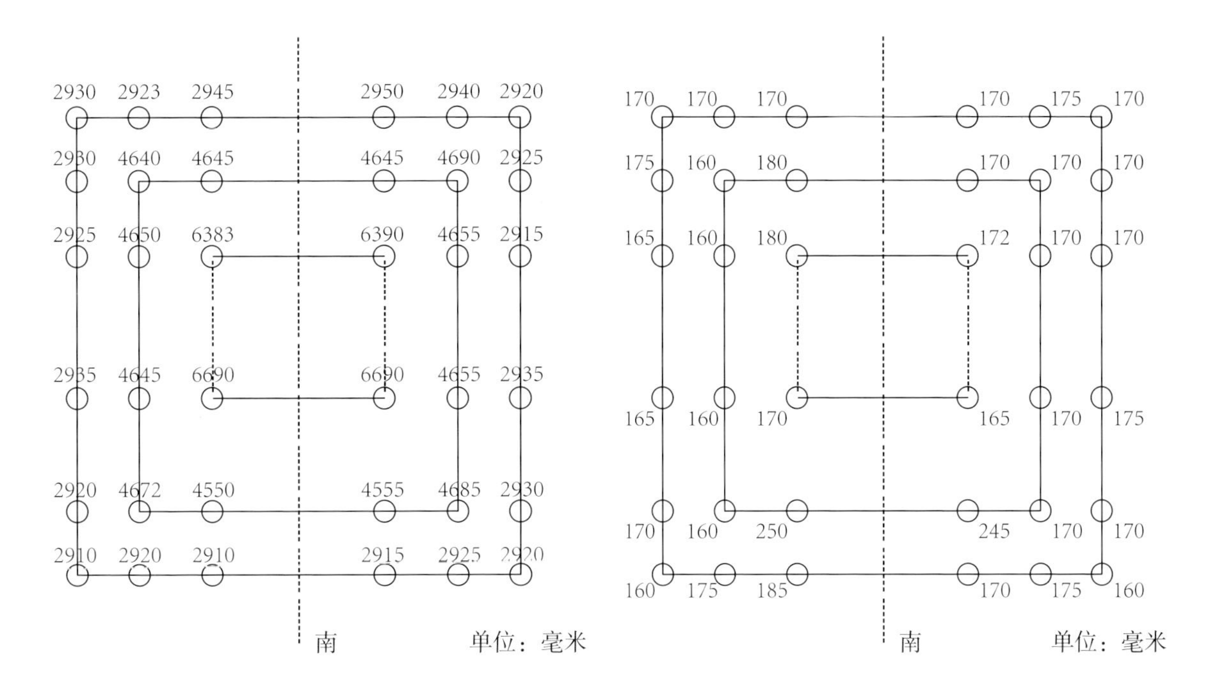

插图 109　柱高勘察记录

插图 110　柱础高度勘察记录

插图 111　后人添加支顶的抱柱

插图 112　地栿糟朽

插图 113　蛀蚀霉烂的后内柱

插图 114　蛀蚀霉烂的上檐后檐柱

②梁栿

大殿梁栿全部为月梁造，但分横置和斜向两种。上檐梁栿规格并不大，最长为内柱间三椽栿，亦不过 4 米，其次为前槽三椽栿，栿长 3.14 米左右，再次为平梁，梁长 2.91 米，最短为后槽及山面乳栿，栿长 2.18 米左右。上檐梁栿断面都很厚实。内柱间三椽栿高 430 毫米，上宽 170 毫米，下宽 200 毫米，最宽处 320 毫米；前槽三椽栿高 430 毫米，上宽 145 毫米，下宽 170 毫米，最宽处 300 毫米；后槽乳栿高 380 毫米，上宽 110 毫米，下宽 150 毫米，最宽处 210 毫米。

斜置的弓形劄牵均长一架椽，布置方向和屋面坡度一致，梁头均由一跳栱头承接，甚至成为一种程式化的做法，有的劄牵从柱头直接出半栱。弓形劄牵因弧度较大，并不符合木料的走势，取整材较为浪费，且受力和木料纹理不一致，亦容易开裂，实际勘察中发现有些弓形劄牵使用了拼帮做法，在梁背上左右开槽，贴附两块木料，由中间内凹的三块木料组合而成，用销子连接牢靠，它的侧面与其他劄牵保持相似的高度。

勘察表明，大殿梁栿存在虫蛀腐朽、老化开裂等问题，应当适当更换并加强构件性能（表八；插图 115 ~ 118）。

表八 大殿梁栿残损情况表

部位	残损状况	原因
劄牵	劄牵经拼合、镶补的为数不少，其中一些为后人修理时拼合，所用材质与原劄牵材质不同	劄牵呈弓形，受力和木材自身性能不一致
	多数木质老化程度较高，劄牵有半数开裂，有四根劄牵严重朽烂	经年老化，潮湿发霉，虫蛀
其它梁栿	梁栿中不同程度的存在局部朽烂、虫蛀、开裂的现象，大多数木质老化程度较高。上檐各种梁栿均局部朽烂、蛀蚀中空、裂缝	经年老化，潮湿发霉，虫蛀

插图 115 劄牵拼帮做法

插图 116 乳栿上劄牵开裂朽烂

插图 117 西山乳栿上劄牵开裂朽烂

插图 118　下檐乳栿蛀蚀中空

③额枋和槫

大殿的一个显著特点是上、下檐檐柱柱头不用普柏枋，且上檐檐柱间使用双重阑额，形成两道圈梁。另外，内柱和上檐檐柱间乳栿下附加顺栿串，高度和上层阑额相平，从尺度上考虑，檐柱高 4555 毫米，柱径最宽处不过 410 毫米，比例接近 11 ∶ 1，内柱更为纤长，设置双重阑额及顺栿串也符合结构稳定的要求。值得一提的是，在上檐前槽三椽栿下未用顺栿串，当有其特殊目的。

表九　大殿额枋、槫残损情况表

部位	残损状况	原因
枋木	罗汉枋、撩檐枋经统计约半数严重糟朽；柱头枋约有三分之一朽烂、开裂，并伴随出现滚动、移动	地基沉降导致拔榫位移，潮湿发霉，虫蛀
阑额	上檐多数阑额糟朽断榫。平柱之间的阑额脱榫严重，仅靠 1974 年大殿修缮时加置的抱柱、木方支顶加固，被当地人称之为“伤兵加拐棍”	上檐阑额表面开椽椀口承受下檐椽尾，结构荷载较大，并伴有虫蛀腐蚀
槫	半数糟朽，变形滑动	地基沉降导致拔榫位移，潮湿发霉，虫蛀

插图 119　顺栿串虫蛀糟朽

插图 120　下檐阑额糟朽

插图 121　上檐阑额拔榫、柱头开裂

插图 122　上檐槫、枋糟朽位移

大殿槫直径均为230毫米左右，外檐使用撩檐枋，而非撩风槫。另外，外檐斗栱后尾第一跳昂头上又增设了一道承椽枋，这在小规模的建筑中并不多见，它和第一跳昂结合紧密，也使檐柱彼此间更为稳定。

勘察表明，大殿槫枋存在部分断榫糟朽、侧偏移位两大问题，应适当更换新料（表九；插图119 ~ 122）。

④斗栱

大殿斗栱存在多个时期修补更换的构件。上檐二跳昂额上有放置交互斗的卯口，不同于其他昂。通过仔细观察和分析，发现上檐结构的变化。这20根不同于其他昂的昂体下边两侧有一条20毫米宽的阴刻槽，而且大部分因昂嘴糟朽被锯短。从制作手法老练、木质老化程度上，可断定这是年代较早的昂。当拆下上檐椽后才发现，撩檐枋、罗汉枋和柱头枋的间距不等(应相等)，撩檐枋内移了160毫米。说明元代始建时，间距相等，后代修缮时内移了，这是个重大发现，有放置交互斗卯口的昂是元代原物（插图123）。

勘察表明，大殿斗栱存在部分开裂、后期修缮改动等问题，需要因情况适当修补更换（表十；插图124–133）。

插图123　昂额上撩檐枋内移痕迹

表十 大殿斗栱残损情况表

部位	残损状况	原因
斗栱	糟朽脱落：大殿上檐外檐斗栱中，除1974年修理时制作更换的斗栱外，木质纤维化程度较高，有的只剩木筋，出现空洞，斗脱落较多	经久风化、腐蚀等致使的木材性能退化，结构承载力丧失
	松动碎裂：一些斗被压裂，斗耳断裂，尤以各昂后尾斗栱歪斜、松动移位为甚，个别斗栱甚至完全脱离位置，歪斜达 50 ~ 70 毫米之多	基础沉降不均匀引起斗栱受力不均匀
	出跳减小：明清修缮时外跳令栱向内平移了 160 毫米，这时更换的二跳下昂亦缩短了 160 毫米，显得比例欠佳	修缮时改动，原因不明
	风格不一：后期修缮新换的斗栱明显改变了栱瓣卷杀、欹䫜部分的时代风格，䫜弧起节生硬，制作粗糙	因当时的修理缺乏经验和对文物建筑修缮原则的把握所致
	长短不一：昂和昂嘴均存在长短不一的现象，下昂从外跳横栱中心至昂嘴水平长度为 567 毫米，短者为 407 ~ 417 毫米。；上昂从外跳合栱中心至昂嘴水平长度为 661 毫米，短者为 500 ~ 510 毫米，外观甚不划一	历代改修所致，如 1974 年修缮时部分昂嘴被锯断约 25 厘米

插图 124 上檐柱头铺作斗栱拔榫、糟朽

插图 125　中平槫下斗栱位移

插图 126　乳栿上斗栱倾斜位移

插图 127 上檐斗栱里跳位移脱落

插图 128 上檐柱头栌斗节点糟朽

插图 129　上檐转角铺作外跳糟朽

插图 130　上檐出檐较短、比例欠佳

插图 131　后换斗栱构件形制有误

插图 132　上檐斗栱昂嘴形制不一

插图 133 上檐昂头后期被锯短

⑤椽望

延福寺大殿建成后，历代对屋面屡有修葺。大殿屋面现存椽子有方、圆两种。上檐多用方型松木椽，但四角尚保留有直径 100 毫米左右的圆形杉木椽 40 余根，长过两架，一端为银锭榫，形制与金华天宁寺大殿用椽一致，明显老化，推测应为元代早期用椽。

勘察表明，大殿用椽存在后代变更、良莠不齐的现象，应予以统一（表十一；插图 134 ~ 137）。

表十一 大殿椽望残损情况表

部位	残损状况	原因
椽	大殿多用松木方椽，用材大小不一，系后人在修理时更换，多数虫蛀糟朽严重。部分椽子风化，出现空洞，另外发现有杉木圆椽。屋面椽布置凌乱，椽当大小不一	漏雨致使霉烂，椽子用材不当致使虫蛀
搏风板及山花	现状大殿搏风板及两山悬鱼、惹草亦为 1974 年修理时增置	修理不当
望板	大殿屋面施瓯瓦，不用望板苫背，瓦直接置放于椽上	修理不当

插图 134　上檐椽形制方、圆混杂

插图 135　屋面布椽凌乱、椽当大小不一

插图 136　1974 年增设搏风板、悬鱼、惹草

插图 137　屋面无望板

3）屋面

大殿屋面为阴阳合瓦做法，其中以大瓦居多，瓦长250毫米，大头200毫米，小头180毫米，经分析为现大殿铺瓦中的最早者。檐口无勾头滴水，与大殿的等级和木梁架的细腻程度极不相称。根据1974年在大殿前放生池西侧修理水沟时出土的筒瓦、重唇瓪瓦和宝相花纹的勾头看，大殿的屋面在元、明时期当在檐口有勾头之类。

此外，从梁思成先生1934年所拍的大殿照片看，当时大殿并无重脊，正脊和戗脊系采用当地做法，覆瓦垒脊，清水做法，脊端不作装饰，脊形低矮，几乎看不出有脊。此种做法，无疑为后人修理屋面时所致，并非大殿本来面目。

勘察表明，屋面历代改动亦非常大，从现存情况看，在形制混乱、雨水渗漏等问题，应适当予以调整（表十二）。

表十二　大殿屋面残损情况表

部位	残损状况	原因
瓦	用瓦形制混乱，规格大小不一。瓦片破碎、凌乱，遇雨渗漏	屋面多年未经修理，雨雪霜冻等自然灾害及修缮做法不一所致
屋脊	现状大殿屋面亦无垂脊，只设正脊和戗脊，系1974年修缮时垒砌，外包以水泥，正脊两端做成曲卷象鼻状，类于当地传统民居屋脊做法。戗脊端头则做成翘头，系仿杭、宁古建做法，脊形低矮，颜色发白，与大殿风格极不协调	修理不当，修缮缺乏依据，完全改变了原有的特色和风格

（2）排水系统与残损状况

延福寺早期建设时是充分考虑了排水的。一方面，院内铺地全部使用卵石，卵石的渗水能力极强，地面积水可以快速下渗，而且卵石不会产生毛细水，院墙和台基都采用卵石做基础，体积大的在下，越往上越小，可以有效防止地面水上升。另一方面，寺院建有完整的排水体系。建筑群外围靠东侧院墙以内自北墙向南穿南墙设一道排水沟，沿观音堂、东西厢房后墙设排水沟，东厢房后排水沟沿墙转折与东侧院墙处排水沟相沟通，西厢房后排水沟一直向南穿南侧院墙经暗渠排入水田。院落内也设置了排水沟渠，观音堂前左右设水池，汇聚地下径流，并与地下暗沟和大殿周边明沟连通，最后通向大殿前的放生池，放生池并设出水口通向院外，是一套很完整的排水沟渠。历史上，这套排水系统再加上使用者的维护，比较有效地防止了山水对寺院建筑的侵蚀和破坏。

然而，随着时代的更迭，地形地貌、气候水文已多有变迁。现今延福寺却因排水沟深

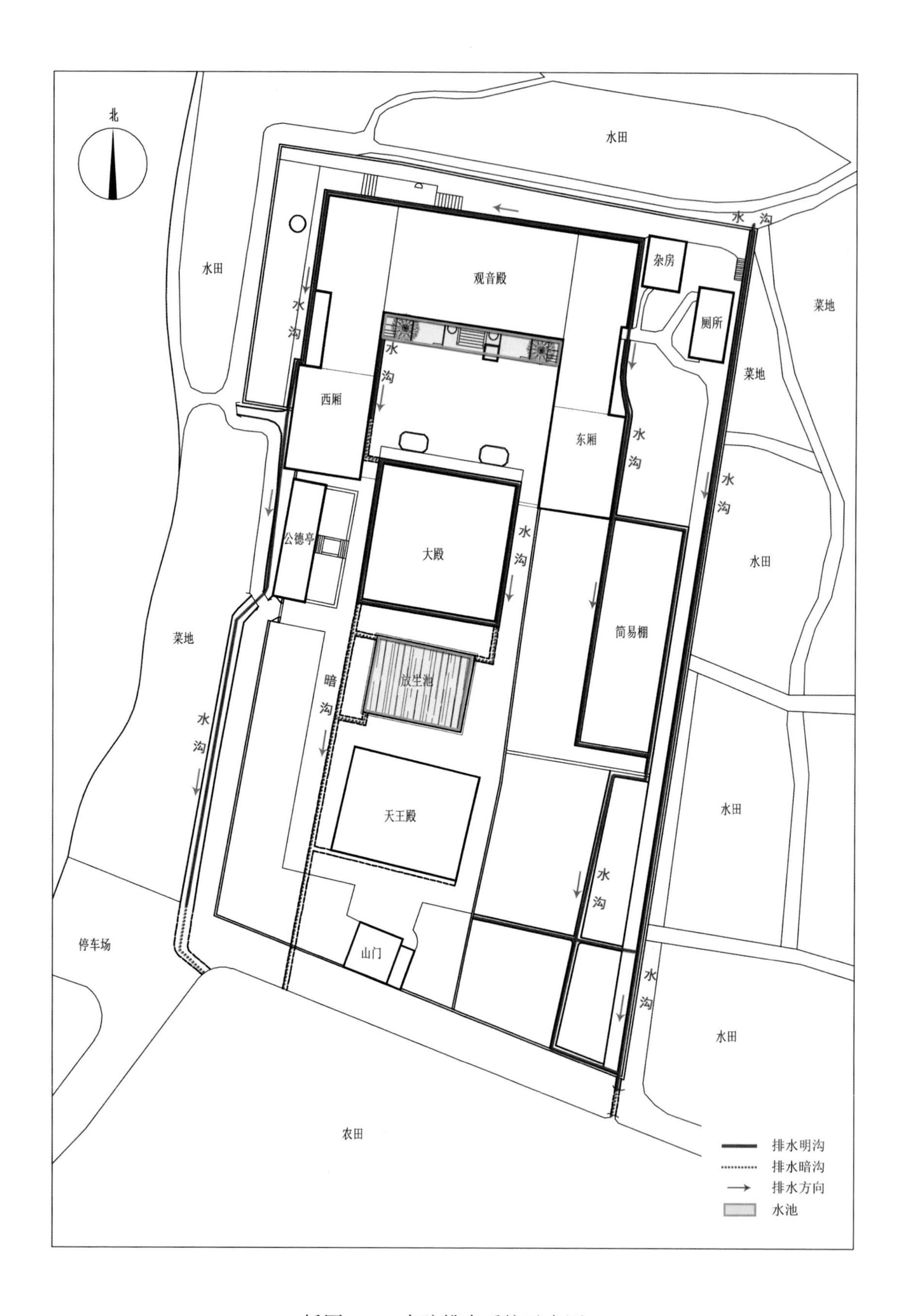

插图 138　寺院排水系统示意图

度较浅、且年久失修、杂草丛生等因素，造成排水系统不畅，致使大殿等建筑受地下水、潮气侵蚀，尤其是大殿不仅地面潮湿发霉、遍长青苔、积水严重，而且地下水倒灌致使大殿地基被侵蚀出现不均匀沉降（插图 138 ~ 140）。

插图 139　大殿西侧排水暗沟上盖水泥板

插图 140　排水明沟堵塞、杂草丛生

（3）周边环境及其他建筑勘察

延福寺历史格局已无可考，然自建国以来对延福寺环境的多次改动均留有部分记录。至本次修缮前对寺院的环境勘察发现存在以下问题：延福寺大殿前水池一周有 1974 年所添加的混凝土护栏，形制欠佳，且已残损；大殿台基东侧边缘外不到 2 米的距离内为后建的围墙，围墙上开设有圆洞门，其院内搭建有简易棚；大殿西侧台地上是后期建的公德亭，风貌较差，距离大殿较近，影响到本体的保护；大殿后的场地由于后期堆土，已高出大殿台基约 60 厘米，并有 1974 年添建的两处花坛，影响了大殿周边的排水系统；山门、天王殿、观音堂都存在木构件糟朽、白蚁蛀蚀等情况（插图 141 ~ 145）。

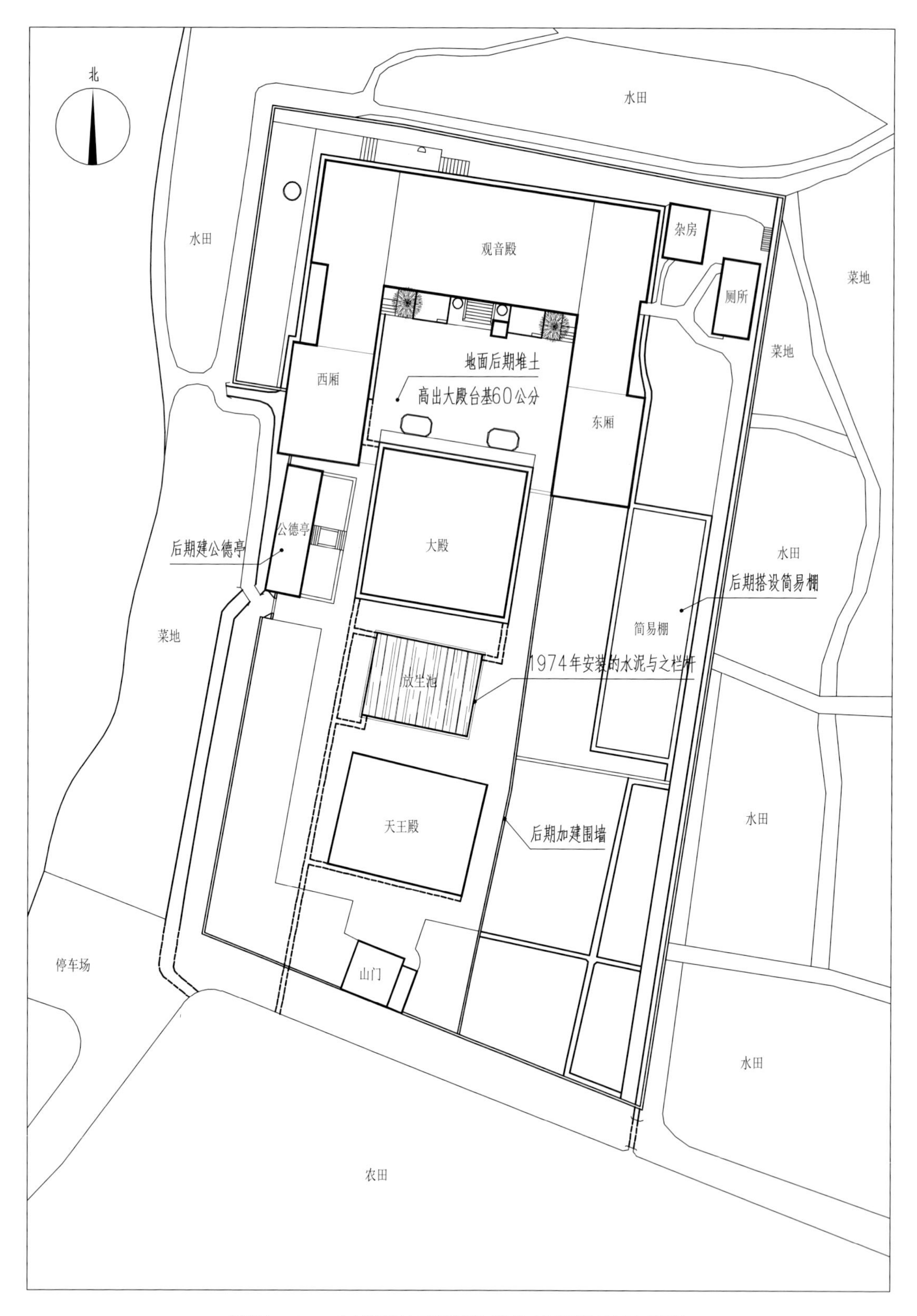

插图 141　大殿周边环境及其他建筑勘察示意图

插图 142　大殿前放生池水泥预制栏杆

插图 143　大殿东侧后建围墙

插图 144 大殿东侧围墙及搭建简易棚

插图 145 大殿后庭院地面及后建花坛

2. 残损评估及病害原因分析

（1）残损评估

通过对延福寺大殿的详细勘察，对大殿各部分、各构件存在的现象进行分析，大殿的残损状况如下：

1）地基不均匀沉降，梁架歪闪拔榫

地基土层长年潮湿软化，使大殿的柱基础不堪重压而产生沉降。现场勘察表明，以上檐当心间前东平柱磉石平面为基准点。下檐前檐6根檐柱基础沉降最大的为当心间两柱，沉降81毫米，最小的为东南角柱，沉降30毫米，平均沉降幅度为59毫米。下檐后檐6根檐柱基础沉降最大的为当心间西柱，沉降62毫米，最小的为东北角柱，沉降38毫米，平均沉降幅度为47毫米。东、西两山下檐檐柱基础沉降16～75毫米不等。上檐4根内柱亦有不同程度的沉降，其中西侧前内柱基础67毫米、后内柱73毫米，东侧前内柱46毫米、后内柱40毫米，平均沉降幅度为56毫米。上檐平柱基础和角柱基础沉降7～73毫米不等。另外由于基础沉降引起荷载不均，也造成大殿东侧卵石台基受压向外鼓出，上檐西南角柱和西山后檐平柱的柱础裂成两半（插图146～149）。

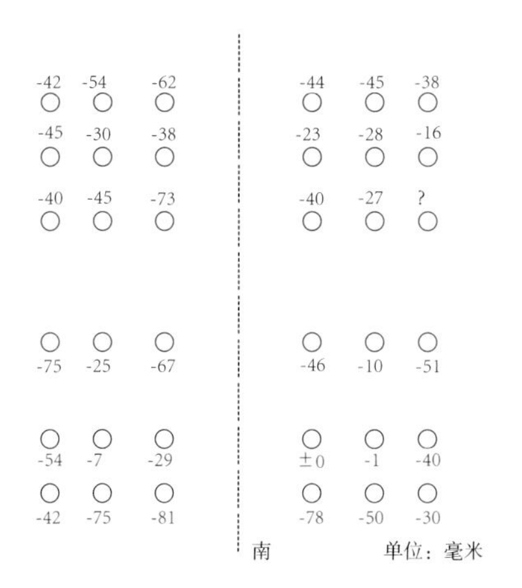

插图146　磉盘水平高差勘察记录

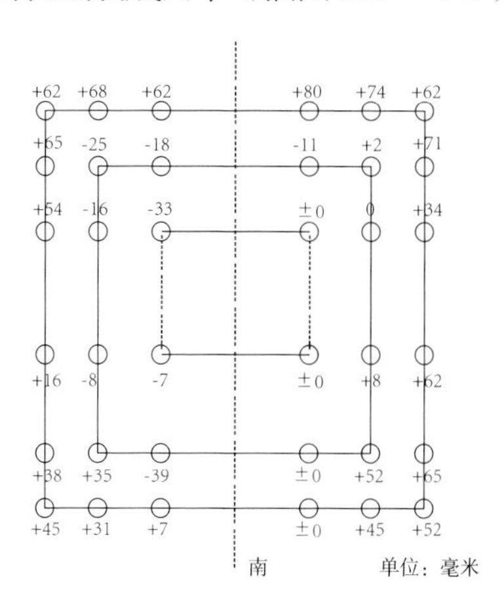

插图147　柱顶水平高差勘察记录

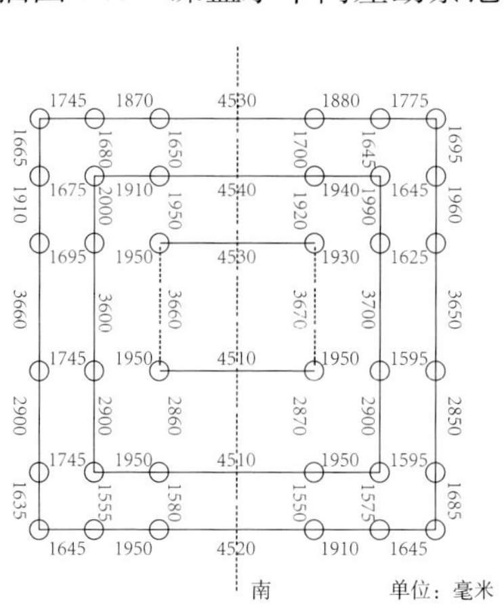

插图148　柱根中到中水平距离勘察记录

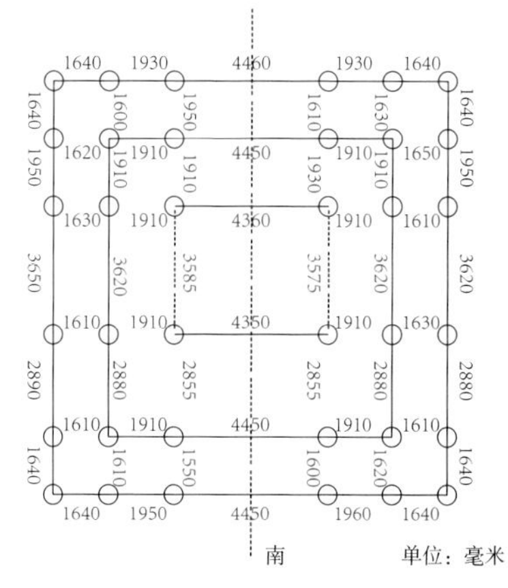

插图149　柱顶中到中水平距离勘察记录

地基沉降同时造成殿内柱梁歪闪、拔榫现象严重。上檐东侧两根内柱柱头扭裂，三椽栿、乳栿、内额、阑额等均存在不同程度的拔榫现象，其中尤以劄牵拔榫为甚，幅度 3 ~ 5 厘米不等，其下的大斗、十字栱亦因拔榫而多有松动，或歪斜、或移位，一些斗被压裂，斗耳断裂；四根角梁亦有松动，现后尾有后期维修加固的钢筋铁件做牵拉加固；屋面榑发生滚动、移位。下檐柱多存在弯扭不齐的现象，部分乳栿拔榫、扭裂，阑额与柱头之间榫头松动，编竹夹泥墙与抱框之间产生缝隙（插图 150 ~ 153）。

插图 150　阑额扭曲变形

插图 151　梁栿拔榫、歪闪

插图 152　梁头拔榫、朽烂

插图 153　劄牵拔榫

2）构件糟朽、蛀蚀，纤维化程度高

大殿内木构件糟朽、粉蛀现象较为严重。上檐四根内柱上段三分之一处的外皮虫蛀严重，呈烂絮状。上檐西山两根平柱及前檐东平柱表皮霉烂、内部蚁蠹蛀蚀中空，其余上檐檐柱均有不同程度的虫蛀和糟朽情况。上檐梁栿中不同程度地存在局部朽烂、蛀虫、开裂的现象，其中 4 根劄牵严重朽烂，罗汉枋、檐枋经统计约半数严重糟朽，柱头枋约有三分之一朽烂。下檐檐柱小部分有表皮风化、局部糟朽现象，多数柱根出现烂洞。当心间地栿风化磨损严重，木质纤维化程度很高，局部出现烂洞。

3）后期扰动较大，形制混乱

延福寺在解放后受各方面干扰甚大。首先，表现在寺院整体地界和格局上，后期建造围墙、搭设简易棚以及地形的变动，使得延福寺原有规模和格局不明，亦对建筑安全产生一定影响。另一方面，体现在延福寺大殿建筑上，梁架、屋面、门窗均有后期改动，致使大殿形制混乱，尤其是大殿斗栱和屋面，上檐斗栱很多斗、栱为后期更换，且形制与原形制不符，昂和昂嘴均存在长短不一的现象；屋面出檐和角梁被锯断，各步椽都不规范，有圆有方，用材大小不一，椽当宽窄混乱；瓦顶无望板、不施苫背，板瓦仰、扣直接置放于缘上，无脊、无吻兽等构件，形制混搭。

（2）病害原因分析

对造成上述问题的根本原因进行深入探究，总结出以下三个方面：

1）水患

水患的外因是自然环境。浙南山区整体气候常年潮湿，雨水丰沛，暴雨时节降雨量大。加之桃溪镇属于“宣平山间盆地”⑥，四面低山环抱，湿气聚集不易散去，更容易诱发水患。延福寺虽建于低丘之上，但亦处于山坳之中，山地土壤又以砂砾土为主，保水能力十分差，因而常年有地下汇水径流，冲沟亦发育明显，这对工程建设与维护都有很大的负面影响。

水患的内因是大殿常年失修及不当改动，致使本身的防水散潮等功能失效。大殿本身的排水系统是经过规划的，但其后几次不当改动，对大殿的防、排水能力造成一定的影响。明代加建下檐时未对原有基础进行处理，下檐檐柱直接落于原台基阶沿上，其外侧未新做散水和排水沟，仍使用原有排水沟，并且排水沟与台基之间也未做隔水处理，加上大殿周围室外地坪不断抬升，地表和地下水量增加，造成原排水沟无法满足环境变更后的使用需求。而且，长时间的泥沙淤积，造成排水沟内杂草丛生、排水不畅，雨水量一大，排水沟内的水就会向大殿内渗，一旦遇到大雨或暴雨，更是水流汇注，漫溢侵入殿内，形成明显积水。

大殿三合土地面遭遇水的浸泡，已经残破不堪，更严重的问题是，三合土以下的地基部分不是夯实的素土，而是混合碎石瓦的淤泥土，局部浸水后泥质松软，致使地基沉降不均。地基一旦发生滑动，上部结构就会失稳，引发柱梁歪闪、拔榫等连锁反应，影响到大殿整体的结构安全。地下水还会在毛细作用下向上渗透，地面就更加潮湿，破坏加速，形成恶性循环。大殿下檐开门窗较少，通风效果不太理想，后来东西向的门窗又被封死，水汽更加无法散出去，潮湿闷热的环境为生物滋长提供了有利条件，大殿内地面、墙面、佛坛因潮湿而常年生长青苔，也使殿内木构件生长霉菌，糟朽腐烂。防水防潮是这次修缮的重点之一。

2）霉变与虫害

霉菌与虫害的外因是生物特性。空气中的木腐菌孢子无处不在，但分解木质需要以水为媒介，木材含水率达到18%以上时，木腐菌就容易繁殖，空气相对湿度保持在80% ~ 100%，木腐菌也易于滋长。蠹虫的生物特性则较为复杂，无论干湿环境都可能生长，一般要看木材是否合乎其“口味”。影响最大的莫过于白蚁，在我国长江流域以南白蚁是木构建筑最大的虫害威胁，白蚁以纤维素为食，不分树种，加之活动隐蔽不易被发觉，营巢群居数量多破坏力度大，不根治很容易引发房屋倒塌等严重问题。

内因是室内环境封闭、潮湿致使霉菌和虫害的滋生和泛滥，具体包括两个方面：①大殿屋面几经改动，无望板和苫背，屋面直接铺瓦，雨水渗漏，地面泛水返潮，门窗封闭，室内水汽聚集不散，空气温度湿度常年保持在较高的状态。②后期新换椽材料采用松木，松木含有油脂，容易招引虫蚁。潮湿温热的环境适宜木腐菌生存，木构件表面腐烂后失去保护，虫蚁便很容易蛀入，加上木腐菌将木纤维分解为低糖，给蠹虫提供了养料，蠹虫越发多起来，而蠹虫在木材表面蛀出许多孔洞，又为木腐菌的进一步繁殖和白蚁的侵入提供了条件。殿内柱、梁、虫蚀严重，构件糟朽、中空、失去承载能力，致使大殿整体结构存在严重的安全隐患。

3）人为破坏

人为破坏，一方面体现在不可抗拒的社会因素上。如解放前战乱不断，延福寺无人问津。1958年的人民公社运动以及1966年开始的“文革”造成延福寺部分文物的损毁。改革开放后，资金的缺少和技术力量的不足，延福寺只能“维持现状”。另一方面是文物保护知识的匮乏以及修缮系统性、科学性的欠缺，无形中造成了对文物建筑真实性的干扰和破坏。解放后，当地文管部门对延福寺进行的几次小规模修缮中，采用的修缮方法存在一定问题，具体体现在后期更换构件选材不当、形制粗糙混乱、构造有误等方面，如斗栱缺损、昂嘴后人改动、角梁出檐被后人锯短、戗脊端头误用杭宁古建做法等，严重影响了大殿的外观特征。

综上所述，在水患、霉菌及虫害和人为破坏下，大殿潮湿，出现地基沉降、柱梁歪闪拔榫、建筑形制混乱等问题，加上宗教取缔之后，寺内长年空置，无人管理，得不到有效的维护，这些问题加剧了大殿结构扭曲变形，成为威胁大殿继续生存的严重隐患。若不及时解决，一旦遭遇较为巨大的自然力破坏时，就有倒塌的危险。

（二）大殿修缮设计

延福寺大殿建于元代，经明、清屡次修缮得以保存下来，是江南地区十分珍贵的古建筑遗物。对其进行修缮必须采取慎重稳妥的态度，修缮方案的确定和修缮措施的使用均应建立在科学论证和反复比选的基础上。为了保护好这一文化遗产，最大限度地保存历史信息，一方面要用治本的办法根除隐患，另一方面又要最大可能的保留原有构件和历史信息。

浙江省古建筑设计研究院在对延福寺大殿进行详细勘察后，根据法式研究和对大殿残损的评估、对病害原因的分析，遵照《中华人民共和国文物保护法》和《纪念建筑、古建筑石窟寺等修缮工程管理办法》及国内外有关古建筑修复准则的精神，吸收梁超先生修缮方案的核心内容，确定了“对延福寺大殿采取局部拆卸大修，拨正归安脱榫柱梁，原位归安斗栱构件，更换朽烂结构构件。通过必要的工程技术手段解决周边可能危及古建筑安全的自然因素，防止水患、病虫害的发生，对寺内其他建筑进行必要修整”的修缮设计方案，以维持延福寺大殿的历史原貌，使其在修缮后达到结构坚固无隐患、外貌庄严朴素的状态。

1、修缮原则

修缮设计遵循“不改变文物原状，补齐缺损的结构构件；真实、全面地保存并延续其历史信息；保护现存实物原状，并以现存的有价值的实物为依据；不追求统一，以致冲淡明清修缮的时代特征”的原则。

（1）不改变文物原状

为切实保护好文物的历史信息，修缮应严格按照大殿的原状进行，在对现场实物、留存痕迹做严格考证和认真比对的基础上，确定修缮措施。

（2）尽可能保留原有构件、形制

对于糟朽的非承重构件，尽量采取修补而不换新的办法，只有当该构件无法继续承载且为文物安全带来隐患时予以更换。对明清时期添加或更换的部分，视为大殿修建沿革中重要的历史信息予以保留，不做改动。

（3）新旧可识别的处理方式

在柱梁修补部位和新换构件的隐蔽处标记年号，在外观上采取做旧处理，但与老构件又要有所区别，使新旧构件在外观效果上达到基本统一且可以辨别。

2、修缮指导思想

（1）维修时尽量保存原有构件，对具有结构作用的残缺或缺损构件，做充分论证，在取得一定的理论依据的情况下，可做必要的还原，如屋面望板、屋脊和锯短的檐椽、角梁、地面等。

（2）对明清时期添加或更换的构件，如明代添加的下檐、清代添加的天花等，虽有明显的年代差异，此次修缮不做改动，均按实样对残损部位进行修补。对1974年更换的构件因年份短、形制不规整应采取按老构件样式重新修整使用的方法。

（3）对受力构件的薄弱环节或构造刚度不良之处，在不影响外观的情况下可采用铁件或现代科学方法做必要的加固处理。

（4）新换构件或修配旧构件，不宜改变原有构件的材料质地。木构件的更新部分应做出标记，在外观上与老构件也应有所区别。

（5）对于在维修中发现有年号、文字等题刻的砖瓦、木、石等构件，如不宜继续使用，均视为文物，编号登记，妥为保存。对更换下的斗栱等构件一律先保存，待完工后统一挑选处置。

（6）修缮工作按先柱基、后木构，先瓦顶、后地面的步骤进行。维修主体构架自下而上，屋面、断白工程自上而下进行。凡进行每阶段工程，必须严格制定施工程序。在修缮的具体程序上，坚持设计和施工的无缝结合，不赶进度，稳扎稳打，每一工序谨慎定夺，每一细节严格把关，以维系历史的真实性和科学性。

3、修缮与加固措施

（1）石作、地面工程

1）对元代柱础沉降相对较小的，不另作调整。对沉降较大的下檐柱基进行水平调整，提高磉石平面。阶沿石保持自然形状的大卵石砌筑，前檐仍选用当地的红砂岩条石进行修复。

2）室内地坪先铲除三合土地面，用20厘米厚块石铺底，5厘米厚三合土夯平，做卷材防水层，再新配40X40厘米的地砖。铺筑方砖须四角砍削方正，平面光平无洞眼、无裂缝。阶沿地面仍用小卵石铺饰。

3）大殿东西及后檐排水沟挖深50厘米，卵石砌筑，使地下泾流及时排出。

4）大殿前水池护栏选用暗红色石材制作。

（2）柱网变形纠正

在维修和改进地基的条件下，针对柱网不均匀沉降和构架扭曲的问题，采取局部落架、局部调整的措施，落架至上、下檐柱头位置，天花和壁画保留，不进行拆卸，在采取稳固措施后纠正柱网变形，不求地面水平而是根据柱头标高的相对平整度进行柱底抄平，拔正柱梁。考虑到年代久远材料压缩变形所产生的缝隙已无法合榫严实，脱榫达到基本归位即可。

（3）木作工程

1）柱子：对两根蛀蚀中空且木质纤维呈粉状不能承载的柱子，用相同质地的木材换新。对局部糟朽裂缝者以相同材质墩接、剔补，必要时用铁箍箍牢。对蛀蚀中空严重者采取高分子化学材料灌注加固，对局部破损又不影响结构作用的，不做修补。

2）梁栿、额枋：对残朽、中空、劈裂严重又不能继续承载者，选用梓木更换，对局部朽烂、劈裂者，尽可能采用拼补、粘结等技术手段加固；对不作承载的劄牵等构件，虽糟朽断榫者不宜换新，应采用墩接、拼补加固以便继续发挥作用。

3）斗栱、枋子：大殿斗栱由于后人修复改动，本次工程不采取恢复到某个时期的形制，以每朵缺失补齐的原则，在修配制作时要求按原样精工细作，一丝不苟。对各种糟朽的斗栱一般采取剔补、拼接修复的原则，拼补用的新材料（包括大小斗、栱、昂等构件修补）务必选用干燥而不会变形的梓木或杉木制作，也可用旧料修配。对二跳令栱内移 16 厘米，此次维修不再进行复原其原有出跳尺寸，以维持现状为宜。

4）槫：为屋面承重构件，凡朽烂超过 1/3 时须更换新料，对局部残损的选用干燥杉木拼补。

5）椽望、连檐：对 1974 年维修锯短的檐椽，恢复其原有长度，与斗栱出跳比例相适应，并除去不甚规整的松木方椽，还其原有的杉木圆椽做法。新铺望板，以柳叶缝拼接。连檐须用无结疤的上好杉木。

6）山花、博风：拆除 1974 年增加的山花板、悬鱼、惹草和封檐板，选用当地形式的悬鱼，在出际草架梁处做竹编夹泥墙，不另钉山花板。

7）装修：下檐竹编夹泥墙按原样修整，隔扇门将原门进行修补，更换门槛。恢复两次间棱花窗及两山墙的门和窗。

（4）屋面工程

1）瓦顶：上檐阴阳布瓦屋面拟根据清理出的重唇瓪瓦纹样及尺寸补配屋面。下檐保持其原布瓦屋面。或按上下檐同一做法重铺瓪瓦屋面。

2）屋脊：各条屋脊皆按瓦条脊砌筑，清水做法。式样取宋元时期实物照片。

（5）断白工程

1）根据“修旧如旧”的原则，清洗1993年柱子油饰的调和漆。然后依据原有单色刷红部位用熟桐油配色断白，对原无着色的梁栿、斗栱、椽望一律用桐油钻生保护木构件。

2）对新配的构件桐油钻生后，要考虑油后“做旧”，但色调应与原构件有所区别，避免与斑驳的旧构件形成强烈的对比。

（6）虫蚁防治工程

延福寺大殿主要害虫为长蠹科中的竹蠹，为了有效杀灭虫害，工程中采用“帐幕熏蒸法”防治杀虫方案，选用磷化铝粉剂和片齐（有毒），经过15天的熏蒸有效杀灭虫害。

4、注意事项

1）对木构件粉蛀的防霉、防虫保护措施，在工程实施中延请木材防腐专家赴现场制定专项保护方案。

2）由于大殿年久未进行过大修，残损、朽烂相当严重。历经沧桑680余年，木质纤维老化程度相当严重。考虑到江南多雨的不利因素，为必避免大殿在维修时遭受雨淋，设计搭设保护棚架将大殿整体覆盖起来进行修缮，确保木构件免受日晒雨淋危害及方便雨季施工。

3）对下檐柱间的壁画、砖雕佛坛不做处理，以保持现状为宜。但在修缮前采取护板保护措施，以防止施工中的人为损坏。

4）针对大殿的残损情况及后代维修更改情况较乱等因素，本次修缮不应赶进度，要注意每朵斗栱自身因素，上下檐各自时代特征进行修复，不可草率更新，修补时注意粘接强度。

5）由于大殿梁架、斗栱扭曲、歪闪变形较大，测量尺寸很难详尽，更换构件时应根据实物制作样板，调整合适再进行加工制作。记录好每道工序的加工情况及特异之处。

6）此次工程属百年大修，遵照浙江省文物局对省重点工程的要求，应做好修缮工程全过程的资料收集，整理考证和研究工作。计划在工程全部完成后，留下一份完整的资料档案，公诸于世。

7）施工中遇到技术上较大的疑难问题，由设计和施工人员共同研究解决，重大问题需要请示省级文物主管部门批复同意后，方可实施。

5、几个难点问题的讨论

修缮设计的过程并非一帆风顺。文物修缮因修缮对象所具有的特殊文化价值，受保护理念的影响极大。“不改变文物原状”是修缮的基本原则，但当“不改变”遭遇“生存危机”，便会产生弹性空间。当“原状”遭遇“多重选择”，便不止一个答案，设计方案常常要在实际情况的基础上进行各种权衡之后才能确定。即便是达成思想上的共识，落实到具体操作上，也会因一时一地的经济技术条件，而有当时当地的特殊抉择。本次修缮设计同样也面临着“如何抉择”的问题，主要集中在以下四个问题上。

（1）大殿木结构扭曲变形如何纠正

扭曲变形是多数古建筑修缮中一个普遍问题，表现为沉降、扭曲变形、拔榫等。一般来说，纠正扭曲变形的方法有两种，即整体落架的方式或局部落架归安。对延福寺大殿这样重要而又残损如此严重的古建筑，国内外学术界有不少喜欢采用整体落架大修的方式，能够一劳永逸地解决问题，工程实施也比较顺畅。但是，整体落架存在的问题就是构件更换较多，有些构件可能因局部糟朽和长期挤压变形，无法再按原样安装复位，这就势必增加新构件的数量和比例。本次修缮设计中，经过多次反复斟酌，考虑到延福寺大殿原有历史信息能够更好地延续，最终决定不采用整体落架的做法，而采取局部拆卸大修、拨正归安的传统做法，对大殿构架进行校正，修复榫卯，原位复原斗栱构件。实际上，这种做法相对于整体落架，难度更大，要求更高，有许多具体细节需要在现场就地解决，这就给设计单位增加了必须精细指导的工作量。设计负责人黄滋说：“整体落架对大殿内壁画、天花的保护不利，选择局部落架归安的方式对设计、施工都存在一定的难度，但是更重要的是我们要尊重文物的原有木构件，尽量多保留建筑历史信息。当然对于木构架扭曲变形来说，找到问题根源才是关键，一次性解决根本问题，杜绝以后类似问题的再次出现”[⑦]。

（2）如何看待大殿的历次改动？对于这些改动应如何取舍

“面对大殿的历次改动，首先我们做的就是勘察判断，判断构架、构件的年代。然后，才是取舍。取舍中涉及了历史扰动正确与否的判断问题、所依原则和依据问题、对文物保护和修缮原则的理解问题等等。这才是难点，也是关系到此次修缮成败的关键”。

根据文献、碑文和大殿梁架题记墨书记载，比较明确的改动是大殿明代加建下檐、清代加建天花。从文物价值的角度来说，这些已经是延福寺大殿历史的组成部分，应该予以保留。另外，还有一些改动较难判断，需要进行反复研究和探讨。“面对这些改动，首先我们要做的是分析现场勘察信息，包括历次改动的具体内容和对建筑的整体影响，以此作为依据，然后才是比较、判断。”

①从立面形制看，上檐出檐太短，屋面用椽方、圆混杂，不合形制。在上檐出檐太短这一问题上，比较明确的两次改动是：明清时期上檐斗栱二跳令栱内移 16 厘米，现状勘察中发现的前端有放置交互斗卯口的下昂是实物证据；1974 年大殿修缮中椽子锯短 25 厘米。

清代出檐发生变动的原因已无从推断，可能是经济能力有限导致更换椽子用料小无法承受早期较大出檐而出现的变动。多方专家讨论后认为，清代的改动是大殿历史上重要的修建信息，应予以保留，另外考虑到恢复早期状态会造成屋面木构件更换、变动过大，应予以保留。1974 年的变动判断为不合理的改动，屋面出檐太短影响建筑排水和建筑形制风貌，应该进行恢复。在屋面用椽形制混乱方面，主要是出现松木方扁椽、杉木方椽、杉木圆椽三种椽。其中杉木圆椽仅在上檐留有 40 余根，长两架，形制与天宁寺大殿用椽一致，当为元代遗物，应予以保留。同时，考虑屋面椽朽烂情况严重，需要大量更换，因此决定上檐按保留圆椽全部进行更换，下檐因证据不足，仍采用方椽形制，但用材为杉木，原松木方扁椽易烂明显为后期产物应予以更换。

②斗栱形态不一、形制混乱。根据文件资料以及现场勘察情况，解放后两次大的修缮中更换的斗栱明显改变了栱瓣卷杀、欹𩑶部分的时代风格，起节生硬，制作粗糙，上檐斗栱昂的长短也各不相同，有些昂嘴形制生硬粗糙，有些昂为松木材质。以上这些问题是由于修缮不当引起的，应予以更换，恢复早期斗栱铺作样式。“在这一问题中，更重要的是判断各类斗、栱、昂的年代和特征，明晰早期做法，制定参照标准样式”。

③大殿采用阴阳合瓦，正脊简易，与大殿等级和外观形制不符。问题核心在于屋面做法的选择。屋面瓦、脊作为建筑中最常更换的部分，早期形制推断和恢复存在一定困难。按照文物保护和修缮的要求，以庭院内和大殿地面下出土的筒、瓪瓦件作为复原依据，证据不足，而屋脊做法没有任何根据无法复原。“那么只能重新进行设计，就设计方案前后一共出过三轮。先是设计为瓪瓦屋面，在清理出来筒瓦、重唇瓪瓦后，当地就提出来这么高贵的大殿，应该要恢复筒瓦屋面。所以方案又重做为筒瓦屋面，屋脊设计了一个吻兽。这个方案审查方面觉得从理论上讲得通，但整个建筑的外貌形体改变太大，方案被驳回。专家讨论之后，认为延福寺大殿这种形象在人们心目中，已经是完型，不能改变太大，还是要保留历史信息，保留人们记忆中的延福寺，我们又重新改立面，最后还是定为用瓪瓦”。这一方案保留了大殿长久以来的面貌，仅在屋面防水功能方面较现状进行了完善。“面貌上没什么改变，就是屋脊稍微做了一下，因为屋脊是个构造问题，是屋面防水的重要构件。屋脊做成什么样呢？最终还是确定采用垒瓦的形式”。

（3）应采用何种方式解决大殿防潮防水问题

防潮防水是直接关乎建筑长久保存的关键。大殿地处山坳，积水较多，防水防潮非常关键，无论是早期建造，还是当今修缮，都绕不开这个问题。但在常年失修和不当改动的情况下，大殿防水散潮的功能失效。“潮湿的危害最大，大殿里一年四季长青苔，三合土地面肯定不是元代的，应该是明清时候的，因为长青苔，对延福寺大殿的木构破坏很大，柱子和额枋朝室内一侧全部粉蠹，长菌腐烂”。大殿的水患必须予以根治。究其根源，为阻止山水侵入大殿，一方面降低周边地面地坪高度，包括减少后院堆积土高度，拆除花坛，另一方面挖深清理排水沟。在大殿建筑本身，一是恢复大殿原有门窗，二是重做地面和地面防潮层。秉承文物修缮“最小干预”原则，专家不同意重做室内地面。但文物保护也不能脱离实际、一概而论，最重要的是做到有理有据、合情合理。“防潮地下隔层要做，为什么呢？老房子年代越久，越淤积，毛细水上升以后就下不来，在江南地区越是老的房子越是这样。尤其像延福寺建在山坳里，汇水的地下径流都是从坳里来，水一年四季都不干，水量是很丰沛，必须要把毛细层隔断，水上不来，才能使建筑益寿延年”。最终确定铲除现有三合土地面，重做地面防潮。

（4）如何解决大殿虫蚁危害问题

江南地区温和湿润的气候条件，使木构建筑特别容易遭受虫蚁的威胁，而且较难根治。就大殿本身来说，封闭、温热、潮湿的室内环境更加剧了虫蚁的危害，并且影响到大殿本体结构的安全。延福寺山门和天王殿都曾因虫蛀、白蚁啃食而发生坍塌。“大殿好多构件都烂掉了，有粉蠹。里面太潮，上檐里侧都是粉蠹，更别说下檐”。在虫蚁防治办法上，传统基本上是在建筑用材上选用不宜生虫蚁、不宜霉烂的木材，如苦槠等。随着现代科技的发展，也出现了一些现代杀灭虫蚁的药剂。“大殿作为重要的全国重点文物保护单位，对虫蚁的防治应采取多种手段和方式”。一方面，大殿用料坚持采用质优的苦槠等；一方面，改善大殿室内环境，恢复门窗，根治大殿潮湿，保持大殿内的通风、干燥；另一方面，采用现代防治方案，“把建筑封闭起来，用药熏蒸杀虫，药物放在脚手架上，用彩条布包裹整个建筑，药物逐层向上挥发，粉蠹在木头里面，药性慢慢吃进虫的孔洞，直至木头里的粉蠹死亡”。

三、延福寺大殿修缮工程始末

此次大修，从 1999 年开始备料算起，到 2002 年完成竣工验收，前后共用时四年，其中主要工作集中在 2000 年至 2001 年。

面对全国重点文物保护单位的“世纪大修”，管理、设计、施工三方通力协作。管理方面，1999 年初，武义县文管会针对延福寺文保所的管理问题进行了详细安排，签订《安全责任书》、

《消防责任书》、《经济指标责任书》和管理人员协议书，以确保延福寺的文物安全和修缮工作顺利进行。针对修缮工程，武义县政府专门成立延福寺修缮工程领导小组，设技术人员进行施工现场监管，跟踪记录施工过程，实时采集数据，提供档案完善的基础资料。施工方面，整个工程未采取总体包发的做法，而是特别招聘一批经过考核和培训的技术工人，在浙江省古建筑设计研究院的指导之下，逐项布置、逐项施工。对于某些有特殊专业要求的事项（如杀虫），则专门委托有技术实力的单位承担。对于盖瓦铺地等工程，则采用不包工，以点计酬的方式，确保质量第一。

修缮工程主要包括以下内容：搭设施工架子、工棚，选备材料，文物安全防护，构件编号，拆卸构件，整理修补、拼接及更换，大木构架的调整，回位安装，铺设椽望，加盖屋面，断白工程，地面工程，环境治理，防治白蚁。现将各项工作详细加以介绍。

1、搭设施工架子、工棚

早在1998年底，武义文管会按古建筑修缮的通例，用毛竹在延福寺搭设了部分工棚和大殿修缮使用的脚手架。但这种工棚不能将大殿全部覆盖起来，且牢固度不够，安全性能差，不利于工作人员进行实地勘测。为了方便工作，确保古建筑在卸瓦以后避免日晒雨淋，在设计负责人的坚持下，于1999年正式开工前夕将工棚全部拆除，并采用钢管架重搭工棚。新的工棚长18米，宽18米，高13米，上盖玻璃钢瓦，将整个大殿全部覆盖，是一个整体性良好的标准工棚，既便于施工，又有利于安全，营造出一个规范、整齐、美观的工地形象（插图154）。

插图154　修缮保护棚

2、选备材料

1999 年开始备料。本次修缮工程选用木料讲究，一要质量上乘，二要采用原材料，尽量使用老料。按修缮设计估算，所需木料分类如表十三、表十四。

表十三　大殿修缮用料表

树种	规格	数目
柏树	径 40 厘米以上，3.1 米	6 ~ 10 根
苦槠树	径 30 厘米以上，3.1 米	
柏树	径 30 厘米以上，短料	30 方
苦槠树		20 方
杉木（方料）	6×12 厘米	10 方
	5×8 厘米，9×10 厘米	10 方

表十四　采购木料统计表

日期	品种	根数	立方
1999-8-18	榧树	10	1.246
1999-8-18	杉木	35	6.448
1999-8-18	柏树	18	3.562
1999-8-18	枝树	11	3.045
1999-8-18	樟树	6	0.852
1999-9-16	杉木	48	8.614
1999-9-28	杉木	42	8.11
1999-9-30	杉木	112	4.065
1999-10-27	杉木	58	3.246
1999-11-25	枝树	11	2.766
1999-12-7	枝树	8	1.522
1999-12-22	杉木	26	15.241
2000-1-10	杉木	15	8.142
2000-9-18	杉木	24	1.624
2000-10-8	杉木	106	7.585
2000-11-3	杉木	88	7.686
	杉木		70.761
	榧树		1.246
	柏树		3.562
	枝树		7.333
	樟树		0.852
	总计		83.754

本工程材料为县文管会自行采购，相关部门对此进行了公开招标，有六家木材经营单位和个人参与投标，一家中标。第一批木料到货后，县文管会组织当地老农民和林业专家进行鉴定，发现购买的苦槠木实为南岭栲，材种不符，且树身多有蛀洞，明显以次充好。好在此前文管会在招标文件中详细地列出了所需木材的材种、树径、尺寸、干湿程度等，并有不合格应予退货的条款，因此供货商最终同意退货。经此周折，武义县人民政府认识到古建筑修缮对木材的要求很难在政府统一的采购中得到解决，决定特事特办，由县文管会修缮办公室携老木工赴浙江兰溪市诸葛村旧木材市场购买古建筑拆下的质地好的柱、梁、方料、雕花件等旧木料，另外又多批次向社会购买苦槠木、樟木、杉木、柏木，最终备齐所需木料。

3、文物安全防护

修缮前，对需要保护和加固的部位先做安全防范措施，以确保文物的安全和完整。

为保证大殿内佛坛在修缮中的安全，在佛坛四周和台面用木方框架，务求稳固。框架两侧和顶部钉 1.5 厘米厚的木板密闭，将佛坛整个予以围护，并注意在围护框架内侧和佛台之间保持 10 厘米左右的间隙作为缓冲，避免施工中脱落的瓦石、木块及操作过程中的不慎对佛坛雕刻面的碰撞而引起破坏。

大殿下檐的编竹夹泥墙，因其室内一侧绘有水墨壁画，编竹夹泥墙本身也存在脱壳、开裂的问题，施工中如稍有不慎，将引起大面积剥落。而且，修缮方案中明确对壁画本身不做处理，柱墙不做拆卸，采取就地调整保护的方法。壁画用五合胶板在编竹墙的内、外侧加封护，封护的木框用木方交叉加固，防止在大殿修缮过程因下檐柱调整产生柱框松动、挤压对壁画产生的不良影响以及防护物体对它的碰撞。上檐 4 根内柱之间，有清乾隆年间添置的天花，作团龙彩绘。因其图案部分已经起粉，极易漶漫，故不宜拆卸。因此，上檐内柱连同三椽栿和内额一起保持不动，就地调整。

除此之外，为安全起见，拆卸前，殿内各柱间、梁枋下需用木方牵拉、支顶。大殿木构架由于柱基础不均匀沉降导致梁架歪斜，梁枋脱榫、断榫较为严重，加上木构件及斗栱糟朽风化，木质纤维化程度高，在拆卸中必须小心谨慎，不得用猛力拆卸，防止造成如卯榫断裂、构件劈裂等新的损伤（插图 155 ~ 158）。

4、拆卸构件

拆卸前的准备工作主要分为三步，数据采集、登记、编号钉标签。

①采集数据：施工棚搭好后，对建筑修缮前的原貌进行细致的观察和研究，拍摄构件原貌和残损状况照片，为修缮提供更多的参考和依据。

插图 155　佛坛封存保护

插图 156　下檐壁画封存保护

插图 157 碑刻封存保护

插图 158 柱础和柱身封存保护

②登记：拆卸之前，请有经验的老木工仔细检查大殿每一块构件残损情况，并做登记（表十五）。

表十五　大殿残损构件登记表

构件名称	下檐				上檐	合计
	东	南	西	北		
斗	62	44	44	49	171	370
栱	44	33	29	29	69	204
昂	–	–	–	–	39	39
柱	–	1	2	4	13	20
梁	3	2	1	–	11	17
劄牵	–	–	–	–	12	12
槫	7	4	5	3	18	37
隔板	12		10	5	–	27
额枋	–	–	–	2	–	2
地栿	–	1	–	1	–	2
梁垫	–	–	–		1	1

注：不含后期更换、形制有误的构件在内。

③编号钉标签：为有序拆卸与安装，保证原构件处于原位置，对各构件进行分类编号做标签。

斗栱在拆卸前，用小块三合胶板钉于斗栱各组件上，按上、下檐分为两部分，依自下而上的顺序，将构件按东、西、南、北四个方向排列，依次在小三合板上写编号，用照相机和草图记录每组斗栱的位置及形态，以便在重新安装时能使其准确归位。同样，对乳栿、三椽栿及劄牵等木构件也进行了分类编号。

正式拆卸时，为保证柱梁之间受力均衡、荷载分布均匀、避免柱梁倾塌，对瓦件、椽、槫等采用水平拆卸，即在平面上从四个方向以对等方式同时拆卸，自上而下逐层进行。卸下的各类构件按次序分别码放于临时工棚中。斗栱则采用分层拆卸。对于拆卸槫、枋时因负荷减轻或碰撞引起斗、栱松动脱落的，要求先将其安归原位，并稍加固定，使其保持成组的状态，待槫、枋拆卸完毕后，再行统一拆卸斗栱，以免在斗栱修理和重新安装归位时造成混乱和出现差错（插图159、160）。

插图 159 构件编号

插图 160 梁架局部拆卸

卸下构件有序放置，并做到构件清洁、整齐、有序，无灰尘。同时，对拆卸下来的构件进行详细测绘。浙江大部分历史性建筑没有原始设计等档案资料，很多隐蔽部位的做法和细部尺寸都只能在拆卸后才可看到，是日常测绘难以了解的，因此拆卸后的及时测绘是十分必要的。之后的修缮过程不仅仅是维护古建筑健康状态的过程，也是与古人对话和全面认识理解古人营造思想的过程，是深入理解古建筑的一次珍贵的机会。

对比拆卸之前的设计图纸和拆卸后的测绘图纸，发现很多因为无法“透析”而产生的偏差。文物修缮有其特殊性，要按照真实情况随时调整设计方案，且古建筑不是机械生产标准构件，即使同类构件，榫卯口也并非完全一致，为此，新制作斗栱先不开卯口，安装时按实际深度再开（插图 161、162）。

最后，对拆下来的构件，要详细审查残损情况，确定是否能用，能保留的尽量保留，能修理的就不替换。同时鉴定构件年代，确定标准构件的式样，做好模型，供修复使用。

5、整理修补、拼接及更换

大殿木构件普遍存在不同程度的糟朽、开裂、风化以及虫蛀中空等现象，严重影响大殿的牢固和安全，在这次修缮中，就是要对这些木构件进行处理，将这些旧构件进行加固补强后继续使用。在修理中，分别对各种构件的不同功能和残损情况，采取不同的处理方法，予以加固，保持原状。

插图 161　斗栱有序放置

插图 162 斗栱分件测绘

①柱

修缮设计中确定了四种修缮方式：更换、墩接和剔补、高分子化学材料灌注加固、不做修补。

上檐十六根柱中，西侧两根平柱和前后檐两根东平柱因白蚁蛀蚀中空、木质纤维呈粉状，已不能承载，修理时分别用与原柱材质相同的苦槠木、榧木和杉木按原样复制后予以更换。后檐西北角柱系 1974 年修缮时更换，形制与殿内柱子风格不相协调，用杉木按梭柱形制进行更换。总计更换五根上檐柱。

下檐西北角柱因 1974 年的墩接采用平接，影响牢固，此次采用十字墩接予以改接，墩接约 30 厘米，榫长 12 厘米；后檐两次间下檐柱柱脚朽烂严重且中空，采用十字墩接修理，墩接 50 厘米，榫长 12 厘米。墩接同时采用高分子化学材料粘接，增加了柱的整体牢固度。

上檐东缝后内柱上部有烂洞，洞径约 18 厘米，其内糟朽，深约 50 厘米，直径约 10 ~ 20 厘米，采用高分子化学材料灌浆加固，灌浆前先剔除洞内糟朽并清理干净后，用高分子化学材料拌和锯末灌入洞内加固，并对洞口进行清洁处理。其余个别柱子卯口内的结构糟朽，影响两侧木构插入榫头的严合紧密，也采取高分子化学材料拌和锯末对残损部位进行填补，使其恢复卯口形状。

上檐四根内柱，上段三分之一处的外皮粉蛀严重，深度约为 1 ～ 2.5 厘米不等。但其他部分保存尚好，不影响承载，故做修补，原件使用。

其余表层风化较严重和局部破损的柱子，不影响结构作用，不做修补，以保持历史沧桑感（插图 163 ～ 165）。

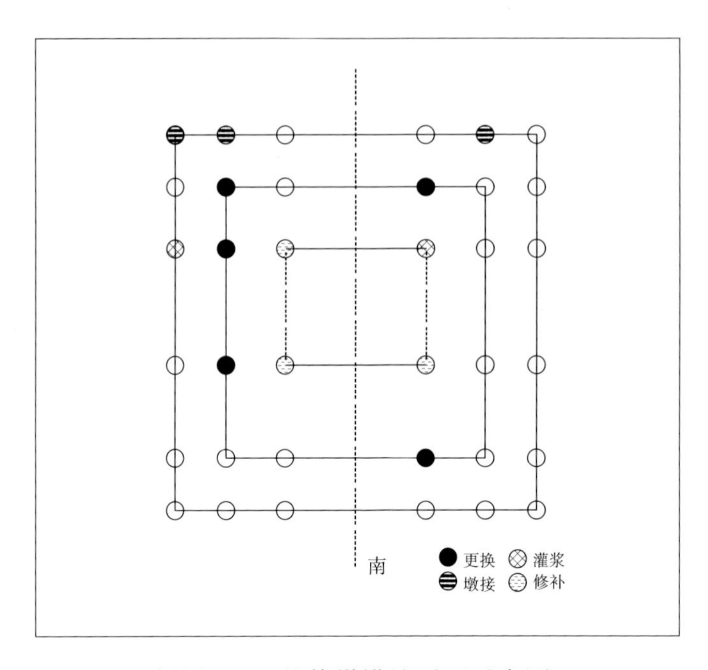

插图 163 柱修缮措施平面示意图

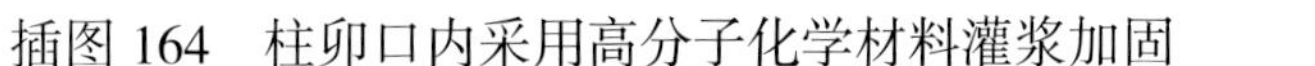

插图 164 柱卯口内采用高分子化学材料灌浆加固

插图 165 柱局部挖凿剔补

②梁枋

上檐主梁基本保持原状，其中四根三椽栿和六根乳栿，经拆卸检查，主要是表皮粉蛀严重，个别表层开裂，不影响受力。开裂过大者采用相同材质的木料粘合，以高分子化学材料镶补后继续使用。

上檐十二根劄牵，大多风化较严重，部分有不同程度的开裂，尤以弓背与端部损伤较为严重，但因其不作承重，保留原木料，镶补后继续使用。其中，前槽三椽栿上蜀柱和下平槫之间的东西两根劄牵的弓背系后人修缮时拼接，材质与劄牵相异，开裂严重，修理时将其剔除，用与劄牵相同之材质，按弓背原样更换，销钉连接并用高分子化学材料粘合牢固。

下檐乳栿拼接两根，更换两根。采用拼接方法修补的两根乳栿与下檐檐柱柱头铺作交接的榫卯和梁头（即出跳华栱）糟朽、碎裂，失去承重作用，全数锯去糟朽碎裂的华栱，在梁端下依栱宽和栱高凿出卯槽，进深长度以至梁下皮起弧处为限，用相同材质按华栱和卯口位置、尺寸式样制作接材，粘以高分子化学材料嵌入梁端卯槽内，梁侧用竹销作贯穿钉入。另有两根乳栿因糟朽严重且榫头断裂致无法修复，用梓木按原样复制后更换。

大殿上檐檐柱间有阑额上下两道，上层侧向开卯口，承接下檐椽尾，损伤较为严重，上檐次间和东、西两山北端的一间阑额因糟朽、粉蛀严重而予以更换。部分上檐阑额与柱子交接的榫卯局部槽朽，为加强榫卯之间的牵拉力，保证榫卯安全，制作雨伞销固定于阑额端头上部（表十六；插图 166 ~ 170）。

③斗栱

按原样配齐缺损的斗栱。对各种糟朽的斗栱采取剔补、拼接修复的方法，拼补用的新材料（包括大小斗、栱、昂等构件修补）部分选用干燥而不会变形的梓木或杉木制作，部分用旧料修配。对内移 16 厘米的二跳令栱，不进行恢复，保持现状。

栱件表层或局部糟朽残缺的，采用剔补、拼补的方法。剔除糟朽部分，采用相同材质的木料顺纹嵌补。对表层或朽烂严重的栱，视其损害深度状况，整体去除残损、朽烂的部分，将修理面处理平整后，用相同材质的木料做出外形，用高分子化学材料粘合于原栱件的修理面上，再依栱件原有尺寸、式样手法将拼补部分修整，达到与原栱件外形一致。

斗有残破但不影响受力和在外观上不致十分影响观瞻的，不做修理。对斗耳断落、霉朽严重的，用相同材质的木料顺纹粘贴，将其修复；斗欹部位霉烂的，去除其欹，用相同材质顺纹粘合后依原样做出斗顱。

除保留较好的昂外，部分因昂头糟朽被古人锯去一段而变短了的老昂也继续使用，不预调换。

表十六　延福寺大殿上檐部分构件更换、修补信息登记表（单位：件）

构件名称	修缮方式	数量	构件名称	修缮方式	数量	构件名称	修缮方式	数量
柱	更换	5	梁	更换	0	劄牵	更换	0
	修补	4		修补	12		修补	12
额、枋	更换	27	斗	更换	20	栱	更换	16
	修补	13		修补	5		修补	5

插图 166　更换梁栿构件加工制作

插图 167　上檐檐柱与阑额榫卯加固

插图 168 上檐柱头枋墩接修补

插图 169 上檐劄牵及下平槫襻间斗栱修补

插图 170　梁栿修补

上、下昂中因朽烂、虫蛀致不可继续使用者予以更换。新换昂的昂头处理尽可能采取用旧昂头拼接的方法。在新昂鹊台外沿垂直取平，底面锯去 2 ~ 3 厘米厚，进深 20 ~ 30 厘米，取旧昂中由于昂身朽坏无法使用而昂头保存尚好者，截取其昂头，在昂头截取面的后端底部留 2 ~ 3 厘米厚的底面，长度 30 厘米，以与新昂处理面相吻，用高分子化学材料粘接于新昂上。由于鹊台位于新昂端头，昂嘴并不受力，故旧昂头的拼接不影响新昂的受力强度，且充分利用了昂的原有构件，使新昂在外观上保持了沧桑的历史感。

配齐缺损的斗栱，形制上严格按现存最老的斗栱尺寸、式样和手法制作。确定修复标准构件的式样，做好模型，培训技术师傅试制，再严格按图样制作构件。新换的构件在隐蔽处标明年代（表十七；插图 171、172）。

④槫、椽望及山花

槫为屋面承重构件，凡朽烂超过三分之一的更换新料，对局部残损的选用干燥杉木拼补。

在拆卸上檐椽时发现，四角尚保留有直径 10 厘米的圆形椽木四十余根，从椽木的老旧程度，确定为元代遗存构件，这也符合当地建筑中椽子的形制。因此，上檐屋面恢复圆椽、椽花，下檐仍采用方椽，并恢复屋面原有出檐长度，与斗栱出跳比例基本相适应。新铺望板，以柳叶缝拼接。连檐用无结疤的上好杉木制作。

拆除1974年增加的山花板、悬鱼、惹草和封檐板，配制当地形式的山花板和悬鱼，在出际草架梁处做竹编夹泥墙（插图173）。

表十七　延福寺大殿斗栱更换、修补、保留信息登记表（单位：件）

部位	斗			栱			昂			靴楔		
	更换	修补	保留	更换	修补	保留	更换	修补	保留	更换	修补	保留
上檐	338	209	487	80	27	224	44	0	44	3	0	18
下檐	162	57	716	47	2	274	–	–	–	–	–	–

插图171　斗栱修补、保留构件分组堆放

插图 172 更换构件标记年代

插图 173 上檐槫更换

6、大木构架的调整

调整前，由专业技术人员测量大殿柱础磉石高低及柱顶标高，作为柱网调整的依据。

延福寺大殿上、下檐共三十六根柱，分内外三圈组成柱框。根据大殿落架前测得的柱基础沉降系数，经反复比较和研究，确定柱础标高以上檐当心间东平柱柱础为 ±0.000 基准点，柱头标高采用三个标高平面，分别以当心间下檐东平柱、上檐东平柱和东前内柱为 ±0.000 基准点。调整时，在兼顾柱础标高和柱头标高的同时，为保留原柱高度信息，避免柱础找平后因柱头标高不同而出现锯柱头的现象，采取“动柱础、量柱头”的方法，即柱头间尽量保持水平，主要调整柱础高低，将误差消化在柱础的地坪。若柱础高低要调整，则左右间距有问题的，同时也跟着调整。若高低无需调整，那么左右间距也不调整。

调整构架的顺序为“先内后外”。

首先调整上檐四根内柱，由于四根内柱之间的天花系清乾隆年间修理大殿时所添加，其团龙彩绘因年代久远已起浮粉，不宜拆卸，与内槽三椽栿和前后内额一起保持不动，就地进行调整。前内柱东缝柱础沉降 46 毫米，西柱础沉降 67 毫米；以东柱头标高为基准，西柱头低 7 毫米。经调整，前内柱柱头标高基本水平，柱础略有高低误差，较好保留了原柱高度。后内柱东柱础沉降 40 毫米，西柱础沉降 73 毫米；以东柱头标高为基准，西柱头低 33 毫米。经调整，后内柱柱础与基准点水平，东西柱头标高亦相同。水平调整后按勘察所得和设计要求达到的侧脚尺寸拨正复原。内柱调整完毕后，四根柱之间上方钉置横拉木方，柱头、柱脚用木方成对角交叉钉置加以固定后，再对外圈柱进行调整。

大殿共有十二根上檐檐柱。柱础沉降最大的为 45 毫米；柱头标高较东平柱基准点最低达 -39 毫米，最高达 +52 毫米。因柱子本身长度不一，导致柱头标高系数与柱础沉降系数并不完全相等。经调整，上檐檐柱柱头标高误差在 3.8 毫米以内，符合修缮要求，虽然个别柱础较基准点出现 ±15 毫米的误差，但最大限度保留了木构的原始尺寸。

大殿共有二十根下檐檐柱，由于下檐檐柱与上檐檐柱轴线存在扭曲变形的关系，在上檐檐柱调整完毕后，轴线扭曲愈加明显。因此，下檐檐柱除水平调整外，必须进行整体移位。首先依据调整后的上檐檐柱轴线，找出下檐檐柱的轴线位置，在地面做好十字标记；在柱础和柱脚画出中线标记，以便在移动中当柱脚、柱础上的中线标记与地面轴线十字标记重合时即停止移动。在移动中为不影响下檐编竹夹泥墙及壁画，对它们进行保护和加固，拆除檐柱中槛下的砖墙，在柱础、柱脚之间置垫木头后，在两角柱柱脚之间用粗绳将整缝檐柱捆绑结实并用2吨葫芦拉紧至柱础、柱脚间的垫木不能移动，将绳扣死，以使柱架能整体移动；

柱头之间钉横向牵拉木，使其整体不脱榫；当心间柱与角柱之间、当心间柱之间各用方木成对角交叉钉固，防止在移动中因柱、枋的挤压变形而使壁画受到影响。同时再次检查和加固壁画的胶合板保护层；安排人员在柱缝各间壁画位置加以观察，随时注意移动时可能发生对壁画造成不良影响的情况。之后，进行下檐檐柱的整体位移。用5吨的千斤顶卧放，千斤顶头与角柱柱础之间宽垫木枕，顶座加以固定。准备就绪后千斤顶加压，一点一点地对整缝柱进行移位调整。移动中除注意观察壁画的变化外，不断停下检查移动中是否发生异常，并对相关柱缝的情况进行观察，适时调整，直到柱础、柱脚的中线标记与地面的轴线十字标记重合。移位调整后再逐一对各柱进行水平调整。移动调整后的下檐，西檐柱向北移动20毫米，北檐柱向东移位120毫米，东檐柱向南移位80毫米，南檐柱仅做轴线调整。

大殿下檐各缝柱脚轴线排列平直，然两角柱头之间的各柱柱头逐根向内倾斜，在柱头单面上形成轴线内凹的弧形。按修缮设计方案，要求将柱头轴线调整垂直，与角柱柱头保持平直。在预装乳栿时，出现柱头与乳栿脱榫，梁榫头露在外面的情况。经实地计算和反复斟酌，如要榫卯合缝，以中间两根柱计，柱头需往内倾斜至少8厘米，按檐柱高与侧脚之比，侧脚比例已大于柱高，当为大殿下檐的一种特殊做法，因此仍按原状恢复。除角柱侧脚2厘米外，各柱头内倾尺寸分别为3厘米、8厘米、3厘米，保留了下檐做法的特殊性。

大殿大木构架调整完成后，各柱间用牵拉木枋固定，防止柱网变形（插图174 ~ 176）。

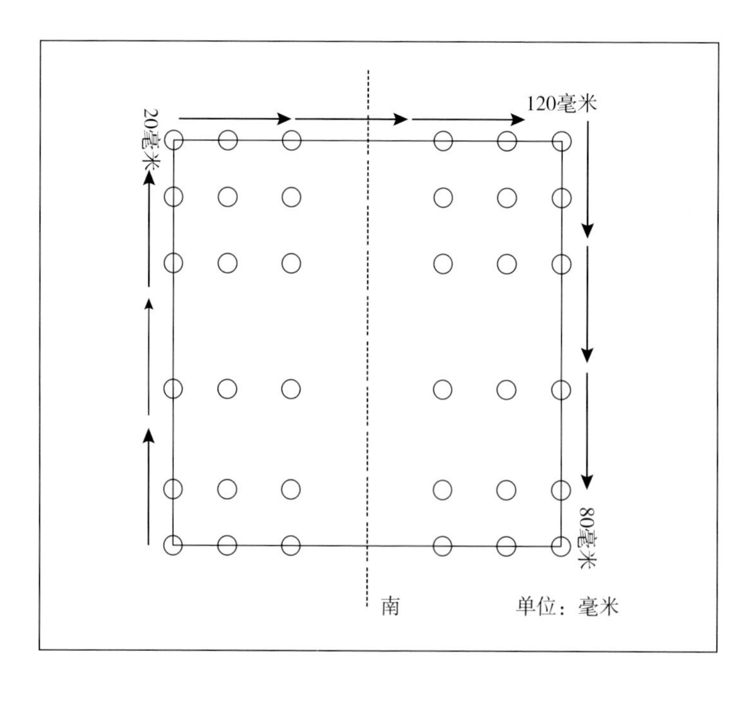

插图174　下檐柱整体移位平面示意图

插图 175 下檐檐柱移位校正

插图 176 下檐恢复平柱内倾

7、回位安装

柱网调正达到要求后，再进行斗栱和梁栿的回位安装。

预安装：回位安装前，对斗栱和部分梁栿先在地面上进行预装，逐层向上安装栌斗、泥道栱、一跳华栱、小斗、慢栱、二跳华栱、下昂、梁栿、令栱、下昂等，并在安装过程中逐一修整构件榫、卯等，预装合榫严密后再正式安装（插图 177 ~ 180）。

插图 177 斗栱预安装

插图 178 转角铺作下昂预安装

插图 179 上檐转角梁架、斗栱预安装

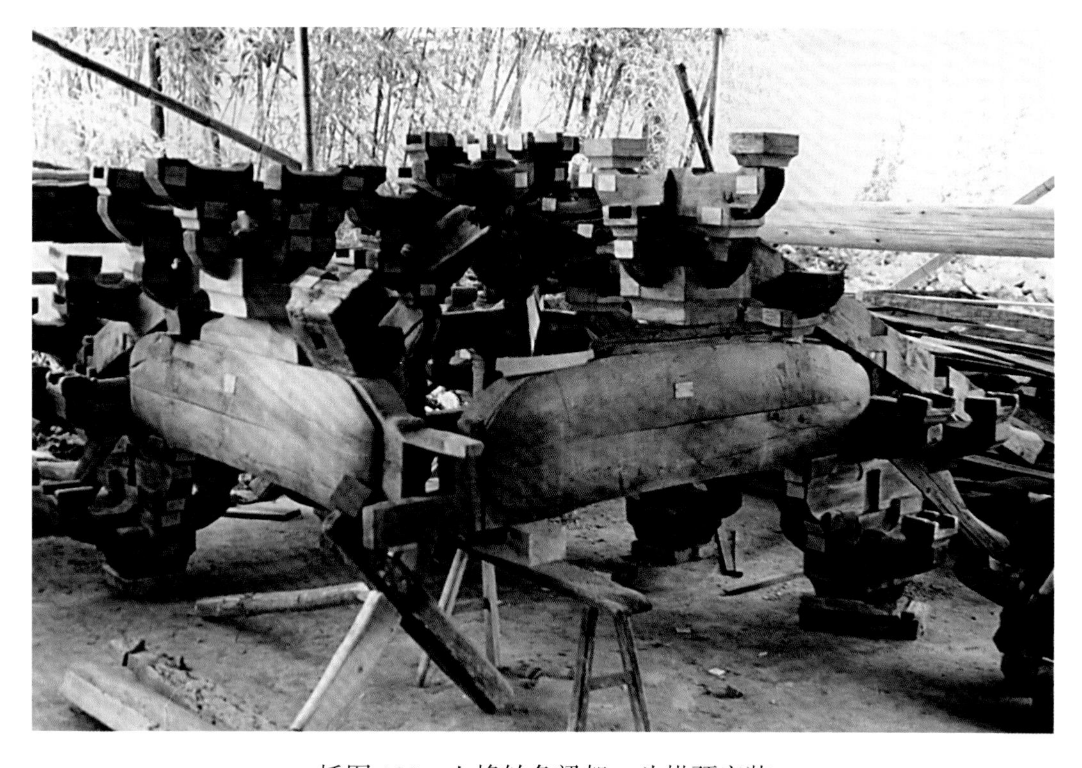

插图 180 上檐转角梁架、斗栱预安装

正式安装:首先,安装下檐斗栱和梁栿。按照预安装次序,先进行斗栱安装,再安装乳栿,待所有乳栿完成后最后安装四角角梁。下檐安装完成后，安装上檐部分。上檐部分安装自檐口斗栱安装开始,再依次向上安装上檐檐柱与内柱之间的三椽栿或乳栿(前槽使用三椽栿,其他三面使用乳栿)、其上斗栱和蜀柱、内四柱柱头斗栱以及上檐柱与内柱之间的劄牵;之后，安装内槽三椽栿之上的斗栱和劄牵，再安装架设于斗栱之上的乳栿和其上架设脊檩的斗栱;再后，安装上檐四角角梁，固定椽花、布椽；最后，铺设望板，以柳叶缝相互连接。回位安装整体遵循着“自下而上”、“先外围和后中心”的安装次序，细节上按照构件的相互叠压关系依次进行安装。另外，回位安装时一定要技术好、经验丰富的木作师傅，安装校正后才可布椽（插图 181 ~ 199）。

插图 181　斗栱安装前整体现状

插图 182　下檐斗栱回位安装

插图 183　下檐乳栿回位安装

插图 184　下檐柱头枋墩接安装

插图 185　下檐斗栱回位安装

插图 186　下檐转角椽回位安装

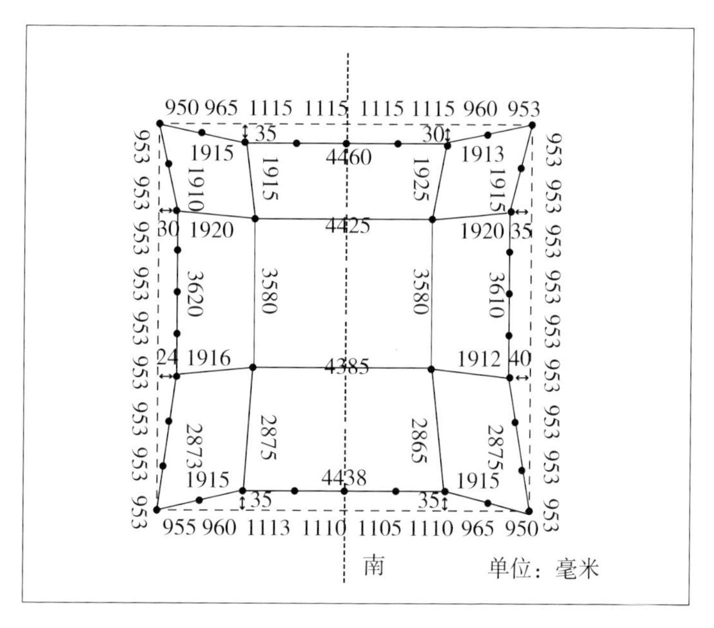

插图 187　上檐柱网校正、斗栱回位平面示意图

插图 188　上檐柱网校正

插图 189　上檐斗栱回位安装

插图 190 斗栱隐蔽处标记年代

插图 191 上檐外圈三椽栿、乳栿回位安装

插图 192 上檐斗栱下昂回位安装

插图 193 上檐斗栱回位安装完成

插图 194 上檐蜀柱、斗栱、劄牵回位安装

插图 195 上檐三椽栿回位安装

插图 196　上檐平梁回位安装

插图 197　上檐牛脊槫回位安装

插图 198　上檐脊槫下斗栱回位安装

插图 199　上檐脊槫回位安装

8、加盖屋面

首先在铺设好椽望的屋面上，分陇划线。在靠近正脊两边的屋面上先铺5～6张仰瓦及盖瓦，并宜拉通长麻线以求平直，之后按清水瓦条脊做法砌筑正脊，脊瓦底部用碎瓦片和砂浆将分垅的瓦垅垫平。采用瓯瓦形式铺瓦，先进行上檐屋面的铺瓦施工，再进行下檐屋面铺瓦施工。屋面上瓦时前后檐两面同时进行，且为防止瓦件滑动隔沟堆放。铺瓦自下而上，自中心向两侧，一垅一垅地铺盖。铺至近垂脊处砌筑垂脊和戗脊并进行分垅，之后完成屋面瓯瓦铺设和屋脊砌筑。大殿上檐屋面各条脊按图纸设计高度完成后发现两个问题：①上檐屋面垂脊过高，②上檐昂头离下檐角梁仅23厘米，距离太近，无法按图纸要求做下檐戗脊。开始决定上檐屋面正脊加高8厘米，下檐戗脊改按民房屋脊做法，叠小青瓦。最后，专家现场看后商议决定再次调整，上檐正脊在加高8厘米的基础上降5片瓦，垂脊、戗脊各降4片瓦。下檐戗脊风格按上檐，但制作时去掉薄砖，衬边的筒瓦长边锯去3厘米，保持昂头到戗脊的合适高度（插图200～205）。

插图200 上檐屋面椽、望板铺设

插图 201 上下檐屋面望板铺设

插图 202 屋顶正脊砌筑

插图 203 屋面盖瓦

插图 204 砌筑屋面垂脊

插图 205 上檐屋顶铺筑完成

9、断白工程

首先清理 1993 年柱子油饰的调和漆，然后依据原有单色刷红部位用熟桐油配色断白，对梁栿、斗栱、椽望用桐油钻生。对新配的构件桐油钻生后，进行油后适当“做旧”。

大殿构件使用熟桐油，上油后新旧木料颜色要求基本一致，不能发黑。这与油温和配方有很大关系，油漆师傅为达到这一标准，经过十几次反复试验，最终调配出达到要求的熟桐油。熟桐油具体配料比例为油 40%、松香水 40%、消光粉 20%，基本解决了油漆后反光的问题。另外，在施工中发现，熟桐油刚刷上去受到太阳照射，油漆过快干掉会造成发光，因此对油漆后构件采取一定的防晒措施，避免阳光直接照射（插图 206、207）。

插图 206 熟桐油加工制作

插图 207 梁架遍刷熟桐油

10、地面工程

重做室内地面，铲除残破的三合土地面，深挖到50厘米，再用直径30 ~ 40厘米块石铺底嵌紧，各柱之间用块石紧砌，使磉盘在重压下也不会移动。再铺小卵石，并请白蚁防治站在地面卵石上喷洒防治白蚁药。在垫层上用5厘米三合土夯平，用柏油和油毛毡铺过，再新配40×40厘米的地砖，改善室内潮湿状况。铺筑方砖四角砍削方正，平面无洞眼、无裂缝，阶沿地面用小卵石铺饰，前檐用当地的红砂岩条石修复（插图208 ~ 211）。

插图208 铲除原三合土地面

插图209 铺设垫层并喷洒防白蚁药剂

插图 210　夯实地面三合土层

插图 211　铺设 40×40 厘米方砖

11、环境治理

首先，清理后院积土，降低后院地坪，去除后院的植被，并将大殿后檐及两侧山面的排水沟按设计要求挖深50厘米，使长年的汇水泾流水位降低，阻止侧向渗水。另外，对寺内高坎、庭院地面、排水沟等环境要素进行整治，采用地方材料卵石新筑驳坎和排水沟，按照乡间寺庙风格重新铺设庭院内卵石地面铺装。拆除大殿前放生池的混凝土花板栏杆，新制与大殿风貌相符的石质栏杆。拆除大殿东侧紧邻围墙，搬迁大殿西侧的公德亭至大殿西南侧原围墙以外，并拆除西侧原围墙，移至竹山脚下进行新建（插图212 ~ 216）。

插图212　大殿周边排水沟挖深

插图213　大殿周边排水沟重筑

插图214　大殿后庭院地面高度降低

插图 215　恢复庭院卵石地面铺装

插图 216　新制放生池石栏杆

12、防治虫蚁

虫蚁防治工作是本次修缮工程中一个重要的节点。该工作由浙江省古建筑设计研究院聘请中国林科院木材研究所治虫专家张厚培先生提出方案，由武义县粮食收储公司具体实施。该公司派出技术人员，到现场踏勘，查明害虫属长蠹科中的竹蠹，并根据该类虫害特征，确定熏蒸药剂为磷化氢气体。此种气体进入虫体后，即与害虫体内的线粒体内膜上的细胞色素氧化酶发生作用，同该酶内的铁嘌呤结合，形成一种无催化能力的稳定性化合物，使细胞内的色素氧化酶丧失活性，导致整个呼吸代谢受阻抑，使害虫窒息死亡。由于工棚内温湿度较大，为防止磷化氢气体自燃，故选择磷化铝粉剂 15 公斤，磷化铝片剂 10 公斤，并根据专家建议，在油漆断白之前采用封闭式熏蒸进行防治。

具体虫蚁熏蒸工作在木构回叠安装完成后进行。先用塑料薄膜将整个工棚整体覆盖，封闭材料采用门幅为 8 米的较厚透明农用塑料薄膜，长度按从大殿后檐地面越过正脊转至前檐地面的距离计算，宽度按东檐地面越过正脊转到西檐地面计算，留足长度，接缝处用胶带在薄膜两侧粘贴牢固，并将薄膜卷起备用。之后，检查屋顶，将露明铁钉敲平，将屋顶望板、翘角、封檐板等凡有锐角的地方用旧麻袋等包裹捆绑牢固，防止风吹磨刮使薄膜破裂。趁外檐脚手架尚未拆除，将卷成筒状的薄膜抬至脚手架与檐口间的地面，将薄膜横置于地面上放平。在地面先将薄膜抖出一段暂时固定于地面，通过人力慢慢将薄膜抬至屋面，从前檐放至后檐地面。沿阶沿将薄膜用黄沙压实，仅留可供一人钻入的出入口。准备工作就绪后，组织 10 名技术人员，佩戴防毒面具进入现场，按照原定线路自上而下、自里向外，分上、中、下三层 550 处进行投药。上层 200 个点，用 85% 的原粉 10 公斤；中层 150 个点，用 85% 的原粉 5 公斤，56% 的片剂 2 公斤；下层 200 个点，用 56% 的片剂 8 公斤。施放完毕，然后密闭好薄膜与地面的连接处，任药剂逐渐完成化学反应。在密封熏蒸期间，随时检查薄膜密封情况，对薄膜破洞及时加以粘补。在熏蒸 15 天以后，由防治人员揭膜放气，并清理收集残渣于水源 50 米外的僻静处挖坑深埋（插图 217 ~ 220）。

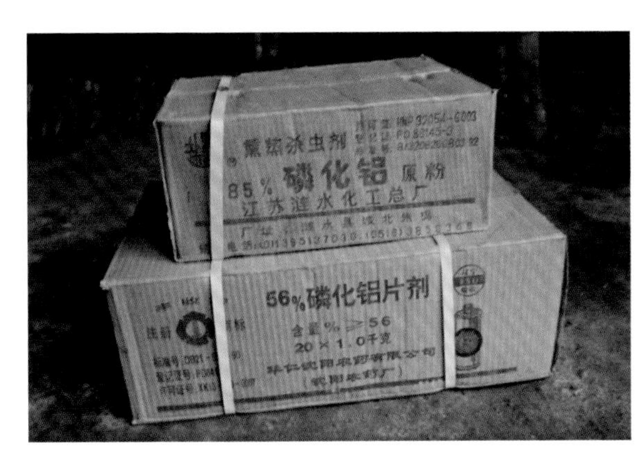

插图 217　熏蒸白蚁用药

插图 218　专家现场检查蚁害情况

插图 219　诱杀白蚁

插图 220　大殿熏蒸白蚁

13、专家指导

在新木材选购鉴定方面，邀请林业局叶国涛、陈连光、曹祝祥三位专家到延福寺进行现场鉴定，保证了木料的真实可靠。在修缮施工方面，设计负责人黄滋，平均一月到现场一次进行修缮指导，一边检查工地，一边讲解修缮技术要领、给工人上课，出现问题当场解决。并且，聘请了梁超等古建专家以及金华市文物局高级工程师黄青为工程质量把关。在具体施工中，国家文物局文物研究所高级工程师李竹君建议上檐外挑令栱向内平移了16厘米应保持原状，不做纠正；国家文物局高级工程师杨新对木工进行了现场培训，指出修缮应注意的问题，并现场对大木构件进行了鉴定；国家文物局许言等专家现场检查修缮工程质量，指出要多保留原构件；国家文物局文物保护司副司长晋宏逵要求加强虫害防治和建筑防潮的措施（插图221 ~ 227）。

插图221　现场讨论斗栱回位安装

插图 222　专家现场讨论技术难题

插图 223　专家现场指导大殿维修

插图 224 专家现场指导大殿维修

插图 225 竣工后延福寺修缮参与者合影

插图 226 延福寺修缮前南面全景

插图 227 延福寺竣工后南面全景

注释

① 详见梁思成《杭州六和塔复原状计划》。

② 详见《中国营造学社汇刊》第5卷第3期《本社纪事》。

③ 详见《中国营造学社汇刊》第5卷第3期《本社纪事》。

④ 详见《中国营造学社汇刊》第5卷第4期《本社纪事》。

⑤ 见本书第三章资料篇。

⑥ 详见《宣平县志》（民国）。

⑦ 以下本节内引号部分若无特殊解释，均为黄滋口述部分。

资料篇

一、碑文

1、元泰定甲子刘演《重修延福院记》碑

碑阳：

重修延福院记

自浮屠释教盛行天下，其学者尤喜治宫室，穷极侈靡而求福田之利益也。古教森羅，福利几□，□德果报，不可思议。犹十日并出。物无遁形，百川东归，海无异味，非智眼洞明安知以福，德无是名，福德哉！处之丽水应和乡下库原距城百余里，峰峦环秀，泉石辉映，福平左踞，乌石面峙，竹光松色，参错掩映，蜿蜒扶舆。紫翠重复。犖来于前，应接不暇。唐天成二年，因其胜而刹焉。名福田，亦将求利益也。世运江河，率土陵谷，阐厥攸始，莫纪其极。绍熙甲午，始更名曰延福，赐紫宣教大师守一，彻悟空宗，缁白向敬，规以甲乙，拓其旧而新之。地载神气，灵秀续孕，照堂日师挺生。百载之下，曳杖负笠，历抵诸方，□求化施，铢寸累积，归罄衣囊，增大其计，甓坚材良，山积云委。建佛有阁，演法有堂，安居有室，栖钟有楼，门垣廊庑，仓廪庖湢，悉具体焉。妆塑像设，神诃龙负，丹垩金碧，殆无遗功。赀货腴田，敷广其业，以滋其众，盖欲其教，益盛于古也。泰定甲子三月初吉，皆山师德环过余曰：吾先太祖日公因旧谋新，四敞是备，独正殿岿然，计可支久，故不改观，岁月悠浸，遽复颓圮。先师祖梁慨然嘱永广孙曰，殿大役也，舍是不先，吾则不武。用率尔众，一乃心力，广其故基，新其遗制，意气所感，里人和甫郑君亦乐助焉。□□丁巳，空翔地踴，粲然复兴，继承规禁，以时会堂，梵呗清越，铙磬间作，无有高下。酿为醇风，方来衲子。无食息之所者咸归焉。于以绍先志之不怠也。旧碑已泯，愿谒君记，以征永久。奈闻圣教三界惟心，万法惟识，心从境起，境逐心生，非习气幻蕴所累也。养身惠命，福及一切，若田亩贮四利之水，长三善之苗耳，兹刹之盛，福利是钟，犹嘉苗之得水，其教安得不益盛于天下哉。

岁泰定甲子三月朔日丁亥，括仓后学刘演是为记。

僧众祖觉、德洪、永绍、本意、心印、心即

知事永广捐己赠匠

当院主持僧怀法沙门德环立石

从仕郎处州路总管府知事鹏翼敬书

正议大夫处州路总管府达鲁花赤兼管内劝农事篆额

碑阴：

延福常住田山（略）

2、明天顺七年陶孟端《延福寺重修记》碑

碑阳：

延福寺重修记

括郡有新邑曰宣平，乃丽水之分邑也。邑有乡曰应和，盖因其旧名也。乡有寺曰延福，亦承其旧额也。距邑二十余里，峰峦环拱，涧水回绕。寺立其中，一境清幽，四围苍翠，为山间之胜地也。寺之创始，莫究其详。据旧碑所载，唐天成二年名曰福田。至宋绍熙赐名延福。历元至今，殿阁廊庑，废兴□□，其故，在于时之治乱，僧之贤否致其然耳。宋时有赐紫宣教大师守一者，修瓶苟完，张设甚美，□□时有。照堂日师及德环等继置田山，重立碑记，基业多寡，历历可知。岁月浸寻崩坏，虽说尚得僧□宗晋、惟谦相继葺理，堂殿获存。其徒文碧涧清有志空门，弃俗入寺。夙兴夜寐，春耕夏种，营作惟勤，积累稍稔念。正统年间，乡寇蓦发，僧俗出避，官兵往复，毁宇为薪，存者无几，迨靖复业，文碧等规法界之残，悉意生殖，数年之间，诸工旋作，群废具举，图绘殿壁，修创廊厢，且购得膏腴之田，事业孔殷，天顺癸未仲春一日，涧清忽手持竹楮数幅来告余曰：小释子发誓出家，尽心竭力，不能弘振宗风，□买得薄田数亩，恐经年远或致遗昧，欲镌一石为记，以免后之弃失，非敢言功德也。愿丐大笔，记之以传永久。予推佛氏之教，始于西域，自汉行入中国，上下崇信，寺院之建，不啻千百所，习其教者甚众，有能洞达禅理，觉悟真空者，其次，有遵守清规，增隆法界者，余则有□蒙释教切窃衣食者，此□不足言矣，吾乡往往出家居守兹刹者，贤否悉皆有之，乡人所共知者也，其间暗侵公利，明贮私□，或肥润于裕累者，皆不久而衰歇，若惟谦文碧涧清者，几何人哉，今立兹石，以为后来者知广业之艰难与得名之不易。□能朝夕经理不至于懈怠废弛，纵不能觉悟具空，亦可以增隆法界，为释门之盛事也。予见其能重公而轻私，绍先而继后，诚可嘉也，遂为条其续置之业以记之。

大明天顺七年昭阳协洽之岁丑月吉日鲍村巡检司巡检桃溪陶孟端撰

门人余怀义书

本寺住持惟谦文碧涧清捐己立石

二、历史文献

1、《宣平县志》（民国）（影印本）

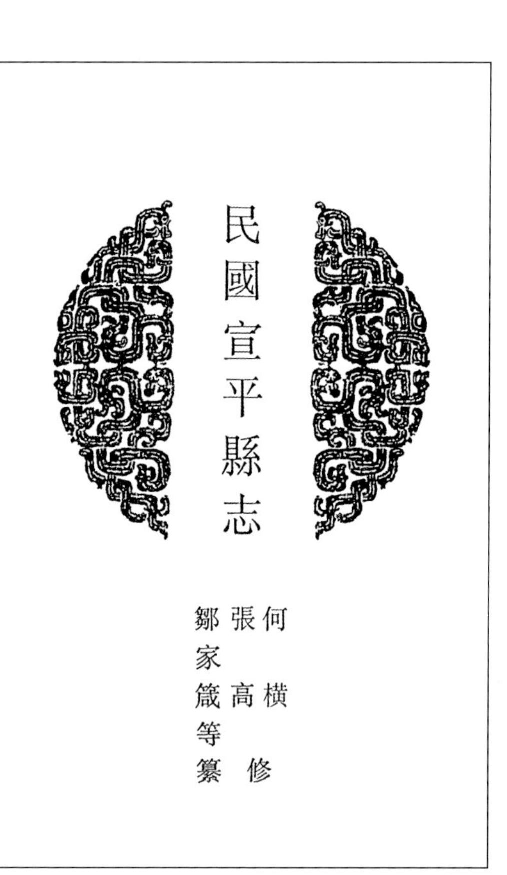

民國宣平縣志

何横修

張高

鄒家箴等纂

寺供給香楮勒石垂久光緒十一年僧雲棟偕同潘登魁陶鶴勝等募建前殿（記見藝文）

觀音寺　在縣東北二十里崇禎十六年僧真禮重建（今廢）

烏巖寺　在縣東二十三里相距台山浮妙並二三里（今廢）

延福寺　在縣北二十五里晉天福二年僧宗一建明天順間僧澗清重修康熙九年僧照應重建後殿觀音閣兩廊雍正八年至乾隆十三年僧通茂同徒定明歷次修整大殿創興天王寶殿並兩廊廂屋二十一間裝塑天王金身四尊山是獅林大振舊有六景翠屏山五柳溪懸磬巖木魚山石澗井長生池（里人陶孟端記略云距邑二十里許[illegible]溪澗邊寺立其中唐天成二年名曰福田宋紹熙賜今名有明[illegible]教大師守一修規荷[illegible]道元有[illegible]師及德[illegible]等[illegible]從田山貲立碑記僧宗晉惟謙相繼登理其徒文碧澗清耕作惟勤積累稍裕明正統間鄉寇[illegible]毀[illegible]葺新）

2、《陶氏家乘》（道光乙酉年 1825 年）

○延福寺祠堂舊記
祠堂之設所以廣孝敬也蓋祖宗之神旣有堂以寧厥
居則子孫之追遠者豈不於斯而致其如在之誠哉此
古家世族不可以不設也宣平之龍溪陶氏爲邑著姓
是晉都督荆湘等八州軍事諱侃之後其龍溪始遷之
祖曾一宋迪功郎有德惠於民所居東南五里有寺曰
延福公存日愛其清雅幽閑恒過從其間意有屬焉公
殁後寺僧爲立祠大殿之東廊第一間以薦歲事元末
兵燹歸於煨燼我
朝天順六年僧文碧澗清偕五世存集公因舊祉而重建

宣陶東龍陶氏宗譜 卷之一 三

之旣訖予思惟公之後人無貴賤與出繼皆得以從祀
爲宜僉議允合於是尊公以始祖居堂中二世以至十
世左右尊卑爲序有官以爵書不仕者以書其年行有
後者旁題立祀之名無後者亦集其主於位歲時忌辰
等節每率昆弟子姓聚首堂下跪拜奠獻禮畢合族燕
享而後退常守以行無或廢墜噫可誠舊族矣彼爲人
子者昧于所從出而不少動其中視斯堂寧不有感耶
爲存集之後者尚當體乃祖乃父之心俾水木本源之
思恒存不忘而以時祭祀則人之觀感者豈不興起其
孝思而各親其親其於世教不亦有補哉詩曰永言孝
思禮曰祭則致其敬予於陶氏有望焉存集請予爲記
成復繫之於祠其詞曰陶氏家世居潯陽迪功出仕遷
括蒼有祠延福寺東廊宋元迄今三百霜曩遭刼火延
崑崗重興賴爾仍舊貫煥然繪像居中堂有從祀者列
兩傍歲時祭享敬謹將拜俯紛酬紛成行禮畢燕樂儀
如常子孫綿延慶澤長繼志述事期無忘
旹
成化乙未歲秋八月
浙江處州府宣平縣儒學教諭致仕
七十翁樂平徐　潤撰

七世孫　韶六重建立

龍溪陶氏重建延福祠堂碑記

祠堂之制祭祀初祖也古禮未備迨宋程氏典之家禮又云君子將營宮室必立祠於正寢之東以安先世神主祀於墓以安遠祖追遠報本之意至深切矣以故巨家世族必建宗祠歲時禋薦上自始祖下延近宗咸致祭焉蓋孝根心生禮緣義起誠古今所共由也龍溪陶氏世系晋都督荆湘等州諸軍事侃公仕衙之後支分派别遷徙不常及宋迪功郎曾一公德著惠流爲時豪傑卜居浙東括蒼得龍溪之勝喟然嘆曰吾祖侃公少時漁於雷澤網得一梭掛於壁俄化爲龍而去兹者龍

溪正吾家也遂奠厥居居之東南五里許有延福寺爰其清雅游焉息焉每加惠焉捐資助僧置田九拾畝以供寺費持僧懷丞德澤服公行誼公殁不能忘敬啟公嗣爲立像大殿東廊第一祠以祀之嗣孫咸集克羞饋祀弗替引也元末毁於兵火

國朝天順六年五世孫友鎮公任知興安縣事致仕居家偕七世孫存集公僧文壁澗清因其舊址而重建之修祀如故迄今二百餘載歲久則湮世遷則腐十四世孫陶鎬陶鋌陶鈇陶鉦暨十五世陶汶陶涓目擊廟貌惻然有餘悲焉歸謀家衆各捐貲財再建乙亥歲秋九月

既望告厥成功廟宇視舊增擴神主視舊增彩孝思不匱之誠其庶幾乎將爲記以示諸後余祖母龍溪存集公女也余父陶門甥也余又陶性十公婿也余適宦江之蒲庠子將省焉因持顛末假言以爲之記然廣州刺史侃公潯江人也眠牛塚侃公佳城也地在蒲界余於陶氏家教遺風得之甚詳卽援筆記之記者誌也垂不朽也爲陶氏後者若子若孫百世覩斯記而興思焉則斯祠將千百世若一日矣他何說爲是爲記

旹

萬歷三十九年歲次辛亥夏月　吉旦

3、《宣平县桃溪区延福寺修理情况总结》（1954 年）

類別	總密	結件
類號	密	件
號	民字第269?號	

送：浙江省人民政府文化事業管理局、浙江省人民政府民政廳　衛卅?四日

發：桃溪區公所、縣文化館各一份

存檔六份

本件共八份每份九頁

一九五四年六月　日印

—1—

宣平縣桃溪區延福寺修理情況總結

我縣延福寺係元朝泰定年間（公元一三二四——一三二七）所建造，為我國江南罕有古物稀有建築物，因年久失修，漏爛不堪，亦稍有傾斜，自去年華東文物工作隊浙江小組勘察後，由浙江省人民政府文化事業管理局撥款六百萬元，延寧挺不漏不塌，不損壞原來風格進行小修理，其工程自四月廿日起至五月底結束，茲將修理情況報告如下：

一、準備工作：

1、四月十六日縣府民政科、文教科、文化館三單位舉行會議，並有文教科劉科長出席指導，研究上級指示精神，初訂修繕計劃，決定抽調文化館干部一人具体掌握施工及實際指導。

2、修建前由縣府請假良好技術（修建有經驗）文教科宗志藩、文化館陳技生二人辦办木料，並以包辦包工方式與當地工人訂立合同，並請桃溪區公所為公證机关。

3、結合桃溪鎮人民政府工作組向各村進行宣傳修建意義，打消群众的修建延福寺重視菩薩的迷信思想，經宣傳教育後，如二村王大悟說："共產党不是修菩薩，是修那些年

这是好几百年前造起来的东西，如果不修的話那就要倒了」。

4、修理工人是当地老司木工有祝明啟、徐火法、芾泥工有閻增仁、閻五和、茅盈召开木工泥工服席會議，説明修建意義，分析过去替和尚寺做工十二信五工做的非正確的工人思想，使其認識参加該項修建的光荣感，提高工作积极性。

二、施工情况：

1、泥工方面：

(一)搭(拆)架 十工 包括修理花台

(二)揪瓦 十八工

(三)蓋瓦 廿六工

(四)山门前殿扳漏 四工

(五)寺後水路 五工

(六)寺前水路 卅五工 因寺左面農田之水雪冲入寺内故做水路排水寺外。

(七)修补寺内残缺及清理瓦砾六工。

(八)修塘溢 十工

以上共計 一〇八工

2、木工方面：

①柱撑 十八工

②抽引条与修理木椽 四十四工 屋脊大引条十四根 换椽 八十根

③拱斗 八十工 大斗八個 中大斗五个 中斗三十二个 小斗一百三十三个 共 一百七十九個 和刀

十三把 华子一个 凡是大小斗拱 均係柏、樟木补配

④千井条窗 八工 仿照寺後门千井条窗二個(固定)及修补後门千井条屏笼栅，

⑤做门五工 殿正面门窗没有做照 殿後门式样补配，

⑥做板壁 七工

⑦修補山门 三工

⑧窄板廿四工

共計 一百八十九工（因 拨工八十二工）

三、在修理中發現的几个情况：

1、各种小斗 外形保持正方 斗身有平的 有背斜的，有底欠斜的 係開摩来残缺

此為外部檢查不到之处 而调换斗拱时發現 按原样补配。

2、施工中檐椽头發開八处，發現要用板釘的，故需九方米木板 無工要廿二工 由于

發開用板以致泥工板瓦工夫增加不少，由于当地拼板没有 全部木板係木

工自做 共廿四工。

—3—

—4—

3、在寺內七尊佛像頂上屏笆發現有字其全文如下：

「嘗聞善作始者貴善終善○志者貴○創今本寺大殿原有釋迦佛祖併兩旁大佛共七尊其始係唐天成時所塑紹熙時所修元泰定甲子七年重修迄今數百年有餘矣不料于清乾隆甲子年二月廿三日釋迦佛二尊忽焉傾頹于乙丑年○新塑迄其有兩旁○○○或添○改修塑完備斯時也佛像金光彩煥○迄風雨之漂浸塵埃之飛塗因以創屏笆一座以○心使佛者有久遠之增光而我悠然獲之享福其保宜心堅固永培安知寺內共賦福壽悠長　皆

乾隆十年乙丑仲冬月延福寺主持僧徒孫逢廣通茂徒定嶒」有○者為字跡不能辨認之字。

四、補配拱斗情況：

寺之上簷下正面缺拱斗五處西南屋簷下大部缺損西北角缺一處其有些係由別處拱斗亦改一補好。

1、寺東面（即寺左面）

ㄇ、上簷： 原有上飛刀十把升十個中斗十個小斗三十個 原有下飛刀十把升十個中斗十個小斗二十個。

㊀新補配：

ㄅ、上飛刀部份： 上右五飛刀換中斗一個

ㄆ、下飛刀部份：

A、下左四飛刀換中斗○小斗○

B、下右二飛刀換中斗○小斗○

— 5 —

工、青南面（即寺前面）

日、上簷

原有上飛刀十一把 中拱斗十一個 準十一個 小斗三十三個（內有殘缺）

原有下飛刀十一把 中拱斗十一個 準十一個 小斗三十三個（內有殘缺）

ㄗ、新補配

ㄅ、上飛刀部份：

A、上左一飛刀換準① 換小斗③ 左二飛刀換準① 換中斗① 換小斗③ 左三飛刀換準① 換中斗① 左五飛刀換中拱斗①

B、上正中飛刀換飛刀① 換準① 換小斗① 換中斗① 第四托換小斗①

C、上右一飛刀換飛刀① 換小斗③ 第二托換小斗③ 四托換小拱斗① 換小斗③

右二飛刀換飛刀① 換準① 換中斗① 換小斗③ 二托換準① 換小斗③ 三托換小斗⑤ 右三飛刀換飛刀① 換中斗① 換小斗③ 第三托換中斗① 換小斗③ 右四飛刀換飛刀① 換準① 換中斗① 換小斗④ 右五飛刀換中斗③

ㄆ、下飛刀部份：

A、左二飛刀換飛刀① 換準① 換中斗① 換小斗③ 左三飛刀換小斗③

B、正中飛刀換小斗③ 第三托換中斗①

—6—

C、右二飞刀换小斗②右二飞刀换飞刀①换准十①换中斗①换小斗③右三飞刀换小斗①背三托换中斗①右四飞刀换飞刀①换准十①换中斗①换小斗③右五飞刀换飞刀①换准十①换中斗①

D、下檐柱上换小斗③准十①

3、寺西面（即寺右面）

(1)、上檐：

原有上飞刀十把中斗十个准十个小斗三十个

原有下飞刀十把中斗十个准十个小斗三十个、

②新补配

a、上飞刀部份

A、上飞（左三）刀换飞刀①准①中斗①小斗③第二托中斗①小斗③、左四飞刀换飞刀①准①小斗③中斗①二托换小斗①三托换小斗①左五飞刀换飞刀①准①中斗①小斗③二托小斗①

b、上右一飞刀第四托换中斗①右二飞刀第三托换小斗③右四飞刀第三托换小斗③

c、下飛刀部份：

A、下左二飞刀换中斗①小斗③左四飞刀一托换小斗③左五飞刀换飞刀①

換準斗①小斗③飛刀下準斗①中斗①

B、下右三飛刀換中斗①小斗③

4、寺北面（即寺後面）

①上檐：

原有上飛刀十一把準十一個中斗十一個小斗三十三個

原有下飛刀十一把準十一個中斗十一個小斗三十三個

②新補配

a、上飛刀部份

A、上左一飛刀前托換中斗①左二飛刀換小斗①中托小斗③左三飛刀換中斗

①準①小斗③

B、上右一飛刀前托換中斗①小斗①

b、下飛刀部份：

A、下左二飛刀換小斗②中斗①

B、下右二飛刀換中斗①

——7——

5、寺下檐外圈部份：

①、外東面換小斗③準斗①

②外南面換小斗③準斗①
③外西面換小斗③準斗①
④外北面換小斗⑳
⑤寺內下檐四邊換小斗⑬中斗①準斗①牆柱上中大斗⑤

五、補配拱斗之尺寸：

1、上昂刀上中一尺七寸，二中一尺八寸，三中一尺七寸 四中 八寸三分 全長九尺三寸半，
闊五寸半 厚三寸四分
2、大拱斗闊一尺零五分 厚六寸七分 是四方形
3、中拱斗闊五寸四分長六寸八分 厚三寸四分
4、小拱斗長六寸七分闊四寸八分 厚三寸四分
5、準闊五寸半 厚三寸四分 長二尺二寸
6、下檐小斗 四寸正方 厚二寸六分
7、下檐柱頂中大斗八寸六分正方 厚四寸六分

以上均係魯班尺（即本地木工所用之尺）

六、區鎮領導上非常重視文物修建工作 派指導員時常問起修造情況
徐區長給予解決工人米票問題，陳鎮長協助借用東西 因而使工程順利完成。

七、結束工作：

㈠、木工完成後寫有保固結保固五年

㈡將所有換下旧料如拱斗、準、飛刀、等留存寺内正殿加鎖保存

㈢召開住寺農户會議討論加强对延福寺的愛护他们表示不在寺内

堆灰堆垃圾及有坏人破坏随時告訴鎮政府

㈣、与尾鎮領导上研究籌组延福寺管理小组以陶鎮长为组长以文化

站一人農村代表二人共計五人于五月三十日召开會议正式成立。

㈤並建議鎮政府加强对寺後的田户教育放水问题以致不會使

水流入寺内。

完

宣平縣人民政府（印）

—19—

宣平县人民政府修理延福寺经费决算表 1954年6月15日

款	项	目	名称	单位	数量	单价元	共价元	单据数	备考
1	修理		延福寺经费	伍百	叁拾万	叁仟叁百	伍拾元		共单据贰拾玖张、
	1		材料				1897950	20	
		1	杉木	根	120		1,319,200	12	杉木板、杉树在内，货物税运费在外、
		2	柏树 樟树	根	2		100,000	1	货物税、运费在外、
		3	瓦	块	5000	58	290,000	1	运费在外、
		4	铁钉 洋钉	斤 斤	19 2		134450	3	
		5	铁耙 铁子				10,300	1	
		6	石灰	斤 担	7 2	1000 12500	32,000	1	运费在外、
		7	毛竹	斤	133.5	90	12,000	1	
	2		工资				3,148,500	7	
		1	木工	技工 普工	82 107	11,000 10000	1,972,000	1	
		2	坭工	普通工	101	10,000	1,010,000	1	
		3	篾工	工	1	9000	9,000	1	从陈家乡来运至延福寺
		4	搬运杉木	根	41		60,000	1	（从排岭头运到延福寺）
		5	运瓦	块	5000		88,250	2	[illegible]

	7	匹 [illegible]	[illegible]	[illegible]	80,250	2	[illegible]
	6	西名庄	斤	111.5	9,250	1	从郭蒋庄排村
3	1	木材货物税	立方米	811.558	256,700	2	

机关首长 [illegible] 主管 会计 制表

三、归属地建制沿革

朝代	年	县	州
五代	后唐天成二年（927 年）	丽水县 延福寺在县北百余里应和乡下库原[①]	处州
北宋	太平兴国三年（978 年）	丽水县	处州
	熙宁七年（1074 年）		
	熙宁十年（1077 年）		
南宋	建炎三年（1129 年）	丽水县	处州
元	至元十三年（1276 年）	丽水县	处州路
	至元二十六年（1289 年）		
明	龙凤五年（1359 年）	丽水县	安南府
	龙凤十二年（1366 年）		处州府
	洪武九年（1376 年）		处州府
	景泰二年（1451 年）	宣平县（今柳城畲族镇）延福寺在县北二十五里[②]	处州府
清	（1636 ~ 1912 年）	宣平县	处州府
中华民国	三年（1914 年）	宣平县	处州府
	二十一年（1932 年）		第二特区
	二十四年（1935 年）		第九区
	三十二年（1943 年）		第四区
	三十六年（1947 年）		第六区
	三十七年（1948 年）		第七区
中华人民共和国	1958 年 5 月	武义县	金华专区
	1958 年 10 月	永康县	金华专区
	1961 年 12 月	武义县	金华市

四、历代修建者名录

<table>
<tr><th>时间</th><th>名</th><th>事项</th><th>出处</th></tr>
<tr><td>南宋绍熙年间（1190～1194年）</td><td>守一</td><td>扩建寺院</td><td>刘演碑</td></tr>
<tr><td>南宋（1127～1279年）</td><td>日师</td><td>大兴土木修建</td><td>刘演碑</td></tr>
<tr><td>南宋宝祐乙卯（1255年）</td><td>柳德清</td><td>铸钟</td><td>钟</td></tr>
<tr><td rowspan="2">元延祐年间（1314～1320年）</td><td>德环</td><td>重修大殿</td><td>刘演碑</td></tr>
<tr><td>宗晋、惟谦</td><td>修葺</td><td>陶孟端碑</td></tr>
<tr><td>明正统天顺年间（1457～1464年）</td><td>文碧、润清</td><td>重修大殿及寺院</td><td>陶孟端碑</td></tr>
<tr><td>康熙九年（1670年）</td><td>照应</td><td>重建后殿观音堂两廊</td><td>《宣平县志》</td></tr>
<tr><td>康熙五十四年（1715年）</td><td>普惠、通德</td><td>修葺</td><td>大殿题记</td></tr>
<tr><td rowspan="2">雍正八年至乾隆十三年（1730～1748年）</td><td>通茂</td><td>修整大殿，创兴天王宝殿并两廊厢屋21间，装塑天王金身4尊</td><td>《宣平县志》
大殿题记</td></tr>
<tr><td>定明、逢广</td><td></td><td></td></tr>
<tr><td>乾隆三十七年（1772年）</td><td>湛圣</td><td>装修佛像</td><td>大殿题记</td></tr>
<tr><td>道光十八年（1838年）</td><td>汉书</td><td>重建山门</td><td>《宣平县志》</td></tr>
<tr><td>同治四年（1865年）</td><td>妙显</td><td>重修山门</td><td>《宣平县志》</td></tr>
<tr><td rowspan="2">光绪三十一年（1905年）</td><td>景顺</td><td rowspan="2">重建观音堂</td><td rowspan="2">观音堂题记</td></tr>
<tr><td>心洁</td></tr>
</table>

五、相关研究成果

1、营造学社测稿和考察照片（1934 年，清华大学建筑学院资料室提供）

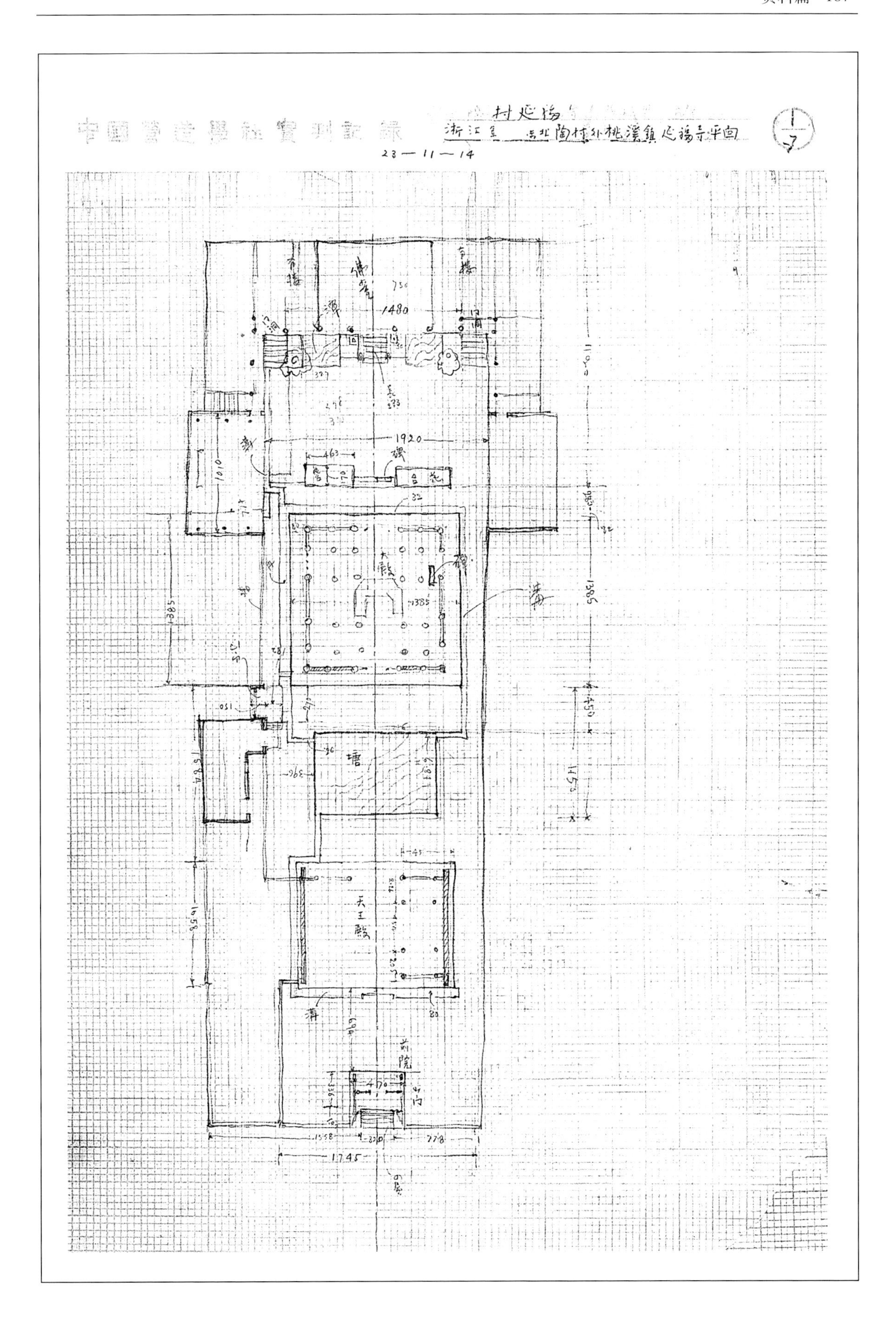
中國營造學社實測記錄
浙江省
23—11—14
1480
1920
1385
天王殿
前院
1745

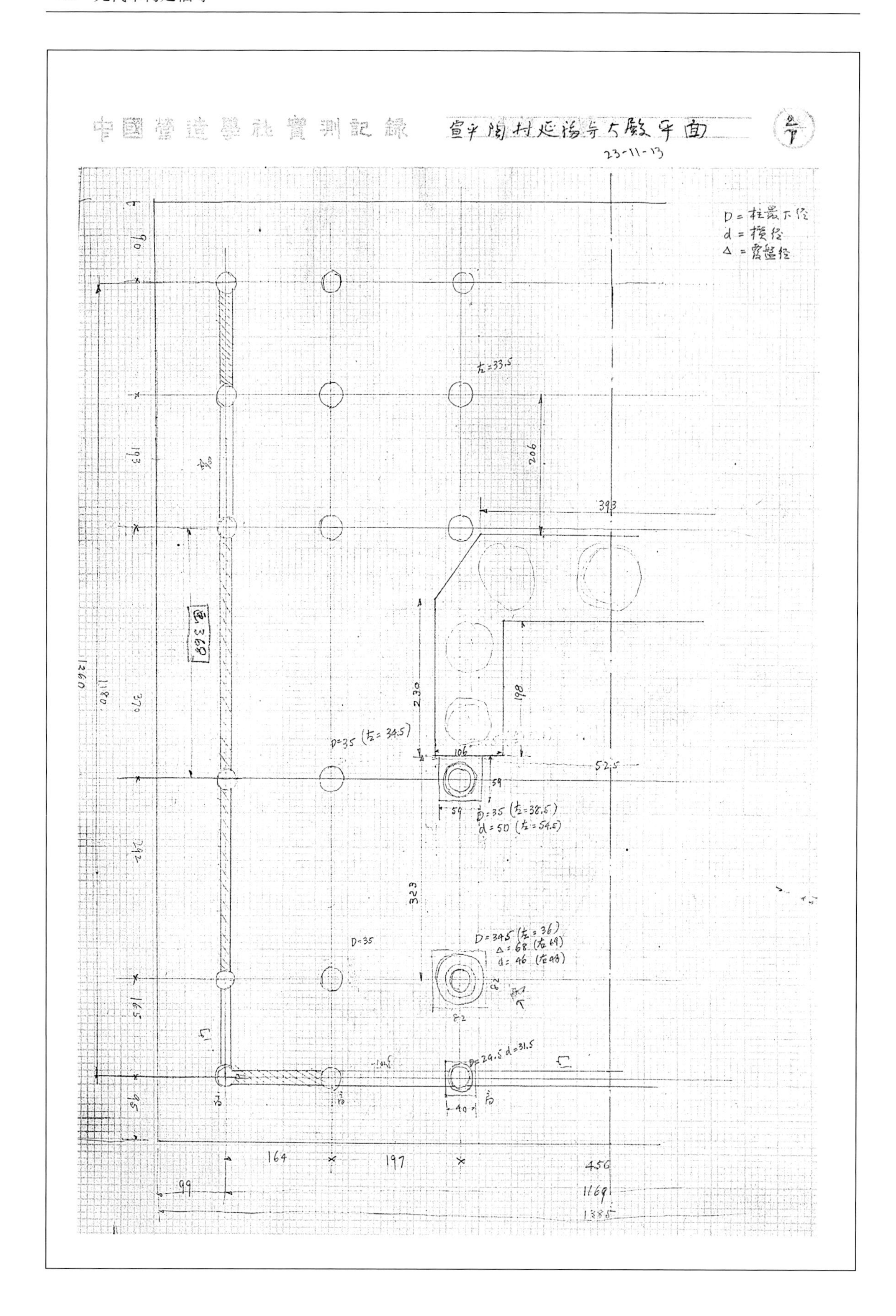
中國營造學社實測記錄
宣平陶村延福寺大殿平面
23-11-13
D = 柱最大径
d = 櫍径
Δ = 覆盆径

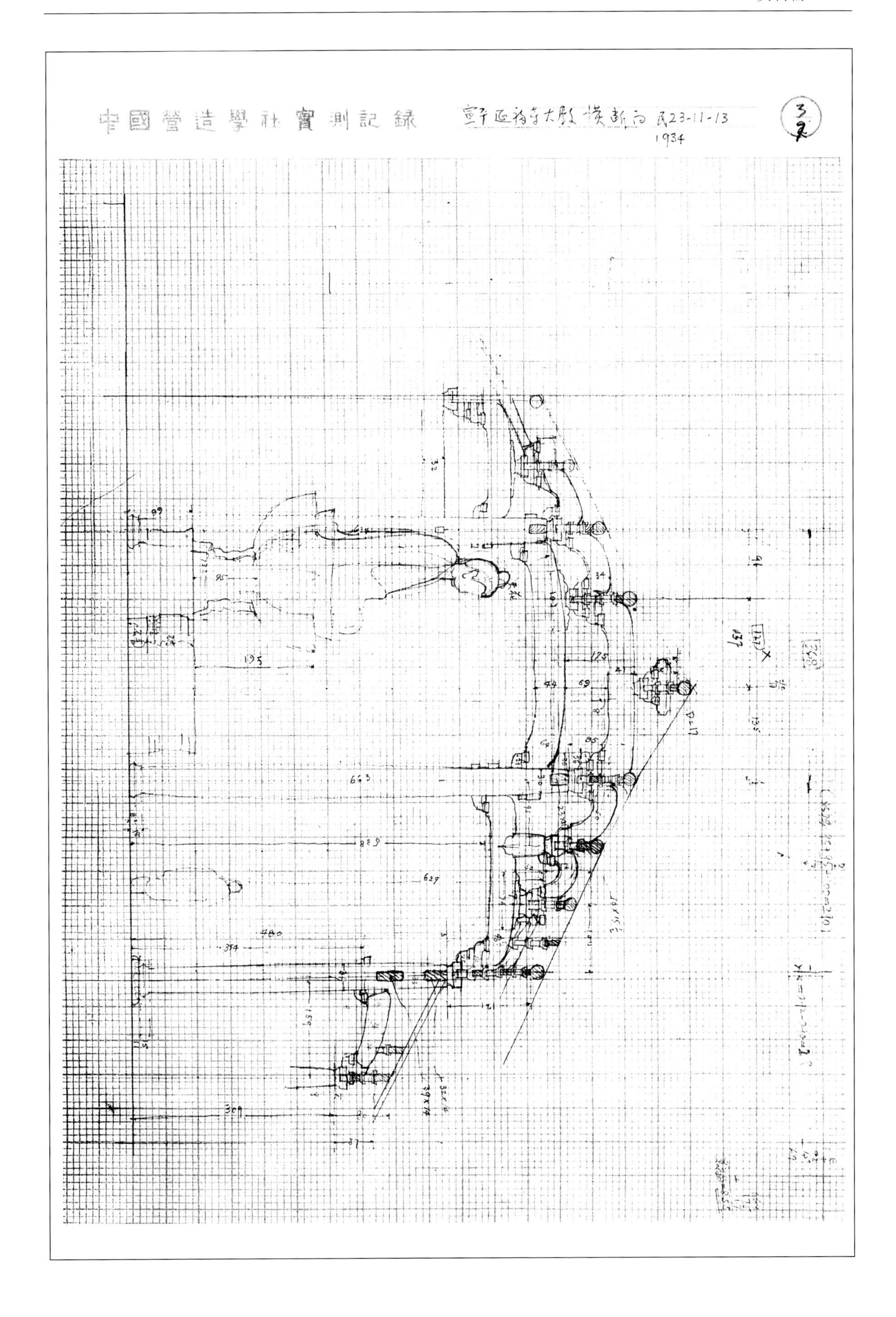
中國營造學社實測記錄
宣平延福寺大殿 横断面 民23-11-13
1934

中國營造學社實測記錄　宣平陶村延福寺大殿上檐斗栱　23-11-14

延福寺南面全景

延福寺大殿正面

延福寺大殿南视

延福寺大殿背面

延福寺大殿东北角

延福寺大殿西南角

大殿下檐转角后尾

大殿上檐前槽梁架

大殿上檐角梁后尾

大殿下檐山面梁架

大殿上檐补间后尾

大殿下檐当心间侧视

大殿上檐补间后尾

大殿上檐柱头铺作

大殿上檐山面梁架

大殿上檐山面梁架

大殿上檐梁架局部

大殿上檐前槽蜀柱

大殿上檐山面梁架

大殿上檐柱头斗栱

大殿上檐山面劄牵

大殿天花上襻间斗栱

大殿天花上襻间斗栱

大殿当心间前槽襻间斗栱

大殿天花

大殿下檐柱柱础

大殿上檐当心间覆盆柱础

大殿塑像

大殿佛坛局部

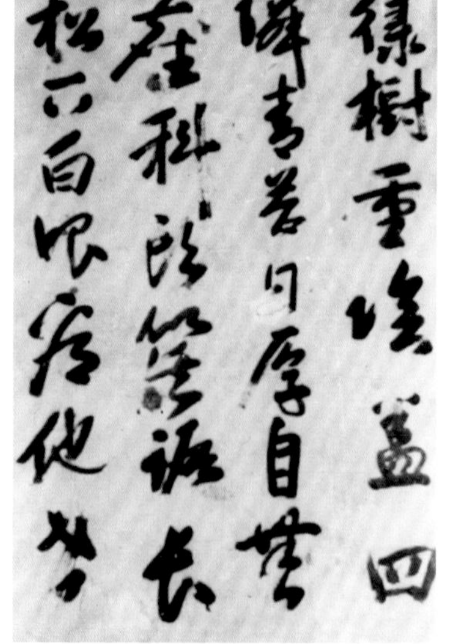

大殿墨书局部

延福寺观音堂南视

观音堂前台阶

东厢房挑檐局部

陶村古桥

古桥桥墩

陶村古墓冢

陶村古民居

镇澜桥

镇澜桥桥墩

镇澜桥桥体

2、梁思成《中国建筑史》第七章第二节“元代实物”

延福寺大殿 在浙江宣平（今武义）县陶村，建于元泰定间（泰定三年）。殿平面梁广各五间，近正方形，当心间特大，次梢两间之联合长度，尚略小于当心间，屋顶重檐九脊，阑额之上不施普拍枋，为元之后所不多见。其上檐斗栱出单杪双下昂，单栱造，第一跳华栱头偷心。第二三跳为下昂，每昂头各施单栱素枋。其昂嘴极长，下端特大。其第二层昂不出自第一层昂头交互斗以与瓜子栱相交，而出自瓜子栱上之齐心斗。第二层昂头亦仅施令栱，耍头与衬枋头均完全省却。其在柱头中线上，则用单栱素枋三层相叠。其后尾华栱两跳偷心，上出靴楔以承昂尾。昂尾不平行，故下层昂尾托于上层昂尾之中段，而在其上施重栱。其柱头铺作，则仅上层昂尾挑起其下层昂尾分位乃为乳栿所占。此斗栱全部形制特殊，多不合历来传统方式，实为罕见之孤例。下檐斗栱双杪单栱偷心造，后尾则三杪偷心。其当心间补间铺作三朵，盖已超出宋代两朵之规定矣。屋顶仅覆瓪瓦，不施脊兽等饰。

3、陈从周《浙江武义县延福寺元构大殿》

浙江武义县延福寺大殿是江南已发现的元代建筑中建造年代最早的，结构亦最完整的，是研究宋到明建筑发展的实例。同时它与北方的元代建筑又有若干不同的地方，保存了比元代更老的做法。我们这次调查，将确实的建筑年代找了出来，大殿乃建于元延祐四年（1317年）。

延福寺在浙江武义县桃溪（陶村）。桃溪原属宣平县。今宣平与武义并县，合称武义县。据“元泰定甲子（元年，1324年）刘演重修延福院记”碑作丽水应和乡下库源，知元时为丽水所辖。寺在旧宣平县北二十五里山麓。其地峰环涧绕。晋天福二年（937年）僧宗一建。唐天成二年（927年）寺名曰福田，宋绍熙甲午（案绍熙无甲午．疑淳熙甲午【元年，1174年】或绍熙甲寅【五年，1194年】之误）改名延福，赐紫宣教大师守一拓其旧而新之。元延祐四年丁巳（1317年）德环重建，并置田山立碑。明正统年间僧文碧涧清重修。清康熙九年（1670年）僧照应重建观音堂西廊，僧通茂等屡修整大殿，创兴天王宝殿并两廊厢屋二十一间，装塑天王像四身。道光十八年（1838年）住持僧汉书重建山门，同治四年（1865年）住持僧妙显重修之，光绪丁未（1907年）僧心洁又重修。以上是据《宣平县志》、元泰定元年重修延福院记碑、明天顺七年陶孟端延福寺重修记碑等所述寺史。

寺南向，今存山门三间，入内天王殿三间，单檐硬山造。其内置弥勒佛，左右分置四大金刚。天王殿后为大殿五间，重檐歇山式。其前方池一泓，甚清洌，殿两侧有门可导之后部。殿之北檐下立“明天顺七年（1463年）陶孟端延福寺重修记”一碑。最后为观音堂七间，堂前左右列小池各一，中三间为主体，旁各两间中置夹楼。东西为厢楼，西首者毁三间。

大殿面阔五间，通面阔为11.80米，进深相同，平面成正方形。但当心间为4.60米，次间1.95米，梢间1.65米，次梢两间之宽度相加，尚小于当心间。自南往北第一间1.60米，第二间2.90米，第三间3.70米，第四间2.00米，第五间1.60米。台基低矮，院落皆以大卵石墁地，是就地取材应用的，很是经济。水沟亦以卵石叠砌，这是乡间常用的办法。殿内四金柱间置佛坛，还沿用唐宋以来佛坛在小殿配置的方法，唯平面由方形已作倒凹形。坛中置本尊，左右为二弟子及四供养人。塑象虽经后世重修，尚未全失初态。在首梢间置"元泰定元年刘演重修延福院记"碑，其碑阴刻"延福常住田山"总目。笔法秀润，出段鹏翼之手。案唐宋小殿，平面类作正方形，江南元构小殿仍沿袭其制，如金华天宁寺延祐五年（1318年）建正殿，上海真如寺延祐七年（1320年）建正殿莫不如此。今日所呈外观为重檐九脊（歇山）式，两山出际甚深，瓯瓦无脊饰，不施飞椽，起翘自当心间平柱开始，颇显圆和之状。在正脊的两头于脊槫之上再加生头木，则过去尚具微翘。然按今日殿内柱的形制，在重檐下的外檐檐柱，均是后易，不作梭柱形，柱顶什九无卷杀，即有一二处有之，亦仅在柱顶前后砍杀，为明代后因陋就简的办法。斗栱用材不统一，下檐小于上檐，从手法上看去，下檐的时代亦较晚，其后尾令栱上的素枋在下缘刻作曲线，形状更为突出。栌斗四角尚存有刻海棠曲线者，有两种不同的刻法，其一线脚柔和，另一潦草僵直，论时间显然前者早于后者。在正面檐柱上檐由额三分之二高处有高7厘米，宽16厘米的榫眼。下檐乳栿虽仍作月梁形，但用材粗糙，砍杀亦欠工整。上下檐阑额之出头亦不一致，上檐的略作曲线形，犹多明代以前的遗意。而下檐的则伸出特长，雕刻稚俚，则其时期先后不同可知。下檐檐椽与阑额之交接处无椽椀，且共分位已在阑额之顶端，今建筑不施博脊，而瓯瓦已及栌斗底，如果再加上博脊的话，则上下檐之间局促之状不言可喻了。这些都明白地启示了下檐为后来重加的根据。它与余姚保国寺、金华天宁寺、上海真如寺等诸宋元殿同出一辙。成为江南小殿复加重檐的惯例。根据檐柱上今存之榫眼位置推测，似当时正面有一雨搭，仿佛山西赵城广胜下寺天王殿或芮城永乐宫壁画所示者，虽广胜下寺山门疑为后改，但此种形式在宋元时已流行了。故此殿原来应是面阔三间，进深亦三间，面阔计8.50米，进深计8.60米，形成进深略大于面阔的正方形。证以余姚保国寺宋大中祥符六年（1013年）建大雄宝殿，其面阔为11.91米，进深为13.95米亦是这样。此种宋元小殿，为了增加金柱前"膜拜"之地较宽裕而如此处理的。延福寺大殿虽进深较面阔仅长90厘米，但后将佛坛平面改为倒凹形，实同样解决此种需要而作的。根据斗栱乳栿等的做法，下檐殆明代天顺时修理所加，与金华天宁寺明正统年间所加重檐时期相近。其所以如此做，目的在于扩大殿内空间，与保护殿身木架结构。

柱础计有两种形式，正面当心间檐柱下施雕宝相花覆盆柱础，刀法精深。上加石礩，此为江南元代建筑习见的做法。其在正面檐柱的与江苏南通天宁寺大殿宋础位置相同（南通天宁寺的次间亦施雕刻），用以突出主要入口，其余的皆为礩形柱础。用料除下檐檐柱间有黄石者外，皆青石制。柱除下檐的外，俱作梭柱，曲线柔和，尤以金柱为佳。柱身中段直径与柱高比例约为1比10。最耐人寻味的是柱上下两段均有收分，是名符其实的梭柱，比《营造法式》所说自柱之上段三分之一开始者，挺秀多了。金柱顶施圆栌斗，皆与上海真如寺相同。而南通天宁寺则易为铁制的，其时间可能稍晚。

斗栱补间铺作当心间三朵，次梢间各一朵。山面自南往北第一、二、四皆一朵，第三间三朵。其配置方法在当心间较宋已增多一朵。与金华天宁寺正殿相同。但苏州虎丘云岩寺元至元四年（1338年）所建二山门，当心间仍用二朵，可见江南一隅，地隔数百里，其变化尚有先后。阑额下施由额，上无普柏枋，此种不施普柏枋的做法，在江南元结构建筑中还是普遍的。上檐斗栱，栌斗宽30厘米，耳高8厘米，平高3厘米，欹高8厘米。交互斗宽16厘米，耳高3.5厘米，平高2.5厘米，欹高3.5厘米。材为15.5厘米×10厘米，栔为6厘米。系六铺作单杪双下昂，单栱造，第一跳华栱偷心，第二、三跳为下昂，每昂头各施单栱素枋，昂面作人字形，下端特大，第二层昂不出自第一层昂头。交互斗以与瓜子栱相交，而出自瓜子栱上之齐心斗。第二层昂头亦仅施令栱，耍头与衬枋头皆略去。在柱头中线上利用单栱素枋二层重叠，后尾华栱两跳偷心，上出鞾契以承昂尾。昂尾皆不平行，故其下层昂尾托于上层昂尾之中段，在其上施重栱。柱头铺作则仅上层昂尾挑起，其下层分位乃为乳栿所占，下檐斗栱，材为11.5厘米×6.5厘米，栔为5厘米，用材小于上檐，五铺作双杪单栱偷心造，后尾则双杪偷心。斗栱虽上下檐卷杀极相似，然究不及上檐老成，且后尾华栱上之素枋，雕刻已趋繁琐，近晚期做法，疑是明代作品，又经清代重修的。

此殿进深以槫数计为八架椽，如以重檐部分前后各一架计入，则为十架椽。原系彻上明造，当心间正中于清乾隆九年（1744年）修佛像时加天花，粉底彩绘，作团龙及写生花。梁架于当心间缝三椽栿架在前后金柱间，其上平梁则一头置于三椽栿背上斗栱，另一端架于前金柱柱头铺作上。皆于栌斗中出华栱二跳承托，平梁上不用侏儒柱，梁中部置栌斗，前后出华栱一跳，上施替木，似为丁头抹额栱之遗制，唯无叉手。其左右之瓜子栱慢栱承襻间脊槫。此部分结构在重修时当已略有所变动了。《营造法式》卷三十一："四架椽屋分心用三柱"及《园冶》卷一："小五架梁式"两图之主要构造法与此略似，尤以元明建筑中为多见，直到明末清初还屡见不鲜。不过此殿在平梁梁头底与金柱柱头铺作之间，加弓形月梁一道，其作用如劄牵，其法系于栌斗间出一跳承托之。前檐柱与金柱间用乳栿，上施蜀柱，柱作瓜柱形，下刻作鹰嘴状，此种做法，在已知的古建筑中，当以此殿为最早（金华天宁寺正殿亦作此状）。蜀柱前后再加劄牵。金柱与后檐柱间用乳栿及劄牵做法相同。劄牵皆作弓形月梁，栿上斗栱底置替木，两肩斜削，存简单驼峰之意，次间两山檐柱与金柱间梁架做法亦如此。下檐结构，系在檐柱与下檐二柱间施“挑尖梁”，颇类明以后做法。此殿梁栿的形式皆为月梁形。而整个梁架之所以如此配置，在于使佛坛前有较大的空间，并求屋脊在正中。

据元泰定甲子刘演重修延福院记碑：“泰定甲子初吉皆山师德环过余曰：吾先太祖曰，公因旧谋新，四敞是备，独正殿岿然，计可支久，故不改观，岁月悠浸，遽复颓圮。先师祖梁慨然嘱永广孙曰：殿大役也，舍是不先，吾则不武；用率尔众，一乃心力，广其故基，新其遗址，意气所感，里人和甫郑君亦乐助焉。□□丁巳空翔地涌，粲然复兴，继承规禁，以时会堂，梵呗清樾，铙磬间作，无有高下，酿为醇风，方来衲子，无食息之所者，咸归焉。”这段碑文，详述了殿的兴建经过。丁巳应是延祐四年（1317年），这是明确的建殿年代，它比金华天宁寺正殿尚早一年。明天顺七年陶孟端延福寺重修记：“正统年间，……官兵往复，毁宇为薪，存者无几。迨靖复业，文碧（涧清）等睹法界之残，悉意生殖，数年之间，诸工施作，群废具举，图绘殿壁，修创廊庙。”以今日该寺之建筑而论，除大殿外，余皆后建。大殿应是正统年间所毁幸存的建筑。在东次间乳栿下有“康熙五十四年（1715年）菊月重修僧普惠通德谨题”墨笔题记，此栿两头之卷杀，视旧者为圆削可证。在当心间上檐阑额下有“大清雍正拾三年（1735年）前僧师父普惠派下住持通茂□□同修葺大殿，重建山门……”等语，则知清康熙、雍正两朝叠经修葺过的。

其他题记尚有三椽栿下“……龙华宗风益根”（左）“天子万年膺虎拜化日舒长”（右）。内额下“伏承陶协应□壬兴浦宅……壹岸陶伟树……学士舍杉木柱并杉木□厚伍学士□同妻”字迹墨书，四周略施浅刻，当心间东缝后金柱与檐柱间之劄牵下有“元（？）墨里人工夫起”等字二行。而西缝同位乳栿下有“王均辐……郑……务舍柱”等墨书，其上劄牵底亦留字残迹，字痕略高于木面。装修佛象题记有“今将释伽如来更衣乐助（名单略）乾隆三拾七年（1772年）橘月本山比丘湛圣仝徒两房众立”之记一额。天王殿佛座后有砖刻题“乾隆戊辰（十三年，1748年）春月吉旦立……。”则与正殿之佛座砖刻为清乾隆间之物相符，又“今将释伽如来四大金刚应新重更衣（名单略）皇清道光十九年（1839年））荔月。”此皆有年月可稽之有关题记。正殿后之观昔堂脊檩下有“大清光绪三十一年（1905年）岁次乙巳桂月中浣谷旦延福寺云楼派师父景顺命徒住持僧心洁捐资重建谨记。”则为晚清所建，是全寺最后期之建筑了。

大殿内有宋代铁钟一，据元泰定甲子刘演重修延福院记碑，知“栖钟有楼”，今楼亡而钟移置于此，题记：“处州丽水县应和乡延福院，……时宝佑乙卯腊月……，铸匠碧湖柳德清。乙卯为宝佑三年（1255 年），从这里发现了这位被埋没了的宋代铸钟匠师。又证桃溪于宋时属处州丽水县。观音堂前有小石刻狮一对，古朴生动，以形态刀法而论，似为元以前之物。

调查同行者有浙江省文物管理委员会和同济大学有关同志，一并记此。

1963.10. 写成于同济大学

1965.11. 修改

4、梁超《浙江省武义县延福寺大殿方案设计概说》

一、历史简介

延福寺位于浙江省武义县桃溪镇。据史料记载该寺创建于五代（927 ~ 937 年）之间，寺名曰福田，宋易延福寺。元延祐四年（1317 年）德环重建，并购置田、山立碑。明、清两代曾多次重修。解放后武义文管所亦曾多次修缮，主要是对斗栱及瓦顶部分。历史上修缮中，对梁枋构件有所更换。

70 年代后期由已故祈英涛高级工程师、孔祥珍高级工程师和我曾对延福寺大殿进行过勘察、测绘，由于条件所限（主要是架子简单），对大殿的上层大木构件的残损情况勘察不细，我本人于 80 年代，又曾去过两次，但未做什么工作，1996 年春应邀又一次去延福寺对大殿的残损现状进行了重点勘察；但因连简单的架子都没有，只靠望远镜对梁架作了观察，故而勘察不够细致。

二、法式特征

从延福寺大殿的建筑特征及制作手法看，现存的副阶周匝，应是明、清时期所增建，梁架、斗栱的部分构件亦有被后代更改的地方，70 年代初地方修缮时对斗栱更换的情况更多，因而上述两部分有的已非原貌。

平面　大殿面宽、进深各五间，通面宽 8.51 米、通进深 8.61 米，平面呈正方形。当心间面宽特大，是次间面宽的两倍，如此配制是为了殿中设置佛台的需要。台基低矮，台明以卵石铺墁，大殿后及左右，辟排水沟，沟以卵石叠砌。

斗栱　大殿本身（上檐）斗栱，外檐为六铺作单杪双下昂。第一跳偷心，上施双下昂，昂嘴瘦长，昂面作⌂形，下端特大，鰤殺手法遒劲有力，是典型的元代风格。后尾出双跳华栱、偷心、上施靴楔，承托下昂。昂后尾斜伸向上，挑斡下平槫。栱件单材 10×16 厘米、足材 10×23 厘米，相当于宋营造法式七等材。

下檐斗栱用材更小，风格手法与上檐截然不同。应为明、清时期所为。

梁架　当心间横架侧样为进深八椽，双层三椽栿后对乳栿、前三椽栿及后乳栿上用弯月形劄牵。三椽栿、乳栿等均采用月梁造，卷杀柔和，其拔腮挖底的工艺手法，仍有宋代技术风格。梁端入柱部分用丁头栱支托，亦为宋所常用之制。所有梁栿用料都比较经济合理。

柱与柱础　殿内全部使用木柱，柱身上端多数有卷杀，四根内柱皆用柏木制作。前内柱比后内柱高出一个举架，比例瘦长。殿内柱子除下檐外，特点是俱作梭柱，尤以明间四金柱的形制比较秀美，工艺精巧。是名符其实的梭柱。国内现存古建筑中实例极少。内外柱的侧脚较为明显，几乎无升起。

柱础有两种形式，正面当心间檐柱下为宝相花覆盆柱础，刀法精湛，上加石礩。其余的皆为槓形素柱础。

三、残损现状

延福寺大殿台基极低，以卵石垒墁台帮及台明地面，前檐残存一段简陋的压面石，多有风化残断。后檐及两山三面排水沟很浅，后院地面高于大殿台基约 60 厘米，致使大殿室内地面潮湿发霉，现为水泥画块地面。

下檐柱共二十根，多数完好，只有东北角柱柱心糟朽中空。上檐柱共十二根，其中七根柱在历代修缮时加了付柱。前后檐明间四根檐柱内侧各加一付柱，两山明间檐柱亦在不同侧面加了付柱。经敲击，西北角柱、西山明间两檐柱糟朽中空。四根内柱柱身尚好，东边两根柱头扭裂。

下檐穿插枋十八根局部裂缝，二十根阑额少数局部糟朽。四角梁均糟朽严重。各自枋槫多数糟朽、扭裂严重，木制栱眼壁残缺不整，各角升头木乱拼、乱叠、长短不一。斗栱各种栱件多有糟朽、裂缝、斗耳脱落、斗腰压裂等现象。下檐椽排列稀疏，多数不合规制，大部糟朽严重，望板糟朽严重，出檐过短。

上檐 8 根乳栿均局部糟朽、裂缝。劄牵十二根其中四根朽裂严重。乳栿随梁四根后檐两根属后代更换，不合规制。四椽栿两根尚好，施工时须进一步详细检查。平梁两根局部糟朽。

各种槫三十多根，脊槫、两山平槫、牛脊槫等糟朽、扭裂严重。斗栱外檐部分扭曲严重，内檐部分亦多有糟朽，部分构件在后代修缮时□□（原文不清）了原来的鰿殺手法及风格。上檐无栱眼壁。除□□□□□□□□□□（原文不清）其他部分采用的是民间常用的阴阳瓦直接安放在椽子上，各步椽都不规范，有圆有方，椽径大小不一，椽当亦不合规制，不用飞椽，檐椽头钉遮椽板。

瓦顶无望板、不用苫背，均为板瓦仰、扣，无脊、无吻、兽等构件。两山出际用博风板。悬鱼、惹草均钉在博风板外侧。内用木板条封山。

四、修缮概要

延福寺大殿累经修葺，但主要木构架基本上保持了元代重建时的形制，下檐虽属明清所加，但它亦体现了一段历史，故方案的原则，是保持现状，不落架，局部更换，修复大木构件、斗栱等。椽望、瓦顶按设计图复旧。

（1）平面 台明四面加宽至 1.2 米，压面石 15 × 30 × 100 厘米，保留卵石地面，条石台帮。60 厘米宽条砖散水，做出泛水。散水外侧后、左、右三面卵石叠砌 30 厘米宽、30 厘米深的排水沟。室内地面改用 1.2 × 1.2 尺方砖翻墁。

（2）前后檐装修及下檐板壁保持现状，局部残损处修补加固。

（3）各种柱 凡糟朽、劈裂、残坏超过柱高三分之一者，用相同木质、相同手法以新料更换，柱根糟朽者用相同木质以巴掌榫墩接，榫长不得小于 40 厘米，并加铁箍箍牢，局部糟朽裂缝者以相同木质的木料剔补、镶嵌，必要时用铁箍箍牢。

屋面落架后，抬梁调整柱网的侧脚、升起。

（4）平梁、四椽栿、乳栿、三椽栿、劄牵等各种梁、槫、枋弯曲垂度超过其长度 1% 者、扭曲变形严重者，必须以相同材质的木材拼接，必须更换者亦一定要用相同材质的新材料照原式样原尺寸更换。凡局部糟朽者，用相同材质的旧料剔补镶嵌，必要时在其拼补部位加铁箍箍牢。上下檐角梁要选用与旧角梁相同材质的新料，按原式样、原尺寸制作更换。

（5）上下檐斗栱在历次修缮时更换的构件已改变了原来的风格，这次施工时，慎重勘察，找出元代原有构件，按原式样，放出实拍大样，用相同材质的木料更换、修补斗栱、昂等构件。做砌砖抹灰栱眼壁。

下檐斗栱用相同材质木料更换、修补斗、栱、枋、栱眼壁等构件。

（6）椽望 脊步、金步用石或砖望板，檐步用香杉木铺望板。

现有旧椽直径够大者并无扭裂者继续使用，不足时以香杉添配。檐椽、翼角椽一律以香杉木按设计图尺寸更换。按原制不用飞椽，檐椽头钉遮椽板。遮椽板一律用新料更换。

（7）瓦顶 按延福寺内发现的筒板瓦、勾头、滴水式样，更改为筒板瓦屋顶，按设计图式样，以清式七样瓦尺寸烧制吻、兽、瓦件。

（8）油饰断白 除外檐……（原文不清）。

（9）搭架工程 大殿内外支搭满堂脚手架。江南雨水多，因之要支搭满堂天棚，以利施工。

（10）保护科研项目 白蚁蛀蚀木构件，向来是我国南方木构建筑的主要病害，而且始终没有彻底解决的好办法。然而在数次勘察延福寺大殿的过程中，发现一种十分奇怪的现象，即全寺除大殿外都存在白蚁蛀蚀的现象，唯独大殿不仅没有白蚁蛀蚀，亦未发现其他昆虫（如蜘蛛结网）、鸟类进入大殿。又据当地文管部门多年的观察，一直未发现白蚁蛀蚀及其他昆虫及鸟类对大殿木构件的侵害。这是一种反常现象。曾经走访当地老木工，认为这种现象可能与大殿用材有关，延福寺大殿用材品种较多，如白木（俗称苦槠）、榧木、樟木、楠木、柏木、香杉木、梓木等。大殿这种无虫害现象，是不是一种生物现象？确有必要进一步深入研究。因为其成果对我国南方木构建筑的保护大有好处。为此，建议在修缮大殿的同时，作为一个研究课题，列为计划，进一步研究探索，其意义是不言而喻的。

梁 超

1996 年 10 月于北京

5、黄滋《元代古刹延福寺及其大殿的维修对策》

1933 年，梁思成、林徽因二人曾赴浙江武义考察与测绘延福寺大殿，后来在梁氏的《中国建筑史》中将之引为元代建筑案例，并云“此斗栱全部形制特殊，多不合历来传统方式，实为罕见之孤例”[①]。

自那以后，延福寺在中国建筑史上引起众多学人的兴趣。在张玉寰、郭湖生主编的《中国建筑技术史》和近年出版的《中国建筑历史多卷集的元明卷》（潘谷西主编）中，皆将延福寺大殿列入。1996 年延福寺被公布为全国重点文物保护单位，2000 ~ 2001 年，延福寺进行了最大规模的一次维修，为了保证维修质量，在维修前及维修中不断深入研究延福寺及其结构特征、群体布局，本文即是这一研究成果的概括。

一、延福寺的自然环境与历史沿革

在浙江武义县西南 33 公里的桃溪镇东有一处山环水抱，风景清幽的山谷，占地约有 4000 平方米，松林翠竹之中掩映着一座古刹。寺庙坐北面南，依坡而上，因地处偏僻，又在山村，颇显得清静、古拙，俨然一处修行参禅之地，此即延福寺。此寺可追溯到1000年前，据元泰定“重修延福院记”碑，明天顺七年陶孟瑞“延福寺重修记”碑及《宣平县志》所述，延福寺建于五代后唐天成二年（927年），名福田。宋绍熙年间（1190~1194年）赐名延福寺。不过这个时期的建筑早已毁掉了。根据碑记，现有的寺庙是“元延佑四年（1317年）”由僧德环重建的，继而置田山并立碑记，以后时有修葺。从延福寺大殿保存下的珍贵的元代的结构构件分析，当为元延佑重建时的作品。明代碑记还记录了后来延福寺的修建事宜：明“正统年间……官兵往复，毁宇为薪，存者无几。适靖复业，文碧（涧清）等观法界之残，悉意生殖，数年之间，诸工施作，群废具举，图绘殿壁，修创廊庙”[②]。从现存遗构看，当时的庙宇只剩下大殿了，从大殿下檐所示的斗栱用材及月梁做法来看，下檐就是这次劫难后，“修创廊庙”时或更晚一些时候所加的。清康熙九年（1670年）僧照应重建观音堂西廊，乾隆十年（1745年）僧通茂同徒定明修整大殿，并于当心间佛像上增加了天花，粉底彩绘，同时创建天王殿和两廊厢屋，道光十八年（1838年）住持僧汉书重建山门，光绪三十一年（1905年）僧心洁重建观音堂。20世纪初到50年代，是该寺衰败期，至武义解放时，寺内仅剩一个僧人，50年代初将寺属山田及厢房分给了附近农民。1960年，延福寺公布为省级文物保护单位，文化革命期间，寺内佛像被拆毁。1974年武义县文管会对延福寺大殿作了一次较大的维修，并添配了悬鱼、惹草，对角梁后尾施铁件加固，用抱柱支顶梁栿。但仍因排水、防潮、通风、防腐、防虫及基础加固未及解决，20余年后，再次将保护工程的课题提上日程。

二、延福寺的特征及价值

正确认识延福寺尤其是其元代遗构大殿的特征、全面揭示其价值，是正确选择工程对策的前提，是避免因维修而造成文物损坏、历史信息丧失的一项基础工作。延福寺的主要特征表现在以下几方面：

（1）因循自然环境的布局

延福寺建筑群自南至北为山门、天王殿、放生池、大殿和观音堂，各建筑中轴线并未在一条直线上。粗看起来以为这种不规整的布局是粗心或施工误差，实则不然，沿着大殿、天王殿和山门南行，两次不经意的略微转折之后，站在山门南望，远处称为饭甑坛的山峰赫然在目，大有借得天地之气的感受。虽然我们还未明确查到建寺之时遵循风水形法的记载，但这一格局，并结合其他浙江寺庙的类似特点，可以说延福寺确实是将饭甑坛作为寺庙建筑群的“案山”组织进其环境景观中的。这种通过轴线微差变换使建筑群不仅依山就势而且取得良好景观态势的手法是十分值得当代风景规划借鉴的。这也是过去我们对延福寺的价值认识不足的一点。

（2）抬梁穿斗并用，大小式兼施的结构方式

延福寺的山门为单开间分心造，前后两坡穿斗式，前檐墙作八字形，颇显简朴。天王殿面阔三间，进深八架檐屋，抬梁结构，山缝为穿斗结构，小瓦屋面单檐硬山造。大殿为五开间，重檐歇山式，下檐五铺作，上檐六铺作，抬梁式。观音堂三间主体建筑为六架椽屋用四柱，抬梁结构，两边各设两间夹楼附属用房，穿斗式结构，外观看整体七间，小瓦屋面硬山造，向南连接两间厢楼。

整体来看，早期修建的殿宇为抬梁式，用铺作式斗栱，而晚期的建筑为抬梁与穿斗式并用，檐部斗栱也已从牛腿进一步向装饰化的普通的穿斗构件转化。抬梁、施铺作斗栱的结构形态长期与主流文化相关联，被后人称之为“大式”，而穿斗更多地使用于南方的民间建筑体系中，不仅是小式而且是南方的小式，这样，延福寺建筑群既保存了与主流文化相关联的较为壮观的结构形制，也显示了浙江山区的强烈的地方文化特色。

（3）奇特而合理的柱网与梁架体系

重檐歇山的延福寺大殿是明代增加下檐副阶后形成的，它造成了下檐面阔与进深皆为五间的情状，通面阔达 11.70 米，通进深为 11.75 米，平面几乎呈正方形。若以明以前的上檐而论，则为一约 8.5 米见方的三间小殿，这种三间的正方形小殿是宋元时期小寺庙正殿常取的平面形式，并无特殊之处。奇特的是，前后金柱距前后檐并不相等，前部宽而后部窄，以剖面论则更为奇特，是为八架椽屋用四柱，但前金柱至前檐柱为三架椽，后金柱距后檐柱为两架椽，当心间施三椽栿，栿上平梁一头搭在前金柱上，一头架在三椽栿的襻间斗栱上，平梁上不用侏儒柱，也未存叉手，前槽亦施三椽栿，此种剖面设置在江南木构遗存中所见最早的实例。这种非对称的构件虽为奇特，其产生却又甚为合理，是为了加大前金柱前顶礼膜拜的空间，使唐宋以来小殿方形佛坛演化而来的倒“凹”形佛坛前部空间更为阔大[③]。因此，才不惜突破常见剖面样式而另定侧样。这不但证明了古人的结构安排同样是结合功能和空间需求设计，而且证明了他们设计应变与权衡的能力是非常强的。

大殿的屋盖举架也不同一般，檐椽自正心向后尾伸两椽与角梁转两椽一致，檐椽上不用飞椽的手法与金华天宁寺大殿同。檐部第一架为 4.3 举，第二架为 5.5 举，脊步为 6.2 举，总举高为前后撩檐枋心四分中举一分还弱，这在江南地区是较不平缓的实例。它很可能显示的是一种既不同于宋营造法式的举折，也不同于明代以后举架之法的浙南的另一种屋面剖面做法。

檐柱三间作生起和侧脚，角柱比平柱生起 6 厘米，柱子皆作梭柱，曲线柔和，尤其金柱上下两面均作收分，整根柱子的梭形线条极富弹性，是元代建筑中极少见的梭柱实例。尤其与北方元代建筑不同的是内柱升高，檐柱与内柱之间使用了穿插枋，提高了柱梁的整体刚度。阑额下施一道由额，以间柱上下相连，即为重楣，沿袭了宋构保国寺大殿的手法，在元构遗物中实属罕见。

除了这些特色外，延福寺大殿还有许多与其他浙江元明建筑相同之处。但因延福寺大殿是目前已知的江南最早的元代遗构，因此这些相同之处更成了江南木构技法在这方面最早的元代实例，例如栿上蜀柱下刻鹰嘴与金华天宁寺正殿如出一辙，是江南最早的鹰嘴实例，而弓形劄牵成为明清建筑中弓形单步梁的先声。又如山面梁架作草架状并置于平榑之上，山花出际大，使山花板的收山尺寸仅距正心榑半檩径，颇似后代做法等。

（4）珍贵的斗栱做法

这也主要反映在大殿上，它的斗栱的配置与做法与北方宋元建筑斗栱的较规整的做法差异甚大，因而当年看惯了北方宋元遗构的梁思成夫妇在看了延福寺后，得出了“实为罕见之孤例”的感叹。此后，后辈学者经过数十年中多次的调查与研究，在浙江等地又发现了其他元代和明代的建筑。在这些江南的遗构中，也发现了与延福寺类似的斗栱做法，延福寺已不再是孤例，而是作为代表了江南斗栱形制的较早的珍贵实例而存在。那么哪些做法使得延福寺不同于传统的做法而让梁思成吃惊呢？这主要有：两跳昂上均为单栱素枋，昂嘴宽大，外跳令栱上不用耍头。里跳斗栱为双卷头偷心造，第三跳下昂后尾承托下平榑，而第二跳下昂不平行地托于上层昂的中段，在其上施重栱承罗汉枋，昂下出靴楔。延福寺大殿上檐斗栱用材为 15.5×10 厘米，栔高为 6 厘米，耳、平、欹皆为 4：2：4 之比，卷杀工整。其下檐斗栱为五铺作偷心造，里转三卷头，手法上仿上檐，但单材栱断面已大大缩减，仅有 11.5×7 厘米，栔高仅为 5.5 厘米，较显著地表现了明代及以后的特征。

综上所述，可以说延福寺的价值体现在以下方面：其建筑群体反映了中国古代天人合一观念在建筑选址中的影响，反映了中国古代朴素的自然观，反映了古代建筑处理建筑轴线与地形关系的有机而实用的规划手法。其主体建筑大雄宝殿是中国江南现存的最早的元代遗构，不但折射出《营造法式》中记录的主流建筑体系的成就，也同其附属建筑一道留下了浙南以至更南一些地区的古老的地方做法的印记，甚至蕴含了一些仍有待深入探索的未解的建筑之谜，具有甚高的历史价值、科学价值和艺术价值。

三 维修延福寺的工程技术对策

对延福寺较全面的价值评估为在维修中保存与这些价值相关的历史信息指出了方向，但它并不等于保护工程本身。我们必须通过工程技术手段才能达到保护的目标。由于过去文物保护工作欠债甚多，也由于九十年代以来人们对保护的意义、标准认识的提高，做好保护工程具有较七十年代更高的难度与更严的标准。

我们除了做了延福寺的价值研究之外，也做了现状的灾害调查及其原因研究，延福寺的威胁和隐患有以下几种：

（1）水患。浙南山区降雨量大，山谷常有潜入地下的汇水泾流，延福寺诸建筑台明低矮，基础简陋，大殿后檐及两侧山面排水沟浅小，多年维修不足，地下泾流对地基的冲蚀及地基浸水软化导致檐柱等不均匀沉陷达 9 厘米之多。

（2）潮湿与霉变。因地基浸水，在毛细管作用下，地下水上升，加之以往维修失策，通风不畅，大殿室内地面严重潮湿，地面、墙面、佛台常年生长青苔，木构件朝殿内一侧也生长霉菌。

（3）虫害与糟朽。潮湿加速了白蚁的滋生，多根柱子外皮虫蛀，局部糟朽以至中空，各处梁栿局部朽烂、中空和开裂，构件强度降低以至局部丧失了强度后，梁架随地基沉陷时严重扭曲变形与榫卯劈裂。

（4）人工维修不当的破坏。如大殿次间在以往维修中未开门窗导致通风不畅，大殿前放生池增添了钢筋混凝土护栏，与形制不符，1956 年、1974 年两次维修屋面时因木材窘迫将椽头、角梁头锯短，使立面形象失态。

有了方向，又找到现存的灾害源头，我们就制定了维修工程方案。为了保护好历史遗产，最大限度地保存历史信息，一方面要用治本的办法，根除隐患，另一方面又要尽量保留原有构件。我们近年的工程实践说明了遵循《文物保护法》和国内外有关古建筑修复准则中的规定，是维修工程的基本指导原则。这一规定就是：“不改变文物原状，补齐缺损的结构构件；真实、全面地保存并延续其历史信息；保护现存实物原状，并以现存的有价值的实物为依据；不追求统一，以致冲淡明清修缮的时代特征”。但如何针对延福寺存在的问题把握好维修的度仍然颇费斟酌，我们最后采取的技术对策是：

（1）消除水患与霉潮虫威胁。将大殿后檐及两侧山面的排水沟挖深 50 厘米，使长年的汇水泾流水位降低，阻止侧向渗水。为确保室内干燥，铲除残破的三合土地面，然后挖去室内填土约 35 厘米，以块石做垫层，其上铺素砼找平，再用沥青卷材防潮层，用来阻止地下水的毛细上升，达到改善室内潮湿状况。另又根据 1934 年梁思成先生赴延福寺调研的测稿显示，两侧山墙东西向前后各有门窗，故此次方案采取还原历史原貌，恢复门窗，有利于室内通风，确保室内干燥，消除生长霉菌和粉蠹的环境条件。延福寺大殿主要害虫为长蠹科中的竹蠹，为了有效杀灭虫害，工程中采用“帐幕熏蒸法”防治杀虫方案，选用磷化铝粉剂和片齐（有毒），经过 15 天的熏蒸有效杀灭虫害。

（2）适当纠正柱网变形。在维修和改进地基的条件下对柱网沉降、构架扭曲采取局部调整，不求地面水平而是根据柱头标高的相对平整度进行柱底抄平，拔正柱梁，脱榫基本归位即可，因为经过 680 余年的变化，材料压缩变形所产生的缝隙已无法合榫严实。

（3）尽可能保留原有构件，尽可能保存原状形制。有的虽然糟朽但所处的位置非承重构件，一般只经修补而不采用换新办法，只有该构件无法继续承载且对文物安全留有隐患时予以更换。对后人已更换过的构件，虽有明显的年代差异，此次维修也不做任何改动，保留这部分的历史信息，但去掉 1974 年维修时所加的悬鱼，还原杉木圆椽，恢复两次维修被锯的椽子长度，使立面外观比例更适度。虽然殿外清淤时发现许多筒瓦、勾头，但考虑到板瓦屋面的形象早已在人们的印象中形成，不再做恢复筒瓦屋面而保持板瓦形制。由于构造的需要只是屋脊采用瓦条垒筑。

（4）新旧可识别的处理方式。对柱梁的修补和新换的构件在隐蔽处皆刻上年号标记，在外观上采取做旧处理，大效果求得基本统一，但与老构件又有所区别，能够辨别新旧构件。因此断白处理采取原有刷红的檐柱以下部分包括额枋和柱子此次仍采用桐油掺红土刷色断白，其余一律刷清油，保持原有的木纹和苍老的肌理。

注释

① 梁思成《中国建筑史》，《梁思成文集》三。

② 明天顺七年（1463 年），《延福寺重修记》碑。

③ 陈从周《浙江武义县延福寺元构大殿》，《文物》1996 年第 4 期。

六、行政文件

1、国务院关于公布第四批全国重点文物保护单位的通知【1996】47号

062

0000795

国发〔1996〕47号

国务院关于公布第四批全国重点文物保护单位的通知

各省、自治区、直辖市人民政府，国务院各部委、各直属机构：

国务院同意文化部提出的第四批全国重点文物保护单位（共计250处），现予公布。

我国是具有悠久历史的文明古国，拥有极为丰富的文物。保护和利用好这份珍贵的历史文化遗产，对于正确认识中华民族的发展历史、继承和发扬民族优秀传统、增强民族自信心和凝聚力、建设有中国特色的社会主义，有着

— 1 —

重要的意义。望各地依照《中华人民共和国文物保护法》等法律法规，进一步贯彻“保护为主，抢救第一”的文物工作方针，认真做好本地区内全国重点文物保护单位的保护、管理工作，使之为弘扬中华民族文化和促进社会主义物质文明、精神文明建设发挥更大的作用。

一九九六年十一月二十日

066

115	37	姬氏民居	元	山西省高平市
116	38	牛王庙戏台	元	山西省临汾市
117	39	绛州大堂	元	山西省新绛县
118	40	榆次城隍庙	元～清	山西省榆次市
119	41	霍州州署大堂	元	山西省霍州市
120	42	真如寺大殿	元	上海市普陀区
121	43	延福寺	元	浙江省武义县
122	44	南阳武侯祠	元～清	河南省南阳市
123	45	南岩宫	元、明	湖北省丹江口市
124	46	德庆学宫	元	广东省德庆县
125	47	七曲山大庙	元～清	四川省梓潼县
126	48	韩城大禹庙	元	陕西省韩城市
127	49	兴国寺	元	甘肃省秦安县
128	50	大高玄殿	明	北京市西城区
129	51	历代帝王庙	明、清	北京市西城区
130	52	北京鼓楼、钟楼	明、清	北京市东城区
131	53	蔚州玉皇阁	明	河北省蔚县
132	54	万里长城一紫荆关	明	河北省易县
133	55	毗卢寺	明	河北省石家庄市
134	66	千佛庵	明	山西省隰县
135	57	美岱召	明	内蒙古自治区土默特右旗
136	58	万里长城一九门口	明	辽宁省绥中县、河北省抚宁县
137	59	綵衣堂	明	江苏省常熟市
138	60	诸葛、长乐村民居	明、清	浙江省兰溪市
139	61	蒲壮所城	明	浙江省苍南县

2、国家文物局关于武义延福寺大殿修缮设计方案的批复【2000】752号

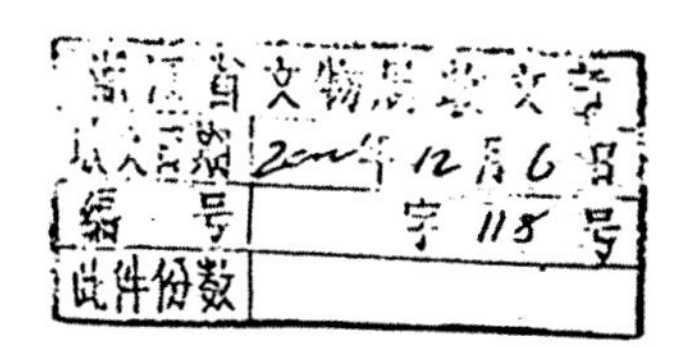

099

国 家 文 物 局

文物保函[2000]752号

关于武义延福寺大殿维修设计方案的批复

浙江省文物局：

你局《关于武义延福寺大殿维修设计方案的请示》[浙文物（2000）52号]收悉。经研究，我局原则同意所报设计。屋顶用瓦保持现状，不宜改变用瓦种类。工程实施中注意工程资料的收集和整理工作，为竣工报告的出版作好准备。

此复。

二〇〇〇年十一月十四日

抄送：本局计财处

国家文物局办公室秘书处　　2000年11月17日印发

初校：罗　丽　　终校：许

3、国家文物局司室函件关于延福寺修缮设计方案的批复【1998】57号

国家文物局司室函件

浙江省文物局收文章
收文日期 98年6月1日
编号 字64号
附件份数
15

保函（1998）57号

关于延福寺维修设计方案的批复

浙江省文物局：

你局浙文物（1998）37号《关于武义延福寺维修设计方案的请示》收悉，经研究，现批复如下：

一、原则同意你局对延福寺维修方案所提出的七点意见，请尽快组织对方案进行修改并做出施工图报我局审核批准后实施。

二、方案修改时请注意以下两点：

1、要补充壁画保护和白蚁及虫害防治方案。从照片上看一些柱子已发现了较为严重的虫害，尤为粉蛀普遍。

2、更换木构件要慎重，不宜照搬“规范”，要从文物保护实际出发，尽可能在强度允许情况下维修使用旧有构件。

国家文物局文物保护司

一九九八年五月二十五日

国家文物局文物保护司　　1998年5月25日

初校：傅清远　　终校：晋宏逵

4、浙江省文物局关于武义延福寺修缮设计方案的请示【1998】37号

浙江省文物局文件

浙文物[1998]37号　　签发人：陈文锦

关于武义延福寺维修设计方案的请示

国家文物局：

我局收到武义县人民政府《关于要求给延福寺大殿列项维修的请示》（武政[1997]127 号）和《浙江省武义县延福寺大殿方案设计概说》、图纸、照片、预算等。经初步审阅，认为该方案基本上是可行的，但部分内容尚需作进一步的调整和完善。考虑到延福寺大殿是江南著名的元代木构建筑，具有很高的历史、科学价值。因此，应当尽可能地保存各时代的历史信息，包括明、清更换的部分。现就有关问题提出如下初审意见：

一、图纸所示两个方案，均为将大殿小青瓦顶更换成筒瓦并新做正脊、垂脊、戗脊及新做吻兽的方案，是否有必要按常规的寺院大殿做法进行“复原”，依据似不足，建议再作些研究、考证。

二、关于台明，方案要求将台明加宽至1.2米， 依据是什么不明确。

三、关于柱网，方案要调整柱网的侧脚、升起，似无必要。柱无升起或许正是此殿的做法。

四、关于斗栱的维修，我们认为元、明、清各代的遗物，只要保存较好均应保留，不必均换成元代风格的新斗栱，但有必要弄清楚各部分的时代，并做科学的记录。

新做砖砌抹灰的栱眼壁，似无依据，据我们的调查，浙江现存的几座宋、元木构建筑，斗栱间均无砖砌的栱眼壁，民居中有夹竹黄泥抹灰的栱眼壁，建议仍保持空透的原状。

五、据了解，延福寺大殿有粉蠹虫存在，对木构造成较大的危害，方案应对此采取有效的治理措施。

六、施工前应详细检查各部分的残坏情况，制订具体施工方案。

七、鉴于延福寺寺内现在的环境及其它各建筑的状况，应当制订一个寺院环境整治、排水系统及各个建筑修缮的总体方案，分期实施。

以上意见供参考。现将方案报上(方案图纸等已寄去)，请审查、批复。

浙江省文物局

一九九八年四月三日

主题词：文物　保护　方案　请示

抄送：省文化厅

共印：28份

浙江省文物局办公室　　　　一九九八年四月三日印发

5、浙江省文物局文件关于不准在省级文物保护单位延福寺内重塑佛像的函【1993】53 号

浙江省文物局文件

(93)浙文物考字53号

关于不准在省级文物保护单位延福寺内重塑佛像的函

武义县人民政府：

最近，我局得知你县桃溪镇某些人擅自在省级文物保护单位延福寺内重塑佛像，这是严重违反国家有关文物保护法规的行为。延福寺是我省乃至江南地区仅存可数的几处元代木构建筑之一，具有很高的历史、科学、艺术价值。早在1961年即被公布为第一批省级文物保护单位，今年又将作为第四批全国重点文物保护单位的推荐对象上报。寺内塑像早已无存。根据国务院宗教事务局、文化部和城乡建设环境保护部联合下达的《关于作为宗教活动场所的佛道教寺观不得收取布施、出售宗教用品的通知》、文化部《关于不作为宗教活动场所的寺观教堂等古建筑不得从事宗教和迷信活动的通知》和《浙江省文物保护管理条例》等规定，凡由文物部门管理，不作为宗教活动场所，又没有宗教职业人员和宗

教活动的寺观，不得设立功德箱收取或变相收取信徒的布施和捐赠，不得出售宗教用品，更不得搞任何宗教和迷信活动。凡已毁损无存的宗教塑像，不准重塑。又鉴于省级文保单位延福寺在我国建筑史上具有重要价值，我局不同意将延福寺作为宗教活动场所，不得进行宗教活动。为此，请你们采取有力措施坚决制止在延福寺内塑像，立即拆除已塑的像，切实保护好这处重要的文物建筑，并请将处理结果告我局。

浙　江　省　文　物　局

一九九三年六月二日

抄报：省府办公厅、省文化厅、省建设厅

抄送：省宗教局、省考古所、金华市府办公室、金华市文管会、武义县文化局、县文管会、桃溪镇人民政府

七、延福寺修缮工程竣工报告

浙江省文物局：

全国重点文物保护单位延福寺的修缮工程，在国家、省、市文物部门的关心、支持下逐步开展。自1999年5月县人民政府建立修缮领导小组开始，有条不紊地组织人员开展采购备料、资料搜集、测绘、修缮设计和施工等各项工作。整个修缮工程历时两年之久，于2001年12月竣工并通过验收，主要完成延福寺大殿及寺内其它殿宇和厢房的修缮，完成一座清代花厅搬迁、放生池石栏杆新制、排水沟挖深、地面铺装更换等周边环境的整治。在修缮过程中，严格遵守文物修缮“不改变原状的原则”，尽量多保留历史信息，严格按照原有的法式特征、风格手法、构造特点和材料进行修缮。

竣工报告具体内容如下：

1、延福寺建筑的概况和价值

延福寺在平面布局上采取中轴对称的布置方法，单体建筑个体间在朝向上略有转折，显现出古代建筑在选址、布局上的风水观念。中轴线上的建筑依次为山门、天王殿、大殿、观音堂、两厢等。寺院内除元代大殿外，还有明、清两代所建的建（构）筑物，较好地反映了寺院延续发展演变的历史。

大殿为重檐歇山顶建筑，下檐系明天顺年间修理时添加。元代遗存部分面宽、进深各为三间，平面呈方形，沿袭了唐宋小殿作方形平面的形制。根据功能需要，其柱网布置灵活。当心间面阔达4.54米，与两次间之比大于二比一；进深方向前檐用三椽栿，增加了膜拜的空间。殿内四内柱之间置佛台，平面呈倒凹形，乃沿用唐宋以来佛台的配置方法。

大殿梁架结构介于厅堂和殿堂之间，采用抬梁式结构，彻上露明造。各种梁栿均为月梁做法，琴面卷杀；劄牵皆作弓形，有很大的弧度，现存江浙地区元代建筑中仅延福寺大殿留有该种形制构件，与日本的鎌仓、室町建筑中被称为“海老虹梁”的构件形制相似，是“海老虹梁”源于中国的实物证据。前槽三椽栿背部置蜀柱，作瓜柱形，下端刻作鹰嘴状。柱子采用“侧脚”和“生起”的做法；柱为梭形，柱头卷杀，曲线柔和，比宋《营造法式》所说自柱之上段三分之一开始者挺秀许多，为我国现存早期古建筑实例中少见。两厦出际很长，从檐柱柱心收进半檩径，比清官式收进一檩径还长，与一般宋、元建筑正脊较短相悖。

上檐东、西两缝梁架侧样为八架椽屋，前槽、内槽三椽栿对后槽乳栿用四柱。平梁上不用侏儒柱，置栌斗重栱和丁华抹额栱，但无叉手。檐柱柱头之间用阑额连接，阑额之上直接承补间铺作，不用普柏枋，明显与《营造法式》的规定相同。此外，两山檐柱与内柱之间在乳栿下置穿插枋，各槫缝下襻间斗栱，或用重栱素枋，使整体梁架具有良好的强度和稳定性。

上檐斗栱单材 15.5×10 厘米，足材 21.5×10 厘米，相当于八等材。外檐斗栱为六铺作单杪双下昂，第一跳偷心，里转出华栱二杪偷心。柱头铺作第一跳下昂后尾插入正心素枋与三椽栿和乳栿头相交，似插昂做法。下昂采用真昂，昂头弧出，顱杀有力，昂嘴外伸很长，下端特大，昂底阴刻线脚，为国内现存实例中所不多见。下檐斗栱用材为 11.5 ×6.5 厘米，双杪五铺作单栱进，第一跳偷心，内转出三杪单栱计心，手法仿上檐斗栱，然不及上檐老成。

下檐除开窗设门的位置外，在室内及后檐次间外墙的墙面上绘有山水壁画及墨书题字，共计 18 幅。

据寺内现存的元泰定甲子刘演《重修延福院记》碑记载，大殿应是元延祐四年（1317 年）重建的，这是明确的建殿年代，比金华天宁寺正殿尚早一年。另据明天顺七年（1463 年）陶孟端《延福寺重修记》碑所载，可推定大殿下檐为明代天顺年间所加建。又据大殿当心间阑额和东次间乳栿下的题记，清康熙、雍正两朝再次进行过维修。

延福寺大殿是我国江南现存元代建筑中年代最早的，其梁架结构较多地保留了宋代建筑的风格和特点，是研究我国江南古代建筑从宋代到明代这一过渡时期的重要实物例证。

2、大殿的残损情况

由于大殿地处山坳，常年有地下汇水泾流，加之台明阶基低矮，后檐及两侧山面的排水沟较浅，致使大殿室内地面潮湿发霉，一年除夏季外均长青苔。现大殿仅前后檐明间开门窗，通风较差，木构易长霉菌，粉蛀较为严重。

由于大殿下檐柱放置在原台明的阶沿石上，柱基未另做处理，加之土层潮湿软化，导致外檐柱基础不均匀沉降达 9 厘米，上檐柱不均匀沉降为 5 厘米。明代加宽部分的台明以卵石垒墁，仅前檐残存简陋的压面石，亦风化残断。殿内三合土地坪残破不堪。

四根内柱上段三分之一外皮虫蛀严重，下段保持完好。西山两根平柱及前檐东平柱白蚁蛀蚀中空，外皮虫蛀霉烂。其余的上檐柱均有不同程度外皮虫蛀、局部糟朽。由于柱基沉降导致梁架向西北倾斜、檐柱轴线严重扭曲变形。

上檐各种梁栿均有局部朽烂、蛀蚀中空、裂缝的现象。有四根劄牵严重朽烂，部分额枋断榫、糟朽，故于1974年修缮时在由额下增加木枋、抱柱支顶加固。罗汉枋、撩檐枋、檐槫有半数严重糟朽，柱头枋约三分之一朽烂、扭裂。角梁头均被后人修缮时锯断，后尾不同程度拔榫劈裂。

上檐斗栱外檐部分朽烂相当严重，部分斗栱整体向外倾覆位移，尤其转角斗栱霉烂糟朽、断裂、脱落较多。清乾隆年间修缮时外跳令栱向内平移了16厘米，这时更换的二跳下昂亦缩短了16厘米，显得比例欠佳。1974年修缮新换的部分斗栱改变了栱瓣卷杀、欹䫜部分的时代风格。

屋面椽子有方有圆，经勘察10厘米的杉木圆椽为元代遗构，松木方椽为后人所换。后换方椽用材尺寸大小不一，糟朽也相当严重。因椽头朽烂、参差不齐，1974年修缮时被锯短约25厘米，并增加了封檐板及悬鱼、惹草。故上檐椽子出檐显得短小，屋盖和柱高比例很不相称。

现瓦顶为阴阳合瓦直接安放在椽子上，不用望板苫背，亦无滴水花边瓦，与大殿的等级和木梁架的细腻程度极不相称。1974年在大殿西侧做水沟挖出了筒瓦、重唇瓪瓦、宝相花纹的勾头若干。

下檐柱多数完好，东北角约有三根柱糟朽中空。有少数额枋局部糟朽。由于下檐柱沉降严重，梁架扭曲变形，部分乳栿拔榫扭裂，槫、枋、生头木均有不同程度糟朽，尤其生头木用料长短不一，乱拼、乱叠。斗栱部分由于后人修缮时形制改动较多，显得散乱，栱件多有糟朽、裂缝、斗耳脱落、劈裂等现象。下檐椽排列稀疏，大小尺寸不甚规整，亦有部分糟朽，望板霉烂。

大殿前水池1974年修缮时添加混凝土护栏，形制欠佳，且已残损。

3、测绘、设计单位、施工单位

1996年5月，由梁超高工带助手来延福寺测绘，进行初步方案设计。1999年5月浙江省古建筑研究设计院对延福寺再次进行深入调查、研究、测绘，进行具体的修缮设计。施工由县文管会组织本地老泥工、木工，以点工计酬方式实施。

4、开工、竣工日期

1999年5月落实修缮工程领导小组的组织，开始备料。对大料破开、晾干，同时深入摸清大殿残损、结构变化、构件各时代特征、对各构件编号、钉牌等等，充分做好修缮前准备工作。2000年5月正式动工修缮。2001年12月底竣工。

5、修缮工程的经过情况及如何解决一些疑难问题

修缮中严格遵守由文化部颁发的《纪念建筑、古建筑、石窟寺等修缮工程管理办法》，确保延福寺修缮任务能顺利完成，做到以下几个“坚持”。

（1）充分掌握历史信息，坚持不改变原状的原则

从群众中和资料中得知，1934 年我国著名古建筑专家梁思成夫妇到延福寺进行过考察测绘，那时的延福寺与现存有否区别？特别是解放后经过两次修缮，檐口椽被锯短，但到底锯短了多少？有没有依据？

通过工作，从清华大学建筑学院梁夫人林洙女士那里得到部分有文物价值的测绘图纸，虽然没有细画檐口椽的长度，但得知正面和后两侧各有花窗和边门，使大殿更通风通气，降低潮气和滋生霉菌，减少粉蛀和白蚁的侵害。

现场勘察中发现二十根昂额上有三角形槽口，以此推测上檐结构的变化。这二十根昂，昂体下边两侧有一条 2 厘米宽的阴刻槽，而且大部分因昂嘴糟朽被锯短，其制作手法老练，木质老化程度高，可断定是年代较早的昂。是寺内原有的呢？还是从其他地方拆卸过来的呢？当拆下上檐椽后才发现，撩檐枋、外拽枋和正心枋的间距不等（应相等），撩檐枋内移了 16 厘米。说明元代始建时，间距相等，后代修缮时内移了，这是个重大发现，最终确定有三角形槽的昂是元代原物。即使短一点，不糟朽就不更换。

另外，要不要恢复元代原貌呢？

要恢复很多构件就不能用。古建筑专家李竹君高工在延福寺考察时认为应“保持原状，不要纠正”。

具体勘察时发现，现存上下檐大部分为松木方形椽，为后人换。而本地现存明清建筑均为圆形椽，这次修复是沿用方椽还是改为圆形椽？在拆上檐椽时发现，四角尚保留有粗 10 厘米的圆形椽木四十余根，从椽木的糟朽和腐蚀程度，应为元代遗构。这正符合本地民间明代建筑的用椽风格，粗而圆。为此，修复设计采用上檐圆椽，下檐方椽。

在风貌修复设计时，深入调查研究，挖掘历代遗存，确定修复的历史时期和具体的法式特征、风格手法、构造特点。在瓦件形式确定方面，因历史上大殿经过多次修缮，其元代早期瓦件现已无存。1974 年，大殿大修挖水沟时发现过元代勾头，修复中采用了出土勾头的图案样式。在斗、栱、昂构件修复方面，历史上多次修缮使构件留下各个时期的历史风格，根据时代特点我们在元、明两个时代同一类构件中各选 5 件，并逐一对构件尺寸进行记录，之后通过分析对比，找出“标准”构件绘制图纸。根据实物制作样板，工人们就以此为标准，

制作新构件。每个构件是否要调换，首先经过办公室技术人员挑选，大构件经黄滋副院长决定。历史构件经贴补、拼接、镶嵌等修补后，能用的尽量采用，力争保留较多的历史信息、保持原有的风格手法。新制构件在隐蔽处写有“2000年”字样，同原有构件进行标识和区别。延福寺大殿周围空地、道路、水沟都不铺石板，基本采用鹅卵石铺装、砌筑。为了保持原有风貌，仍采用卵石，保持乡间寺庙的风格。

（2）保证大殿用材质量。延福寺大殿由于选材好，常年不生蜘蛛网，麻雀不在此筑巢。经过认真检查木构件材料质地，大殿用材为柏木、苦槠木、杉木、樟木、榧（红、白）树（又称红豆杉），均为较珍贵树种。因此，修缮时坚持选用原有树种和材料，保证大殿用材质量。同时，提前一年备料并对修缮所用木料放置、干燥，但是由于购置的新木料干燥速度较慢，又采购了20立方米的优质硬木旧料，来补充干木料的不足。

（3）坚持质量第一。首先对施工人员进行专业培训。参与施工的木工和泥工虽然都是本地已有几十年工龄的老工人，有些还参加过1974年的延福寺大修，但是他们基本上是建造民房出身，没有接触过大木营建和修缮，对修缮理念的理解和认识存在一定的差距，在木构件尺寸处理上相差三五厘米不当回事，可以说培训前施工人员修补技术粗糙、构件制作不到位。因此，黄滋副院长、黄青副研究员以及李竹君、杨新等专家，对工人进行现场培训、指导、手把手的教，又重点培训一批较年轻、脑子反映快的工人作为技术骨干。这样，通过多次的现场讲解培训，施工人员思想观念和修缮技术提高较快，达到修缮施工的要求。另外，为保证质量，施工过程中黄滋和黄青副研究员定期来延福寺对施工进行检查和指导，现场解决修缮施工中出现的疑难问题，纠正不当维修。在安装下檐檐口柱时，图纸要求全部拉直，结果原来的乳栿都过短，榫卯不能吻合，经专家现场查看后决定恢复向内侧脚。在盖瓦和制作屋脊时，出现两垂脊高度和宽度不一致以及垂脊高于正脊的问题，经专家查看后决定各脊下降4～8厘米高度，高宽不一的垂脊重新返工。

同时，为保证质量，柱网调正做到一丝不苟。大殿修缮前发现在同一枋上的斗，槽有深有浅，昂头翘角有高有低，斗栱扭曲，歪闪变形较大。究其根源，应是由地基沉降引起的，而这一问题在历次修缮中均未进行调整。现状勘察测量后，发现外檐柱头高低差达9厘米，上檐柱5厘米。为调正柱头高低差，工人们用土办法，以两只千斤顶，一根根的调正，反复多次，调整后将高差控制在0.38厘米左右。在大殿防潮方面，深挖室内地坪，做好地面防潮。室内原三合土地面，设计要求挖去20厘米。然而，铲除20厘米表土时发现，土质松软，而且人站上去会下陷，因此决定深挖到50厘米，再用直径30～40厘米块石铺底嵌紧，各柱之间用块石紧砌，使磉盘在重压下也不会移动，再铺小卵石并5厘米三合土夯平，用柏油和油毛毡铺过，再新配40×40厘米的地砖。在大殿防虫方面，聘请北京专家到现场制定专项保护方案，专家提议用药水刷构件、用塑料布包一段时间或是熏蒸。专家来时斗栱已安装完毕，无法包封，只有采用熏蒸的办法，将大殿用塑料布包封，再用磷化铝极毒药熏蒸半个月，达到预期效果。

6、经费使用情况

在经费开支方面，严格执行财务制度和审批手续，强调专款专用，规定审批权限，防止浪费和贪污挪用。审批权限，500元以下修缮办公室常务副主任批；500～5000元县教文委副主任、修缮办公室主任批；5000以上请示副县长兼修缮工程领导小组组长同意。如购买木料，按质论价，对几处木料市场的价格、质量比较之后再确认签合同。又如，搭设大殿工棚架时，从寿命、牢度、施工时间等因素考虑，合理使用经费。在木材使用上，由木工组长、老木工专职取料，按用材的大小，长短由一人定，做到小材小用，大材大用，合理用才，防止乱取乱裁，浪费木料。

至2003年12月止，支出情况：工程款3.3373万元，材料款42.1129万元，办杂费18.1138万元，工资34.6626万元，修复设计费6.5万元，其他13.63万元，合计支出116.1566万元，尚余13.8434万元，用于出版修缮报告一书。

以上报告，不当之处，请批评指正。

武义县延福寺修缮领导小组

2003年12月10日

八、延福寺大事记

唐天成二年（927年），“因其胜而刹焉”，名福田院。

宋绍熙甲寅（1194年），改名延福寺，赐紫宣教大师守一拓其旧而新之，“建佛有阁，演法有堂，……栖钟有楼，门垣廊庑”，仓库、厨房样样俱全，佛像重塑，金碧辉煌。

元延祐四年（1317年），“因旧谋新，四敞是备，独正殿岿然，……岁月悠浸，遽复颓圮。……广其故基，新基遗垣。”

元泰定甲子年，刘演刻碑《重修延福院记》。

明正统年间（1436～1449年），宣慈矿工起义，官兵复往，殿宇为薪，存者无几。

明天顺七年（1463年），僧文碧、涧清重修，建廊厢，图绘殿室。刻《延福寺重修记》碑。

清康熙九年（1670年），僧照应重建后殿及两廊。

康熙五十四年（1715年），菊月僧普惠通德重修。

清雍正八年（1730年）~乾隆十三年（1748年），僧通茂同徒定明屡次修整大殿，创建天王宝殿，并两廊厢房21间，装塑天王金身4尊。

乾隆九年（1744年），释迦和阿奈倒塌，于第二年（1745年）重塑金身。

道光十八年（1838年），住持僧汉书重建山门，同治四年（1865年）住持僧妙显重修。

民国十八年（1929年），宣平县署对延福寺作全面登记入册，注明延福寺建于后晋天福二年（937年），佛像24尊，神像6尊，房屋26间，计面积3亩，耕地111.369亩，山地5亩，僧3位，僧德元名丁承标，僧志周名杨文华，僧志信名吴长林。

民国二十二年（1933年）6月16日，浙江省教育厅教字第1152号训令宣平县政府，指出："宣平县陈育仁去函件反映陶村延福寺为千年古筑，如果实系古代建筑，自应予设法查明保护。"同年12月25日，宣平县政府发训令"查明保护"。

1934年11月，著名古建筑专家梁思成、林徽音夫妇到延福寺考察，测绘记录延福寺大殿，得出了"（大殿）实为罕见之孤例"的感叹，并在《营造法式注释》和《中国建筑史》中对其进行了详细的介绍。

1954年

1月29日，浙江省文化事业管理局化社（54）字第112号文件通知宣平县人民政府中指出："延福寺为江南罕有的木构古建筑，应加以保护，因我省缺之懂得该项建筑的人才，对该寺的损坏不能大修，目前为防止倒塌，决定进行小修……"。

3月20日，宣平县人民政府民字第537号文件，编造修缮计划及财经预算上报省文化局。

4月5日，浙江省文化事业管理局化财（54）字第698号文件批复拨修缮经费600万元（旧币）。宣平县人民政府指派文化馆陈挺生负责延福寺修缮任务。

4月20日，修缮工程动工，5月底竣工。

6月6日，总结上报。实支付修理款530.3万元（旧币），余款及时汇交浙扛省文化事业管理局。

1958年，延福寺被生产队占用，作灰铺、牛棚。

1959年，柳城区文化站干部吴雪雄向省里反映被占用一事。浙江省文物管理委员会（59）浙文秘字第190号文件下达永康县（武义并入永康）人民政府，指令转知桃溪公社，加强古建筑的保护。

1960 年 3 月，浙江省人民政府公布延福寺为浙江省重点文物保护单位。

1962 年，延福寺进行第二次简单修缮，增设东侧一条围墙。

1965 年，疏通阴沟积水，制作省保单位标志碑。

1966 年，“文化大革命”开始，延福寺遭受罹损，大殿元代佛像被毁。整个寺院被陶村大队占为养蚕、养猪和生产队保管室，但大殿仍由区文化站封门管理。

1973 年 9 月 5 日，筹备修缮延福寺，县革委会政工组下文建立修缮领导小组，组长朱燕、副组长贾发根、薛天申，组员童炎、陈尉、涂志刚、陶勤芳、陶明志。

1974 年

2 月 20 日，童炎、陈蔚、涂志刚和修缮延福寺木工一行 5 人，去宁波保国寺等地参观学习修缮经验。

3 月 11 日，省文管会拨款 1 万元修缮费。时值“文化大革命”，得不到古建筑专家的指导，工程管理人员也是第一次接触古建筑修缮，不懂修缮技术，只得采取逐步落架，以“葫芦画瓢”的方法制作已损坏霉烂的构件和以“伤兵带拐棍”的手法来支撑有“问题”的梁架，以保持不塌不漏，待后在专家指导下再修。特别成功的是请农村建屋师傅，以土办法矫正了已向西倾斜的大殿。

12 月，修缮工程竣工。陶村大队搬出在延福寺的保管室、养蚕场、养猪场。县文管会设专人管理。

1975 年 3 月，延福寺举办出土文物、革命文物和古建筑图片展览。

1977 年

10 月 24 日，武义县委决定把延福寺开辟为会议招待所。

12 月，完成停车场、厕所的新建以及观音堂、厢房、厨房的维修，兴办武义县会议招待所。

1978 年

3 月 2 日，全国古陶瓷研究会在延福寺召开，历时 5 天。

7 月，武义县会议招待所停办。

8 月 27 日，《浙江日报》刊登《元代建筑延福寺》一文，介绍古建筑艺术价值。

8 月 15 日，后殿西侧厢房三开间复建。

1983 年

10 月 25 日，浙江省文物局批准建立延福寺文物保管所。

8月20日，东厢房三开间大修，同时加固、修复围墙，共耗资6836元。

1987年，潘洁滋先生请赵朴初先生为延福寺书写“延福寺”匾，原稿交原桃溪区委保存。

1988年4月6日，编制延福寺大修预算，上报浙江省文物局。

1989年

6月16日，动工修缮由于白蚁危害而倒塌的延福寺山门，浙江省文物局拨款1万元。同时修缮两侧围墙、添瓦、粉刷。

8月5日，修缮竣工。

8月23日，武义县白蚁防治站为延福寺施药防治白蚁。

1990年

3月19日，浙江省文物局派专家检查武义县文物库房和延福寺的安全保护情况。

1991年

6月16、17日，国家文物局古建筑专家梁超和她的助手杨新，在浙江省文物考古研究所古建筑修缮中心副主任黄滋的陪同下，前来延福寺考察，对延福寺的保护和修缮提出宝贵意见。

11月9日，浙江省文物局拨款修缮省保单位延福寺、吕祖谦墓、上甘塔红军标语等，修缮费5万元。

1992年

12月19日，武义县委书记阎寿根、代县长蒋岩金（刚从永康调来）、人大主任芦志龙在参观省级文物保护单位吕祖谦墓（包括明招寺）时指示：“搞群众集资，把延福寺、明招寺的佛像恢复起来，明年要作为文管会的一件任务抓好它。”

12月26日，遵照武义县领导的指示，由桃溪镇、陶村村委、县第三建筑工程公司、文管会办公室参加组成“延福寺修复筹备委员会”(实为恢复佛像工作班子)，由11人组成。

1993年

3月16日，延福寺动工塑佛，已筹集募捐款2.4万元。

4月2日，提交申报延福寺为第四批全国重点文物保护单位材料。浙江省文物局拨款经费2万元，用于延福寺防治白蚁、疏通阴沟。

5月26日，浙江省文物局博物馆处处长陈文锦至延福寺，明确指出：不能在延福寺恢复佛像。并召集镇、村、筹备会成员阐明不能恢复佛像的道理。

6月7日，浙江省文物局给武义县人民政府发《关于不准在延福寺重塑佛像的函》。武义县蒋岩金县长对此指出：(1) 此事的责任在我们，由县府负责。(2) 已塑好的佛像不能搞掉，保存不动。(3) 处理好延福寺与镇的关系，寺的管理权限永远属于文管会不变。(4) 加强防火安全工作。(5) 今后再找机会向他们解释。

6 月 21 日，武义文化局局长陈锐安，带文管会办公室 3 位同志到延福寺传达浙江省文物局不准在延福寺塑佛和蒋岩金县长的指示。

7 月 10 日夜 9 时 10 分，延福寺天王殿明间右缝月梁（直径 58 厘米）突然断裂，牵动明间全部倒塌。倒塌原因是白蚁的严重危害使松木月梁成为空壳，加上 6 月份以来长期阴雨，甚至暴雨，加重瓦和木构件的重量，而引起倒塌。

7 月 21 日，金华市文管会副主任陈为民、办公室副主任黄青到延福寺了解灾情。

23 日，向浙江省文物局汇报延福寺灾情。同时抢救工作立即上马，月梁采取五根杉木拼接而成。于 8 月底修复竣工。

12 月 19 日，延福寺举行"延福寺修复竣工剪彩典礼"，到会的有金华市、武义县委、县府、各部、委、办、局、厂矿领导，以及各乡镇领导和群众三万余人。

1994 年

1 月 26 日，武义县副县长、文管会主任傅美桃颁发：武文管（1994）2 号《关于延福寺文保所组成人员通知》，涂志刚兼文保所所长。撤销延福寺修复筹备委员会，由文保所接管日常工作。

2 月 1 日，武义县人民政府颁布《关于加强延福寺保护范围和建设控制地带的通知》，发至各乡、镇、机关单位和有关村。

2 月 15 日，武义县文管会办公室领导到延福寺召开文保所成员会议，决定文保所雇用人员、工作分工和安排近期工作等工作事项。

5 月 16 日，涂志刚同志为 1993 年延福寺维修撰写《延福寺重修记》碑文。

1996 年

3 月 14 日，浙江省文物局副局长江涓、博物馆处处长梅可锐、办公室副主任吕可平到武义县检查博物馆和延福寺安全保护工作。

4 月 24 ~ 30 日，国家文物局高级工程师梁超和北京古代建筑博物馆营造设计部主任李小涛，受武义县文管会的邀请，到延福寺为修复设计进行测绘、拍照、查阅文字资料等工作。10 月份完成修复设计图纸、预算和文字说明。

11 月 20 日，国务院国发（1996）47 号文件公布延福寺为第四批全国重点文物保护单位。

12月28日，在延福寺召开申请全国重点文保单位成功庆祝会，到会的有武义县宣传部长徐增其、副县长傅美桃以及县教文委、公安局、桃溪镇有关领导和群众、学生等100余人。

1997年

3月2日，金华市文管会副主任方竞成传达浙江省文物局“延福寺尽快拆除佛像以利保护”的意见。武义县教文委与文管会办公室同志听取传达意见。

3日，武义县副县长、文管会主任傅美桃召开文管会全体委员会议，主要研究延福寺如何加强管理和环境保护，以及如何执行浙江省文物局强调拆除延福寺内佛像问题。另外，会议还邀请了桃溪镇委书记邹运宏参加。

7月17日，武义县府办副主任胡元通、教文委副主任金飞容到文管会办公室，研究如何拆除延福寺佛像问题。

24日，胡元通副主任、金飞容副主任和文管会办公室主任涂志刚到桃溪镇传达国家、浙江省文物局领导关于延福寺不准塑佛像的指示，强调必须立即拆除。

8月19日，武义县委宣传部部长徐增其、副县长傅美桃，文管会办公室主任涂志刚到桃溪镇做镇领导思想工作，要求坚决执行上级指示，拆除佛像。

10月6日，武义县副县长傅美桃召集教文委、公安、文管会和胡元通副主任参加研究延福寺拆佛像工作步骤，要求文管会近期倾斜延福寺工作，做实做细，不能出问题。

9日，武义县副县长傅美桃、宣传部副部长胡浪波和文管会徐卫到桃溪镇召开拆除延福寺佛像座谈会。

11月2日，国家文物局古建筑专家组组长罗哲文、古建筑专家郑孝燮等四位专家到延福寺考察，罗工说，延福寺具有独特的建筑艺术风格，是真正的国家级文保单位。又对蒋岩金书记和金中梁县长说：“延福寺不该重塑佛像，应下决心拆除。”

4日零时，武义县委、县府、宣传部、公安、教文委、文管会、县中队等单位60余人出发到延福寺，拆除佛像。

12月7日，武义县人民政府向浙江省文物局上报《关于要求给延福寺大殿列项修缮的请示》，附修复设计图、预算、照片、文字说明书等。

1998年

2月24日，武义县人民政府在桃溪镇召开关于延福寺大修以及外围配套设施规划、设计的现场会，县教文委、统战、宗教、旅游、文管会办公室等有关部门参加会议。

10月4日，浙江省古建筑设计研究设计院副院长黄滋、金华市文物局党组成员黄青专程到武义，研究、规划延福寺修缮准备工作。武义县文管会副主任沈孙兴、当地镇领导以及文管会办公室人员一同到延福寺参加了工作会议。

11月26日，武义县人民政府发布《关于加强延福寺规划区环境保护的通告》，发至乡、镇、村及各单位张贴。

1999年

1月7日，武义县副县长、文管会主任应慧英召集县府办、教文委、文管会和延福寺等部门有关人员就延福寺修缮、文保所内部管理等问题进行了研究，并形成会议记要。

1月14日，武义县文管会任命汤火华同志为延福寺文保所副所长。

1月，武义县文管会与延福寺文保所签订《安全责任书》、《消防责任书》、《经济指标责任书》和管理人员协议书。

3月10日，国家文物局拨款延福寺修缮经费80万元。

5月7日，武义县副县长应慧英与金阳、涂志刚等同志去北京向国家文物局汇报延福寺修缮筹备情况。同时征求了延福寺修缮方案初搞设计人梁超的意见。

5月9～17日，浙江省古建筑设计研究院副院长黄滋带领五名工作人员到延福寺开展测绘和修复设计勘察工作。

5月19日，武义县人民政府决定成立延福寺修缮工程领导小组，聘请杨烈、梁超、陈志华、黄青为顾问。组长应慧英（县政府），副组长胡元通（县府办）、沈孙兴（教文委）、祝跃林（桃溪镇），成员有应文生（建设环保局）、刘宣修（财政局）、吴宗胜（派出所）、徐松成（教文委）、徐卫（博物馆），下设办公室：沈孙兴兼办公室主任，徐卫、涂志刚（常务）副主任，薛骁百、汤火华、陶焕宏为办公室成员。办公室设在延福寺。

5月15日，武义县府在桃溪镇召开延福寺修复领导小组第一次会议。到会人员除领导小组成员和办公室人员外，还有桃溪镇和陶村村委会领导，以及陶村群众代表20余人。副县长应慧英主持会议。会上大家对如何修好文物建筑提出不少意见，最后应副县长就完成任务的过程中应注意的问题、任务、办法、要求，做了重要指示。浙江省古建筑设计研究院副院长黄滋作为修缮工程的设计主持者和项目负责人也参加了会议，并对延福寺修缮的深远意义以及重要性发表了讲话。到会同志深受教育。

5月26日，浙江省古建筑设计研究院副院长黄滋到延福寺，对延福寺如何着手做修缮前的准备工作，做了重要指示。

5月27日，修缮办公室主任沈孙兴主持召开第一次办公室全体成员会议。会议主要内容是工作分工，建立各项规章制度，安排当前工作。1998年底延福寺用毛竹搭设部分工棚和大殿修缮毛竹架，黄滋认为工棚太小，毛竹脚手架牢度不够，应全部拆除重搭。他强调说，这是省重点工程，附属设施一定要规范、实用、牢固、整齐、美观，不能杂乱无章。

6月1日，开始拆除毛竹架和工棚。

6月3日，拍摄延福寺修缮前的地面、环境、结构等原貌照片。同时向当地老农民、老木工了解解放前变革和历次修缮情况。

6月10日，因修缮中大殿要部分落架，为便于施工，使构件不淋雨，必须搭设钢架工棚盖上玻璃钢瓦，将大殿全部罩住。工棚图纸送金华市文物局黄青审核把关。

6月24日，开始请有经验的老木工仔细检查大殿每一块构件残损情况，进行登记。

7月5日，为延福寺修缮从陶村买到第一根老的大樟树，材积2立方米以上，计价1200元。

7月15日，通过政府采购为延福寺修缮备料。下午2时，在武义县教文委会议室举行采购木料投标会。主持采购会的有武义县财政局刘宣修、监察局徐玉玲、教文委沈孙兴等领导，修缮办公室部分人员参加会议。参加投标的有6家个体户。按甲方对木材品种、质量、每根材积、长度、数量的要求，其中一个体户以6.8万元中标。

8月8日，第一批从福建采购来的木料运到延福寺。为做到公正丈量，专门请武义县木材公司龚春芳同志丈量材积，其中苦槠木23.374立方米、杉木6.448立方米、榧树1.246立方米，但对苦槠木的真假存疑。

8月13日，发现这批“苦槠木”有假，而且质量有严重问题，决定将23.374立方米“苦槠木”退还采购人。

8月20日，请当地老农民鉴定认为不是苦槠木，又将锯沫和树皮送林业局，请专家鉴定。

8月23日，武义县林业局委派叶国涛等三位专家到延福寺现场鉴定，一致认为这是南岭栲，不是苦槠木。决定退还采购人自行处理。

9月14日，因新采购的木料待干燥要较长时间而不能用于修缮，修缮办公室带上两位有经验的老木工，到兰溪市诸葛村旧木材市场去购买古建筑拆下的旧木料，选购质地好的有柱、梁、方料、雕花构件等一大车，12吨多，1.9万元。

9月16日开始，经请示武义县领导同意，自行向社会购买苦槠木、樟木、杉木、柏木等，价格比政府采购每立方米便宜几百到近千元。

9月23日，浙江省文物局在延福寺召开延福寺修缮方案论证会，由副局长陈文锦主持，原副局长梅福根，原文物处处长姚仲原，杨新平、宋煊、李守之，浙江省古建筑设计研究院副院长黄滋，以及金华市文物局高级工程师黄青等出席。修缮领导小组领导及部分成员参加了会议。会上对方案提出比较中肯的意见，特别强调在施工中一定要按文物修缮原则办，达到精品工程。

10月12日，到金华买钢管、角钢搭工棚脚手架。

10月13日，同武义县白蚁防治站签下协议，保证五年内延幅寺不出现白蚁。向白蚁防治站支付5000元费用。

11月15日，黄滋副院长和傅峥嵘上午到柳城镇看一座因街路扩建要拆除的、建于清乾隆年间的鲍家厅。大厅三开间，雕刻精细，结构特别，是当地清代建筑的精品。这么精美的古建筑如拆后作一般旧料出售，实在是可惜。经黄滋实地考察后认为很好，有保护价值，同意购买，搬到延福寺复建保护。下午到次日，黄滋等人继续留在延福寺观察、研究大殿梁架和斗栱，拍摄破损构件和原貌照片，在深入考察中获得一个重要发现，即有二十根上檐昂额上有三角形槽口，不同于其他昂。通过仔细观察和分析，应是最早的元代昂。

11月19日，大殿工棚搭设完工，竣工验收，并在工棚钢架上悬挂“保护历史文化遗产，争创时代精品工程”大幅标语。

12月1日，大殿后的东侧厢房后墙外斜，推倒重建，并加深、加宽水沟，保证水流通畅。

12月2日，武义县教文委副主任、修缮办公室主任沈孙兴等到柳城，与鲍家厅拆迁人谭金亮签下协议，以2.9万元购买鲍家厅大厅三开间，后进的所有雕花构件、牛腿等，以及嵌有砖雕的大门墙、照壁，并负责拆运到延福寺。

12月5日，金华市文物局党组成员黄青到延福寺指导斗、栱、昂的断代。自元代重建以来，历代都搞过修缮，以上三种构件就带有各时代的特点。经过断代，确定修复标准构件的式样，做好模型，培训2人试制，要求他们严格按图制作构件。

12月24日，修缮办公室再次到兰溪诸葛村旧木料市场选购旧木料，花2.6万元。

12月19日，国家文物局文物研究所古建筑专家李竹君，由浙江省古建筑设计研究院副院长黄滋、金华市文物局党组成员黄青陪同到延福寺考察，现场指导解决了一些疑难问题。特别是对上檐外挑令栱向内平移了16厘米之事，他说：“保持原状，不要纠正。”黄滋等对文物构件如何复制、修补、做旧等技术要求，做了仔细的讲解、辅导。

2000年

1月6日，大殿上檐构件大部分落架，为做好原始构件的记录工作，办公室技术人员对构件进行测绘，绘制图纸。

1 月 15 ~ 17 日，浙江省文物考古研究所副所长李小宁、浙江省古建筑设计研究院副院长黄滋等人到延福寺检查指导。他们再次强调了要做好原始材料记录工作。记录原始构件图、柱头水平实测图，尽量多拍原貌照片。并切实做好元代佛座、明代壁画、宋代铁钟的保护工作。黄滋向木工详细讲解如何复制、剔补斗、栱、昂的技术要领和构件的时代特点。新制构件隐蔽处写上“2000 年”字号。

2 月 18 日，武义县向国家文物局再次申请修缮经费 50 万元。

2 月 25 日，春节后木工开工。开始拆、卸上檐构件，卸下构件有序放置，做到清洁、整齐、有序，将木构件，件件用布擦去尘土。

3 月 10 日，国家文物局高级工程师杨新在黄滋的陪同下到延福寺指导修缮。两位专家对木工就环氧树脂使用、构件糟朽修补、梁架校正等问题进行了现场技术培训。

2 月 21 日，武义县人民政府上报浙江省文物局《关于延福寺修缮设计方案和预算的请示》，上报预算 150 万元，其中地方配套经费 20 万元。

4 月 15 日，延福寺大殿正式投入大修，为了观众的安全，决定闭门修缮，谢绝参观。

4 月 18、19 日，黄滋到延福寺指导修缮。严肃指出一些不足之处：(1) 新制作斗栱槽不能开，等待安装时，按实际深度再开。(2) 经修补的糟朽洞边，老构件表皮不能损伤。(3) 修补时，使用环氧树脂，构件外绝不能有流挂痕，用布擦干净。(4) 对修缮领导小组领导提出：自己的管理技术人员一定要到位。认真做好资料记录，技术指导工作不能再拖了。要把延幅寺的大修工作，列入头等大事来抓好。

4 月 25 日，在延福寺召开修缮办公室工作会议，武义县府办和县财政局有关领导以及镇领导和文管会人员参加了会议，重点讨论怎样做到严格要求、质量第一；加强技术管理和技术指导；经费一定要做到专款专用，精打细算、节约开支。

5 月 16 日，召开木工“诸葛亮会”，讨论怎样才能做到“严格要求，质量第一”，保证达到精品工程。与会木工提出宝贵意见，供指导者参考。

5 月 21 日，金华市文物局黄青到延福寺指导柱网调整的技术问题。

5 月 23 日，专业技术人员测绘大殿柱础磉石高低差，提供柱网调整时的依据。

5 月 29 日，开始调整大殿磉石。黄滋提出一个原则，高低要调整的磉石，如果左右间距有问题的，同时也跟着调整一下。若覆盘高低正好，那么左右间距也不调。

6 月 13 日，武义县白蚁防治站四位技术人员到延福寺检查白蚁防治后的效果，因面积较大，在天王殿、观音堂和已砍树根仍有不少白蚁，立即采取果断防治措施。

6月21日，黄滋到延福寺检查柱网调正效果，但检查结果未达到要求，重调。经过几天的努力，最后柱头高低差不超过0.3厘米。

7月24日下午，浙江省文物局副局长陈文锦、文物处副处长吴志强、浙江省古建筑设计研究院副院长黄滋、金华市文物局党组成员黄青，在修缮办公室主任沈孙兴及其他技术人员的陪同下，到延福寺检查、指导工作。视察后，省领导很中肯的提出不少宝贵意见。黄滋说：(1) 至今技术管理人员还未到位，这是个严重问题。现场资料搜集不详。(2) 工作程序，总体上是好的，但离重点工程的要求尚远。(3) 构件该换与不该换应慎重对待，文物纯度保持越高，文物价值越高，尽可能保留文物构件的历史信息。(4) 检查中发现，斗、栱、枋、柱等朝大殿内侧一方虫蛀严重，外侧较轻。原因是殿内潮湿、易长细菌和蛀虫。防潮是这次修缮中的重点之一。(5) 回叠安装时，一定要有技术人员在场，绝不能无人管。陈文锦指出：延福寺修缮是省重点工程，作为省内范本竣工之后要出一本《修缮工程报告》，在修缮中发现的问题都要给后人有个交待。

8月9日，按设计要求，原向内侧脚的下檐柱全部拉垂直，结果乳栿大部分太短，经黄滋同意，恢复向内侧脚。

8月18日，黄滋到延福寺检查大殿回位部分斗栱是否符合要求，并决定部分因昂头糟朽被古人锯去一段而变短了的老昂继续使用，不预调换。钉子一定要用老方钉不用圆钉。办公室技术人员对准备淘汰的构件重新逐根检查一次，能修补后继续使用的，绝不丢弃，尽量保留历史信息。

8月25日，武义县县长金中梁率副县长应慧英、县府办主任冯兴良、文卫科科长金杨、教文委副主任沈孙兴、桃溪镇镇委书记包宏斌、镇长郑发祥、陶村党支部、村委领导以及修缮办公室人员20余人参加现场办公会议。(1) 修缮办公室汇报延福寺动工以来的进度、规划、今后打算等。(2) 讨论配套设施工程的起动、经费来源、今后管理等问题。

8月30日，修缮办公室人员在武义县教文委会议室讨论配套工程起动问题，桃溪镇领导参加了会议，会后写出《纪要》。

9月16日，黄滋和黄青到延福寺检查、指导。(1) 解决劄牵不合缝的问题。(2) 部分檩条制作粗糙不规正，重新加工。再次强调，檩条放椽斜面不劈，在安椽时，按实际斜度再劈。

10月11日，开始制作上檐椽，直径10厘米，要求两头一样粗，外体光、直、圆。因落架时发现上檐四角保留的圆形、直径10厘米的椽，为此上檐椽恢复圆椽。

10月27日，金华市文物局党组成员黄青到延福寺解决安装中的几个疑难问题。

11 月 14 日，黄滋到延福寺检查斗栱回位情况，确定已达到要求可上檩条，并决定：屋面不用筒瓦均用瓪瓦 (20 × 22 厘米)，勾头滴水式样选用本寺出土的葵边弦纹式样制作，室内采用 40 × 40 × 5 厘米地砖铺设，大殿前台基用石板，东西北侧用鹅卵石嵌砌。

11 月 17 日，开始上大殿檩条。

11 月 23 日，上脊檩。

12 月 9 日，国家文物局专家许言等 2 人在浙江省文物局文物处副处长吴志强、浙江省文物考古研究所副所长李小宁、张书恒、金华市文物局黄青等陪同下，到延福寺检查修缮质量。

12 月 25 日，黄滋副院长到延福寺指导修缮，就现场技术管理、老构件保留、经费、做旧颜色不匀等问题提出了批评意见。

2001 年

3 月 10 日下午，国家文物局文保司副司长晋宏逵，在浙江省文物局文物处副处长吴志强，浙江省文物考古研究所副所长李小宁、浙江省古建筑设计研究院副院长黄滋等的陪同下来延福寺检查修缮工程质量，提出了一些不足之处，要求加强防虫害 (蛀虫)、防潮措施。

3 月 16 日，黄滋从 1934 年梁思成测绘大殿的图纸上发现大殿东西侧有窗。为通风、防潮，决定恢复。

3 月 19 日，黄滋邀请北京中国林科院防治病虫害专家张厚培先生到延福寺为大殿防治蛀虫“诊断”治病。

3 月 26 日，下檐柱与上檐柱之间的乳栿扭曲，位置不正，经黄滋同意，调整下檐柱础纠正扭曲，但要保证壁画完好无损。

4 月 20 日，黄滋到延福寺指导修缮工程，主要审定下檐柱础调正后是否妥当，同时指出：(1) 下檐椽用原来的方形椽。(2) 山门、前大殿的修缮，以及放生池的石栏杆可抓紧动工。(3) 下檐柱础与图纸不符处，要作好记录。(4) 钉好下檐望板后，要抓紧对大殿柱梁构架进行蛀虫防治。

5 月 3 日，下檐椽安装后发现四边长度不一，最长东侧 3.3 米，最短北侧 2.9 米。经黄滋同意，保持四边椽现状，长度原样不变。

5 月 30 日，山门修缮结束，主要对白蚁蛀蚀木构件进行更换。东厢房修缮结束，地面挖去 30 厘米表土后，下垫块石和鹅卵石、上铺长条砖以防潮，上下檐之间加檐口挡板、开窗。

5 月 31 日，黄滋答复关于大殿屋脊的做法，决定屋脊素面，采用青瓦叠砌，不用吻兽，但用垂脊和戗脊。

6月7日，开始对大殿进行蛀虫防治，采用药物熏蒸的办法。用宽幅塑料布把大殿全封闭，再用磷化铝极毒药熏蒸，封闭15 ~ 20天。此项工作，由武义县粮储公司实施。

6月11日，趁大殿在熏蒸，木工开始修缮天王殿，天王殿虽然在1993年7月修缮过一次，过后仍然遭受白蚁危害重，修缮更换原松木的楸楣、两根榫卯已霉烂的后檐金柱以及前后在1974年制作的花格窗。

6月4日，黄滋到延福寺了解防治蛀虫熏蒸效果，并对延福寺环境整治的全面起动进行了安排，如拆除前殿内的佛座、三座殿前的烧纸库；改造自来水、厕所适合现代人生活；加深排水沟，整修毛竹园周边，征购迁建一座明代建筑安放于此；适当征用停车场边土地，整修用电线路等等。他还指示，今后盖瓦，做三合土地面，不包工，以点工记酬。目的是质量第一。

6月26日，延福寺大殿修缮木工工程全部结束，下午开会总结。

6月28日，修缮办公室带泥工一老师傅到东阳卢宅文保所去取经学习，一学三合土地面和瓦脊用料配方；二学怎样利用古建筑与陈列展览有机结合。

7月9日，延福寺内环境治理全面开始，并邀请6名木工继续完成天王殿未完成的木工任务。

8月6日，将四块用不同油温配方熟桐油漆过的新旧木料效果样品送浙江省古建筑设计研究院，由黄滋审定。

8月16日，黄滋到延福寺指导。重点检查油漆效果，同时决定拆去观音堂前场地上两个花台，并将砖砌空场地面降低20 ~ 30厘米。为的是降低大殿后积水，起防潮作用。

8月20日，经黄滋同意：(1)大殿内地面原定用三合土，现决定改用方砖，因在挖水沟时，出土不少方砖和筒瓦以及筒瓦虎头瓦当。(2)油漆色彩和效果基本符合要求，同意按审定配方办理。(3)大殿开始筑砌正脊，要求注意质量，边砌边纠正不足之处。

8月24日，拆除大殿前放生池1974年所做的混凝土花板栏杆，改为石质栏杆。由缙云县杨伟杰师傅1.4万元承包制作，图样由黄滋设计。开始安装石质栏杆；大殿周围水沟，仍采用鹅卵石筑砌；大殿内地面很潮，长年生青苔，今日开始挖去50厘米浮土，再用块石、卵石铺地。挖土中发现，大殿内未用块石垄地，都是松土，脚用力踩就下陷，深度达70 ~ 90厘米。

8月27日，发现特制的勾头滴水比原设计宽度小了2厘米，为保证质量，决定重烧。

9月6日，在大殿明间佛座后离后门1.5米处（上积土70厘米），发现一条用破筒瓦五层整齐叠砌构筑，高0.5米，长3.9米，正中嵌一个虎头瓦当，底砌大块鹅卵石。用途不明。

9月17日，大殿佛座前，深挖1米以下，仍有不少破碎筒瓦和大瓦碎片，并发现一块扁平光滑的大卵石，重约200余斤。

9月19日，征用停车场边土地520平方米，计13520元。征用目的：(1)搬出在后大殿厢房的厨房。(2)复建从柳城收购的清早期古建筑原鲍家厅三开间大厅；(3)迁建功德亭。

9月21日，大殿西侧、下檐柱与上檐柱之间地面下，又发现一段共4.2米，用破大板瓦砌筑的小坎，像古时的阶沿。

9月23日，大殿开始盖瓦。

10月15日，黄滋到延福寺指导、检查盖瓦质量以及周边环境整治的质量等问题。

10月19日，按设计要求，开始拆除紧靠大殿东侧泥土围墙，周边用大鹅卵石壤嵌，小径用小鹅卵石筑砌。

10月22日，拆除大殿内脚手架。

10月29日，大殿内垒块石和鹅卵石40 ~ 50厘米已全部完成，请白蚁防治站在地面卵石上喷洒防治白蚁药。

11月7日，大殿内地面开始铺方砖。在鹅卵石上盖5厘米三合土，上铺油毛毡，再施很薄的一层沥青，再铺青沙，上砌方砖，桐油石灰勾缝。天王殿开始油漆。

11月22日，黄滋到延福寺指导工作。对盖瓦、环境治理、铺方砖地等一一作了详细检查，一再强调注意质量。新征用土地上，按设计图纸要求开始挖墙脚造厨房等。

11月27日，开始拆大殿工棚钢架。

11月28日，大殿各条脊按图纸设计高度已完成，但垂脊太高，电话请示黄滋同意正脊加8厘米。

12月6日，上檐昂头离下檐角龙仅23厘米，距离太近，无法按图纸要求做下檐戗脊，最终改按民房屋脊做法，叠小青瓦。

12月9日，金华市文物局党组成员黄青对大殿盖瓦、屋脊砌筑存在的问题前来指导。决定正脊降5片瓦，垂脊、戗脊各降4片瓦，可减去重量约2000公斤。下檐戗脊风格按上檐，但制作时去掉薄砖，衬边的筒瓦长边锯去3厘米。

2002年

1月10日，浙江省文物考古研究所党支部书记傅兰，浙江省古建筑设计研究院副院长黄滋、工程师郑殷芳到延福寺检查指导。主要问题是大殿铺设方砖基准点选择错误，形成部分地面高出柱磉盘 1 ~ 2 厘米。若全部翻工，灰缝已干，砖已无法完整撬起，最后决定磨边角的办法过渡。

1 月 14 日，修缮工作接近尾声，开始拆工棚，拆大殿东侧寺内围墙，整理杂物等。

1 月 19 日，全部工程结束并拍照留念。

1 月 20 日，修缮领导小组组长、副县长应慧英，修缮领导小组副组长胡元通、沈孙兴以及文管会办公室的部分同志到延福寺检查工程竣工情况，最后植树以示纪念。应慧英主任宣布延福寺修缮工程领导小组工作结束，并正式对外开放。

2003 年 12 月，武义县文管会向浙江省文物局提交《延福寺维修工程竣工报告》。

2004 年 1 月 5 日，延福寺大殿修缮工程经浙江省文物局文物维修验收专家组验收通过。

注释

① 见刘演《重修延福院记》碑（1324 年）。

② 详见【乾隆】宣平县志（1753 年）。

后　记

全国重点文物保护单位——武义延福寺是江南极为珍贵的元代遗构，1999年修缮工程动工，2004年1月通过竣工验收。当时，浙江省文物局要求在延福寺竣工之后，出版一本修缮工程报告，既作为对项目的总结，也可留下完整的资料。然而，由于种种原因，该报告的编撰工作搁置了大约五六年的时间，对此我们一直深感愧疚。进入2010年，我们开始重新思考报告的编撰和出版。在资料的收集和整理过程中，我们发现全面、系统介绍延福寺的著作或研究成果非常有限。自20世纪初延福寺被发现以来，梁思成、林徽因先生首先来到延福寺进行考察，留下了一批珍贵的历史照片和现场测绘记录。此后过了近30年，陈从周先生才再次来到延福寺，撰写了《浙江武义县延福寺元构大殿》一文。比较遗憾的是，这之后就再未有过类似的研究成果，梁思成先生留下的资料也因部分已遗失而未能整理出版。我们感觉，此次修缮工程报告的编撰和出版是一个契机，应该借此机会将延福寺的历史沿革、格局风貌、建筑特征、价值意义做一个较为全面的总结，让社会各界更加了解延福寺、关注延福寺、保护好延福寺。因此，我们调整该书的框架，在全面记录修缮工程勘察、设计、施工始末的同时，加入研究篇，最终形成一本集研究、修缮、资料三个篇章在内的，具有鉴赏性、可读性和专业性的综合类书籍。

书稿的完成承蒙时任浙江省文物局副局长陈文锦先生的督促和帮助，在编撰之初他付出了大量的时间和精力去整理资料、分析文献、撰写初稿大纲。在初稿完成后又多次参与后续几稿的修改、讨论，并撰写了《关于文物保护和维修工程的思考》的序文，探讨古建筑保护修缮存在深层的认识问题，以及如何破解的思考，为该书增添了学术的厚重，在此我向他深深表示敬意，并道一声谢谢！

在本书的编写过程中，武义县博物馆给予了极大的支持和帮助。一方面，提供了修缮工程的施工日誌、会议记录、照片，及延福寺的四有档案资料等；另一方面，博物馆的涂志刚、薛骁百、徐卫三位同志从修缮工程开始就参与其中，他们承担施工现场组织、材料采购、技术管理、资料收集、照片拍摄等工作。还有金华市文物局黄青同志作为技术顾问，经常赴施工现场解决技术难题，指导施工过程，没有他们的辛劳付出，修缮工程及技术报告也就难以实现了。尤其是在编撰过程中博物馆的领导和多位同志数次陪同我们去延福寺进行拍摄、记录，并为我们联系延福寺所在陶村的陶氏宗族，翻查陶氏族谱，寻找延福寺的历史记录。

本书的编撰和出版，离不开各位参与者的辛勤劳动和共同努力。当年和我一起赴现场勘查测绘的有李守芝、黄斌、郑殷芳、傅峥嵘诸位同道，工程图纸主要由傅峥嵘和陈慧珉完成。回首当年住在寺里的观音殿及厢房内，工作之余夜半还去寺后挖笋小酌，半生不熟迅即入肚的情景令我至今难忘……。记得时逢桃溪乡人代会召开，县领导要我讲讲文物保护与宗教政策，中午食堂有饭我们诸位同道兴高采烈前往，木桶蒸出的新米饭香味、众人抢饭仅得半碗的景象仿佛还在眼前。书中关于延福寺建筑学研究、修缮工程这两部分的文字整理、插图绘制与修改、照片整理和扫描工作主要由张喆、曹雪二位协助完成，在此对她们辛勤付出的工作，给予充分肯定和感谢，没有她们二位的通力协作是不可能有今天的成果。

最后，还要感谢朱光亚老师一直鼓励我，并对书稿编撰和修改给予许多帮助，他在百忙之中为本书作序，字里行间无不透出他对保护修缮的真知见地，对晚辈们的厚爱和扶持。感谢郑殷芳同志对书稿做的校核工作，以及对稿子修改提出建设性意见。感谢李永嘉同志为本书拍摄部分精美照片。此外，本书还引用了清华大学建筑学院资料室提供的 1934 年营造学社测绘的延福寺草图与照片，非常感谢他们的慷慨支持，使得此书的研究基础更为扎实。

此书的出版过程中，得到文物出版社的大力支持，在此一并感谢。

黄　滋

2013 年 12 月 25 日

附图

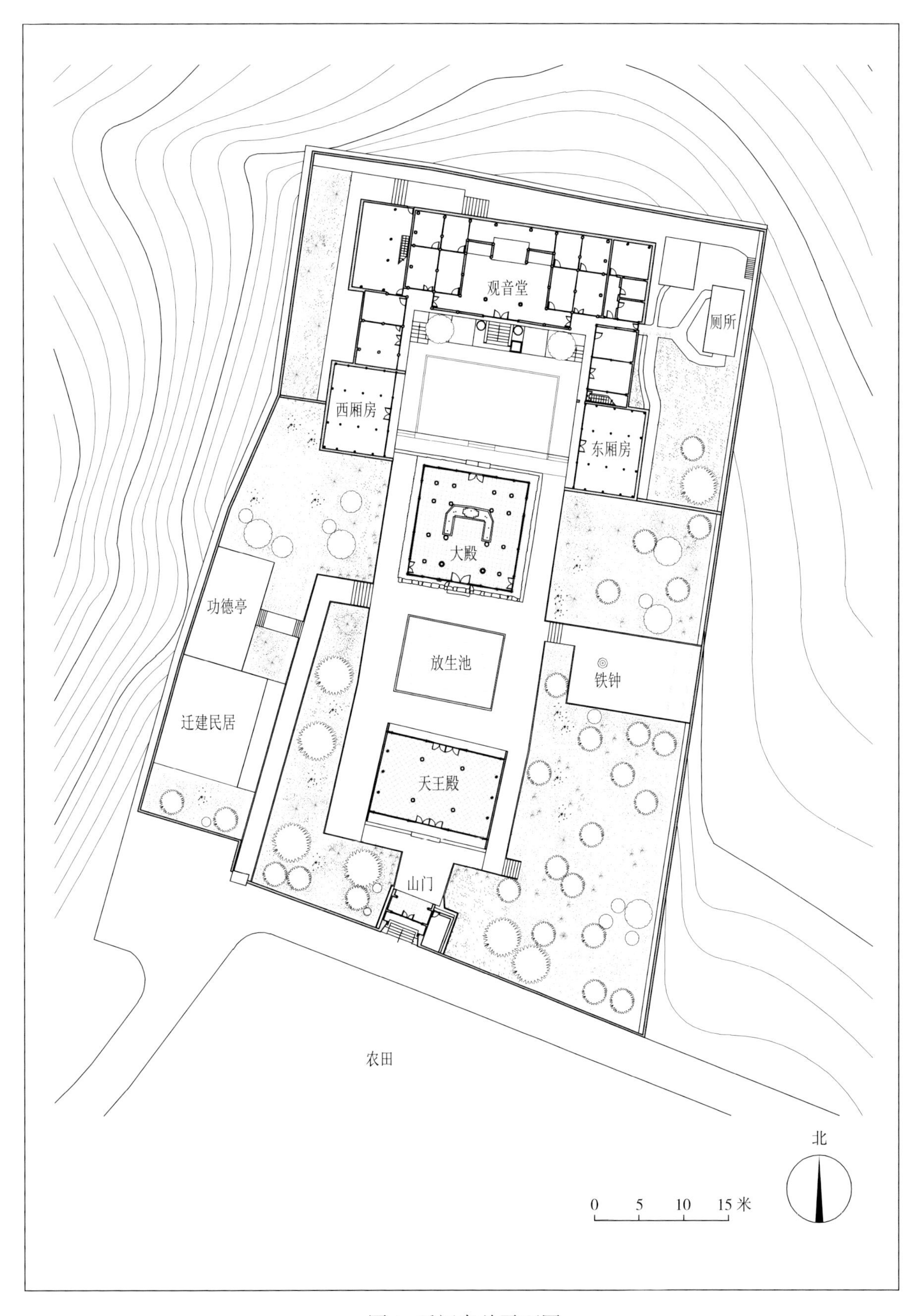
观音堂
厕所
西厢房
东厢房
大殿
功德亭
放生池
铁钟
迁建民居
天王殿
山门
农田
北
0 5 10 15 米

图 1 延福寺总平面图

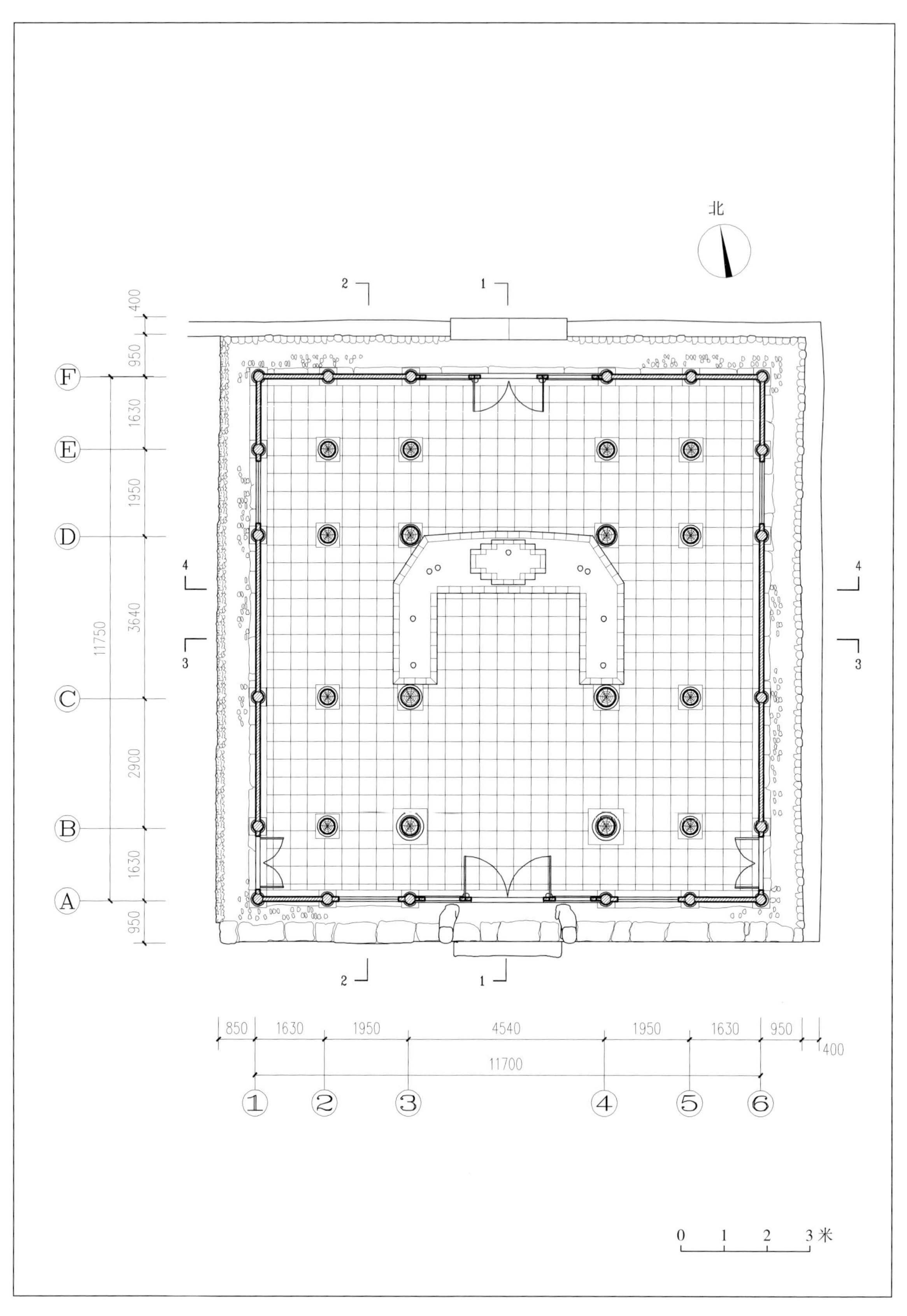
北
2
1
400
950
1630
1950
3640
2900
1630
950
11750
F
E
D
C
B
A
4
3
850
1630
1950
4540
1950
1630
950
400
11700
1
2
3
4
5
6
0 1 2 3 米

图 2　延福寺大殿平面图

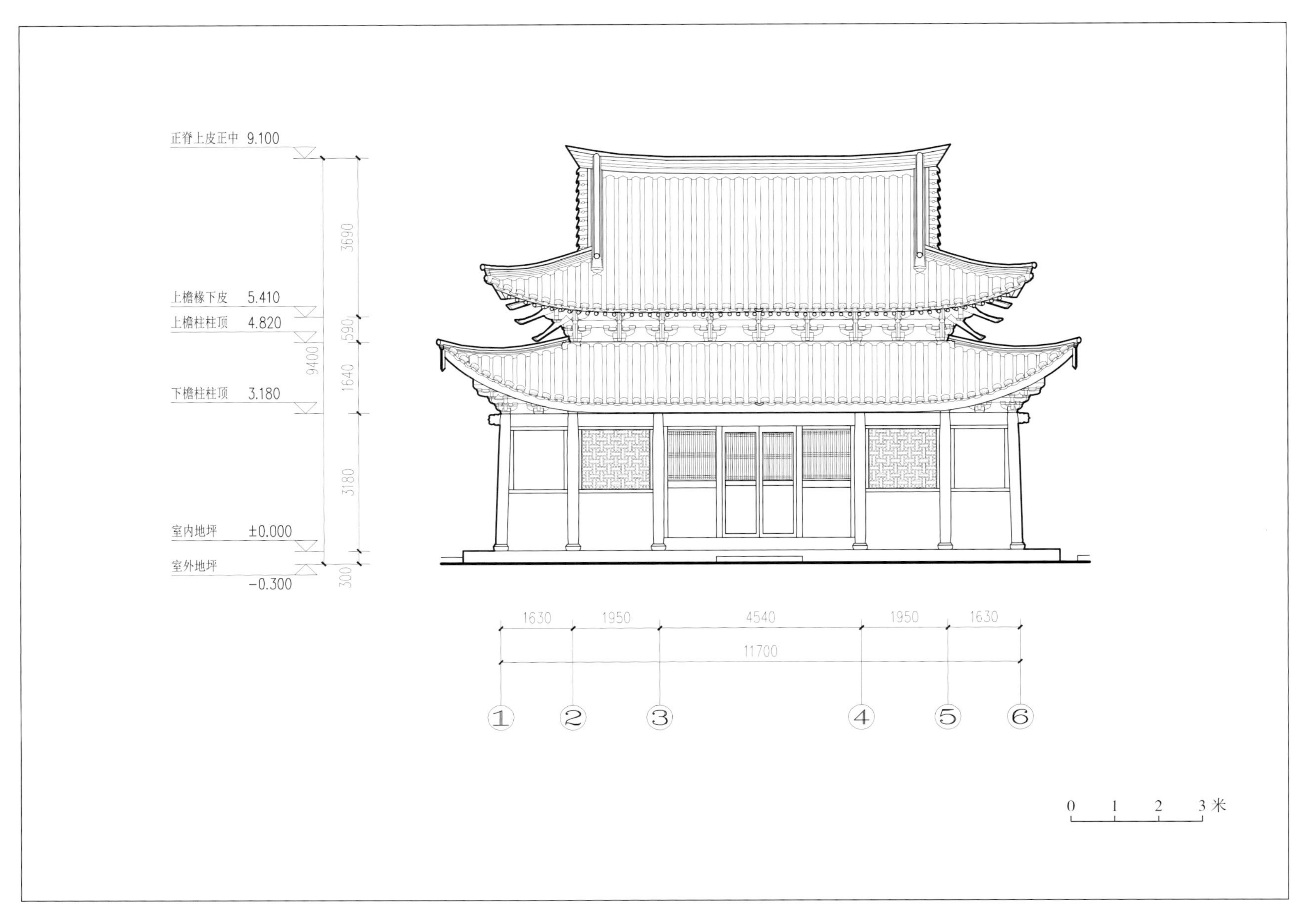

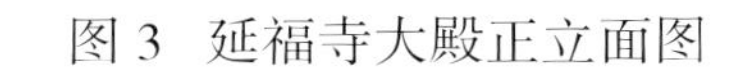
图 3 延福寺大殿正立面图

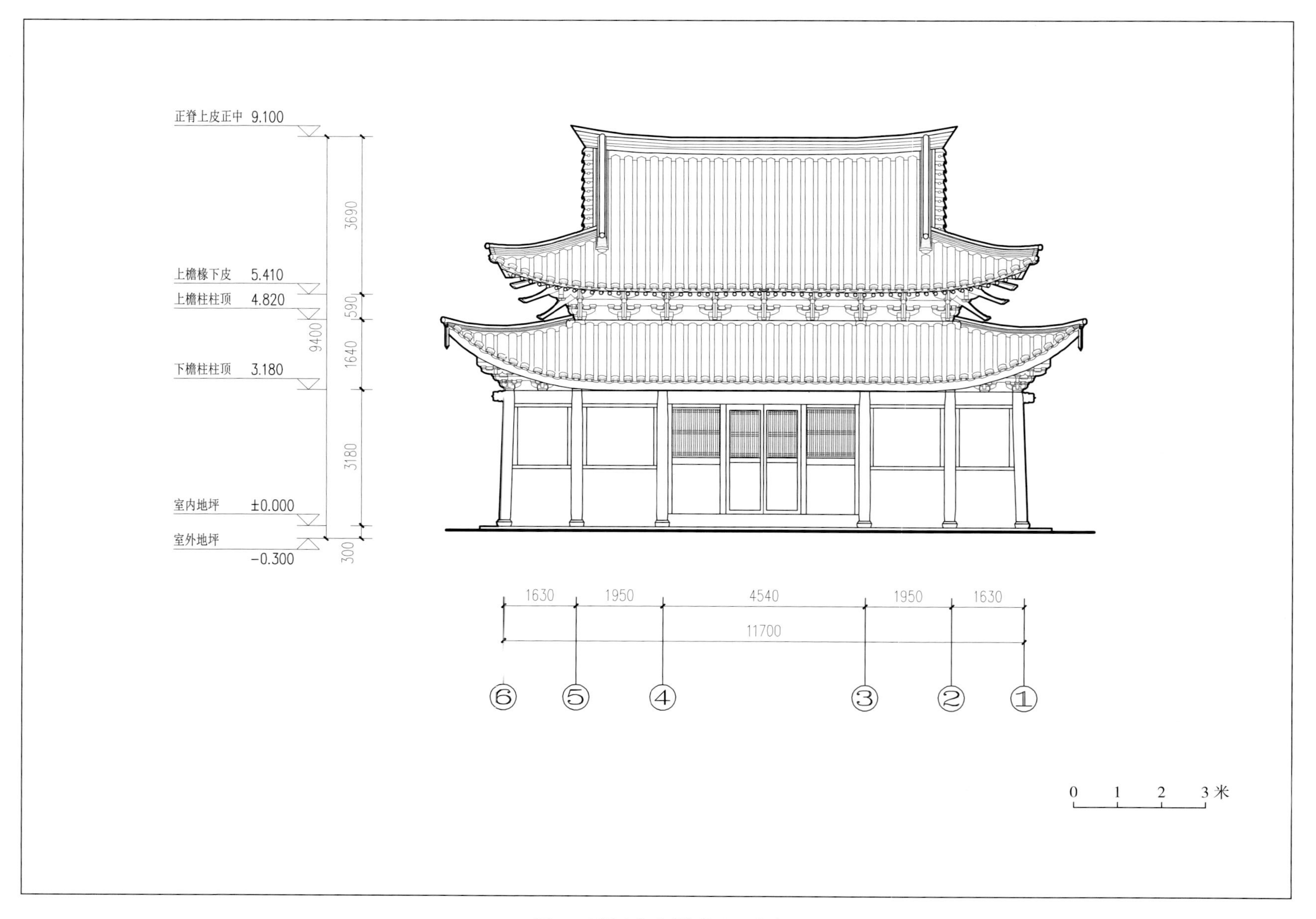

图4 延福寺大殿背立面图

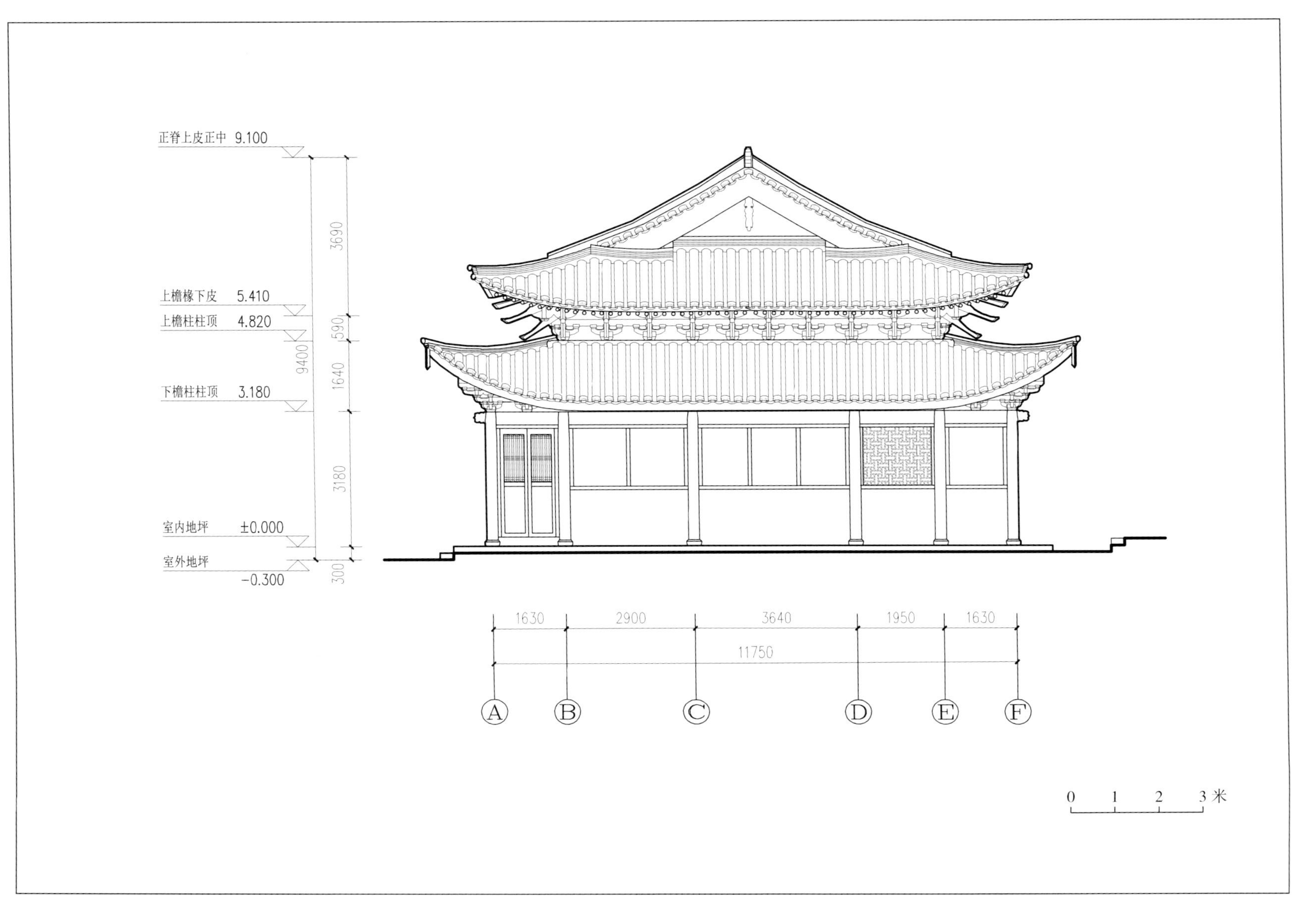

图5 延福寺大殿侧立面图

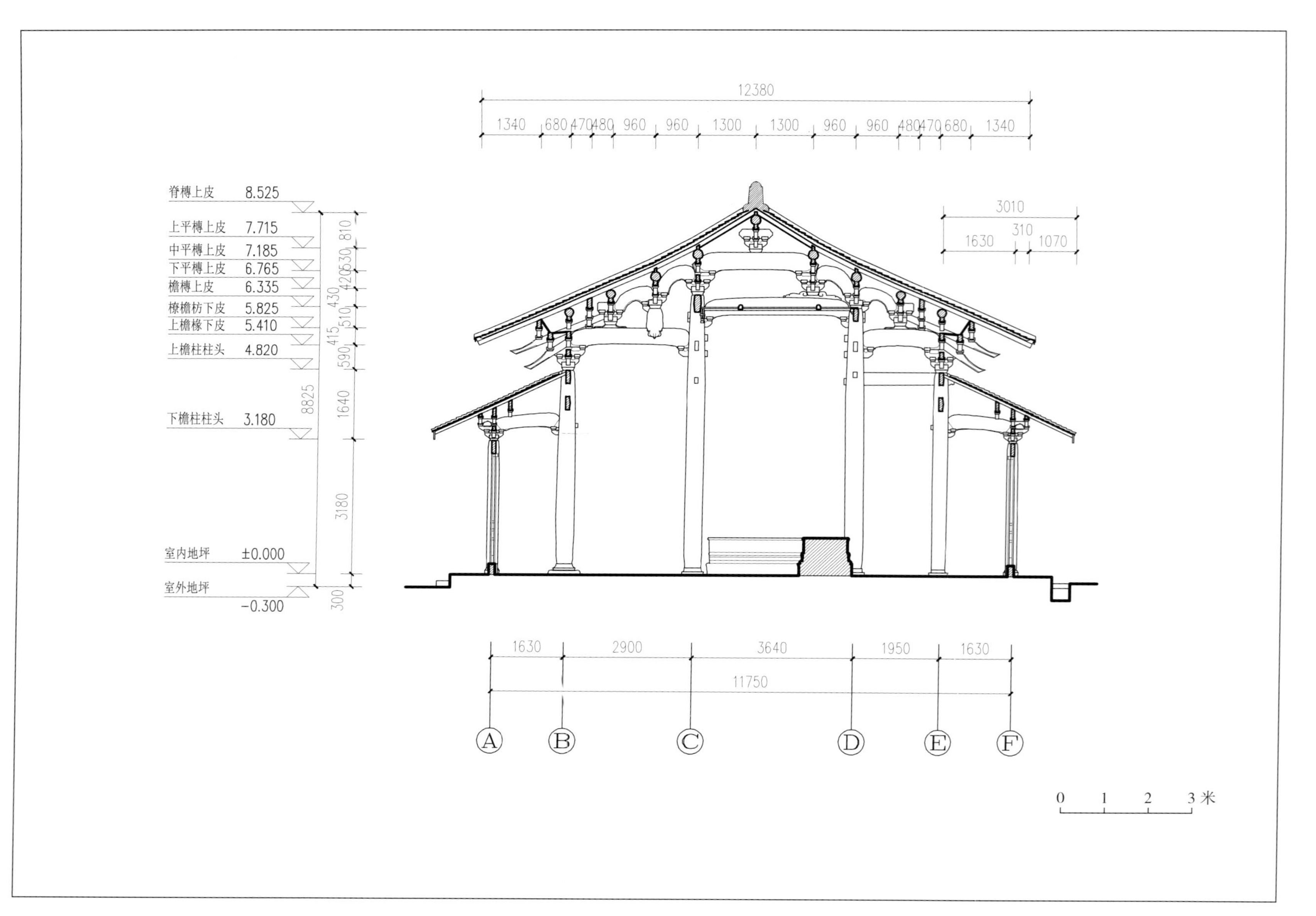

图6 延福寺大殿1-1剖面图

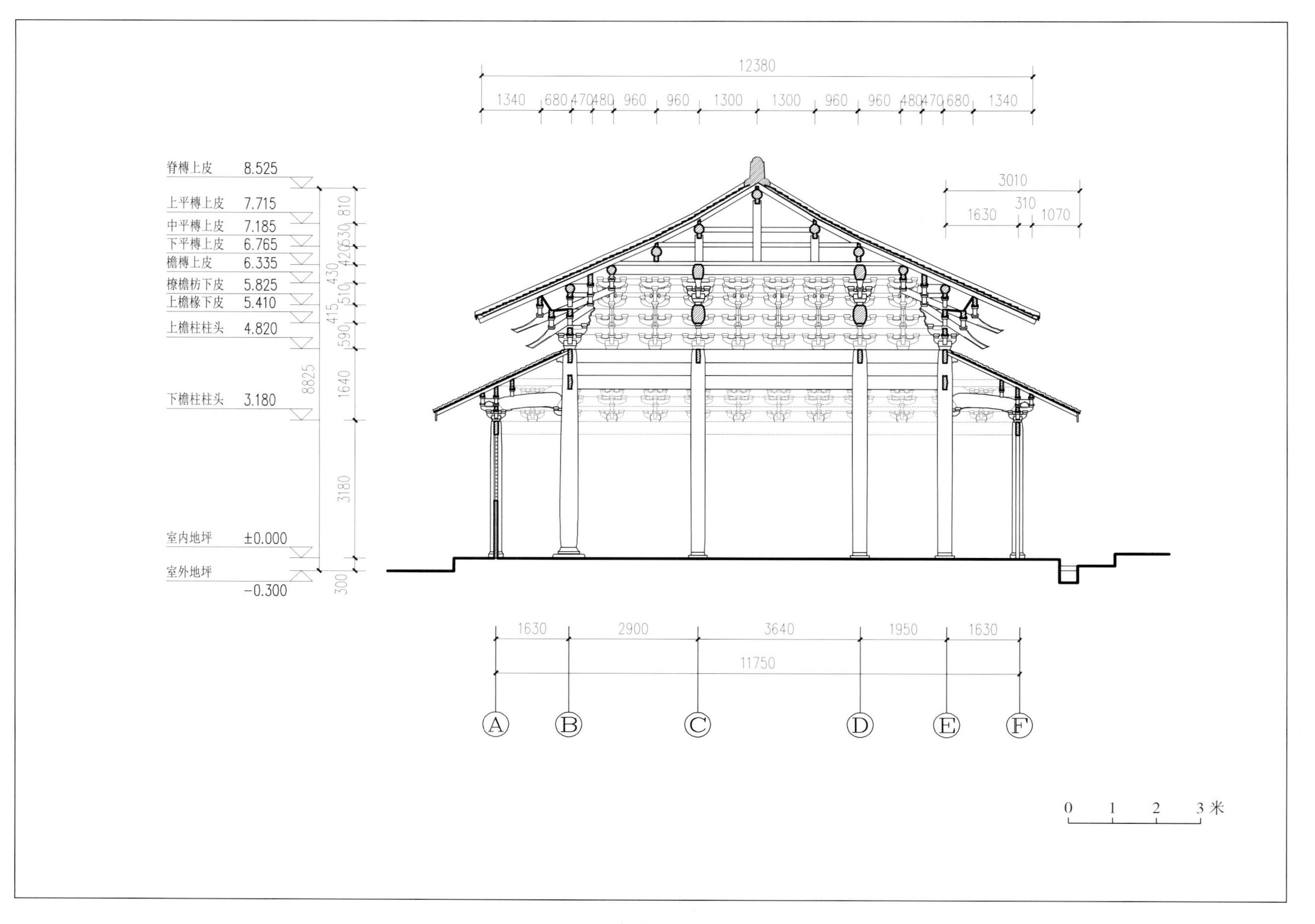

图 7 延福寺大殿 2-2 剖面图

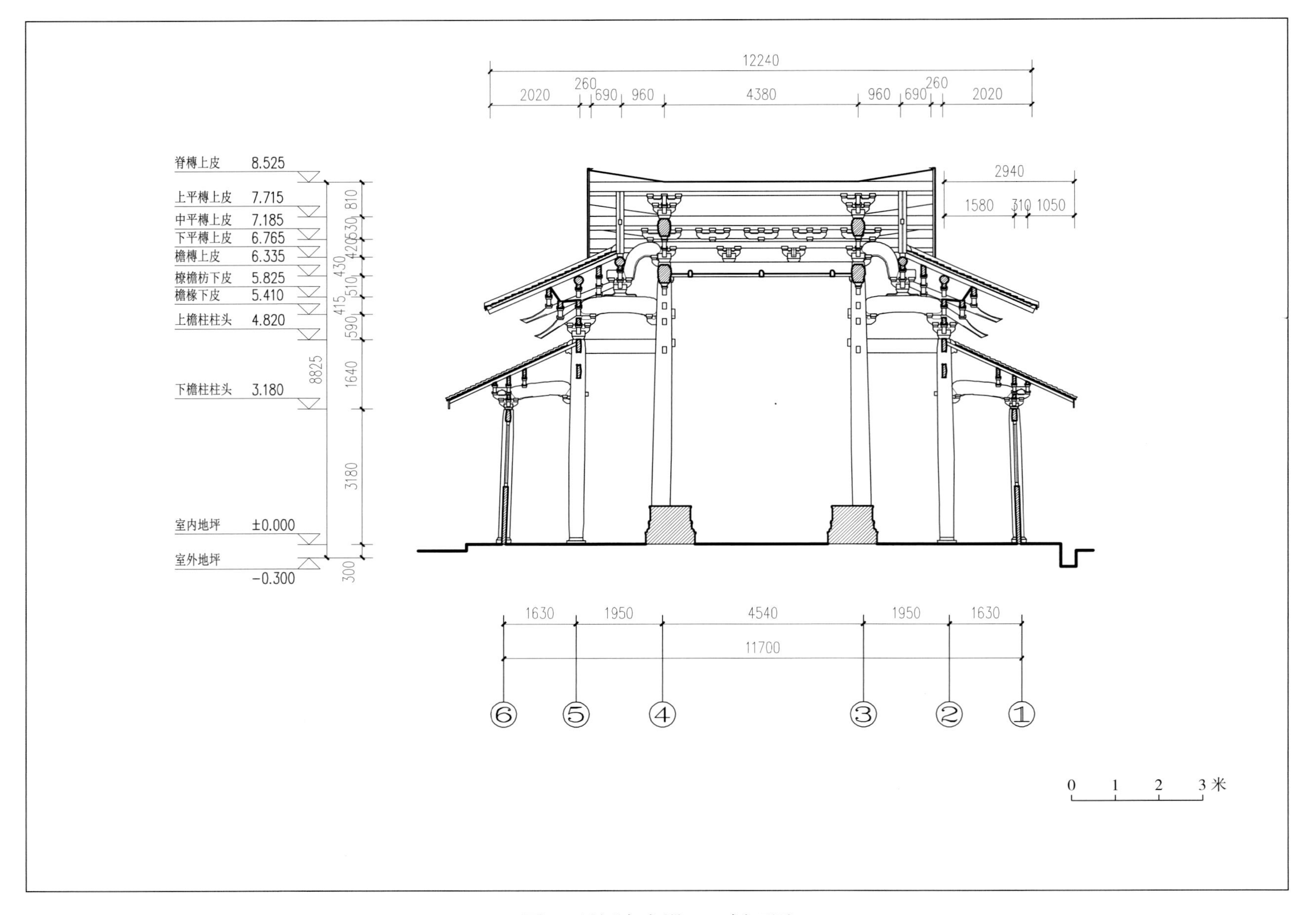

图 8 延福寺大殿 3-3 剖面图

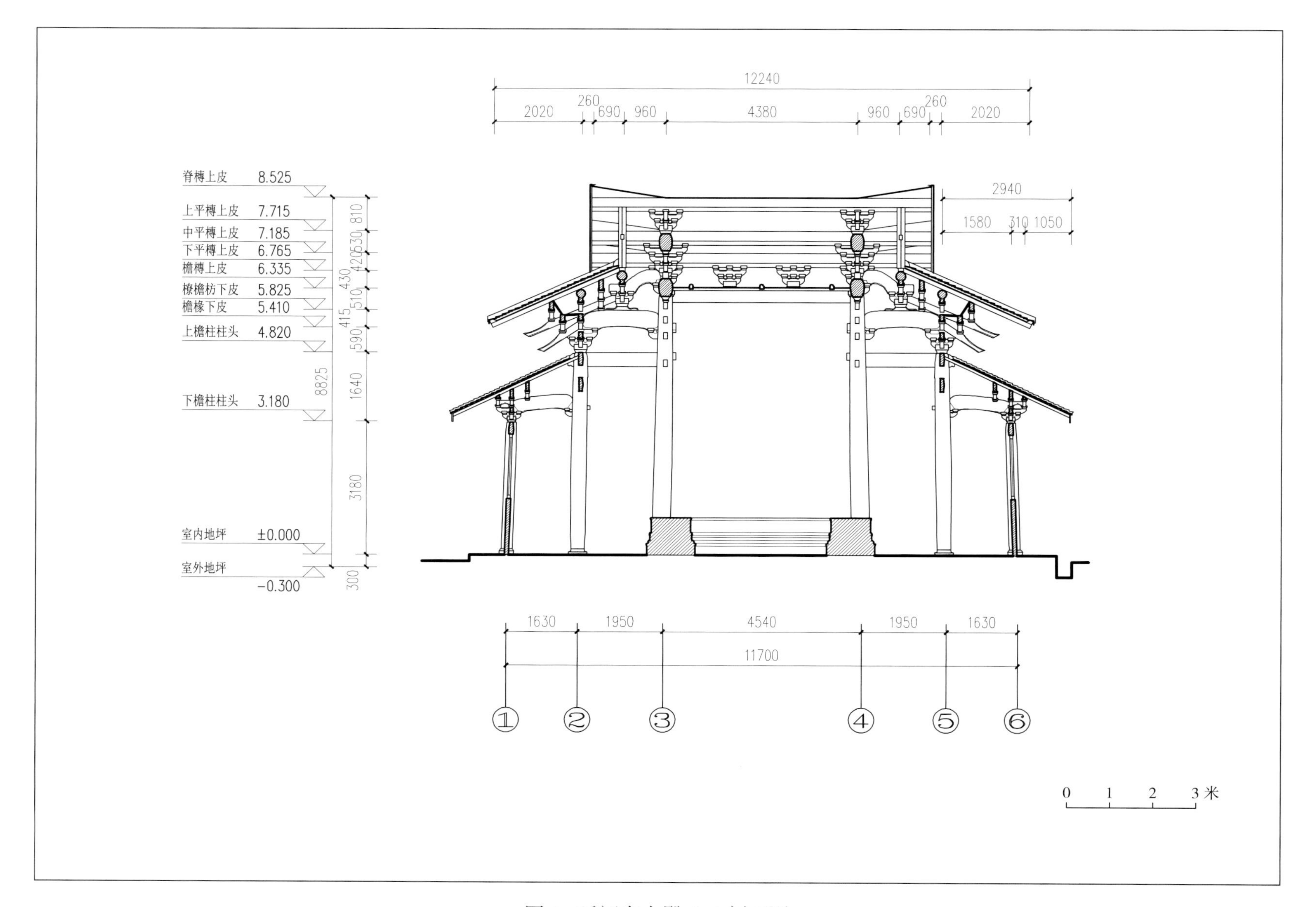

图9 延福寺大殿4-4剖面图

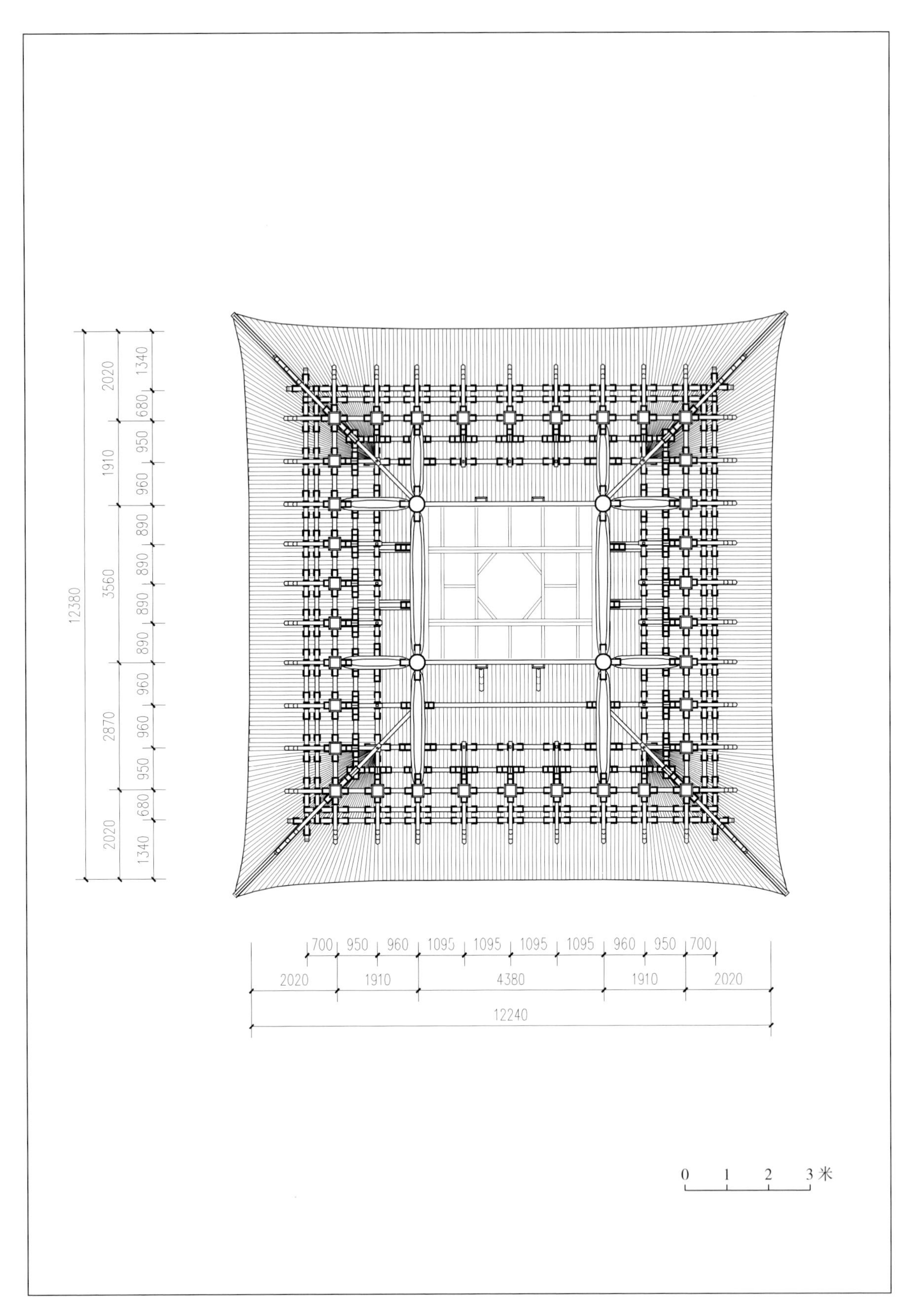

图 10 延福寺大殿上檐仰视图

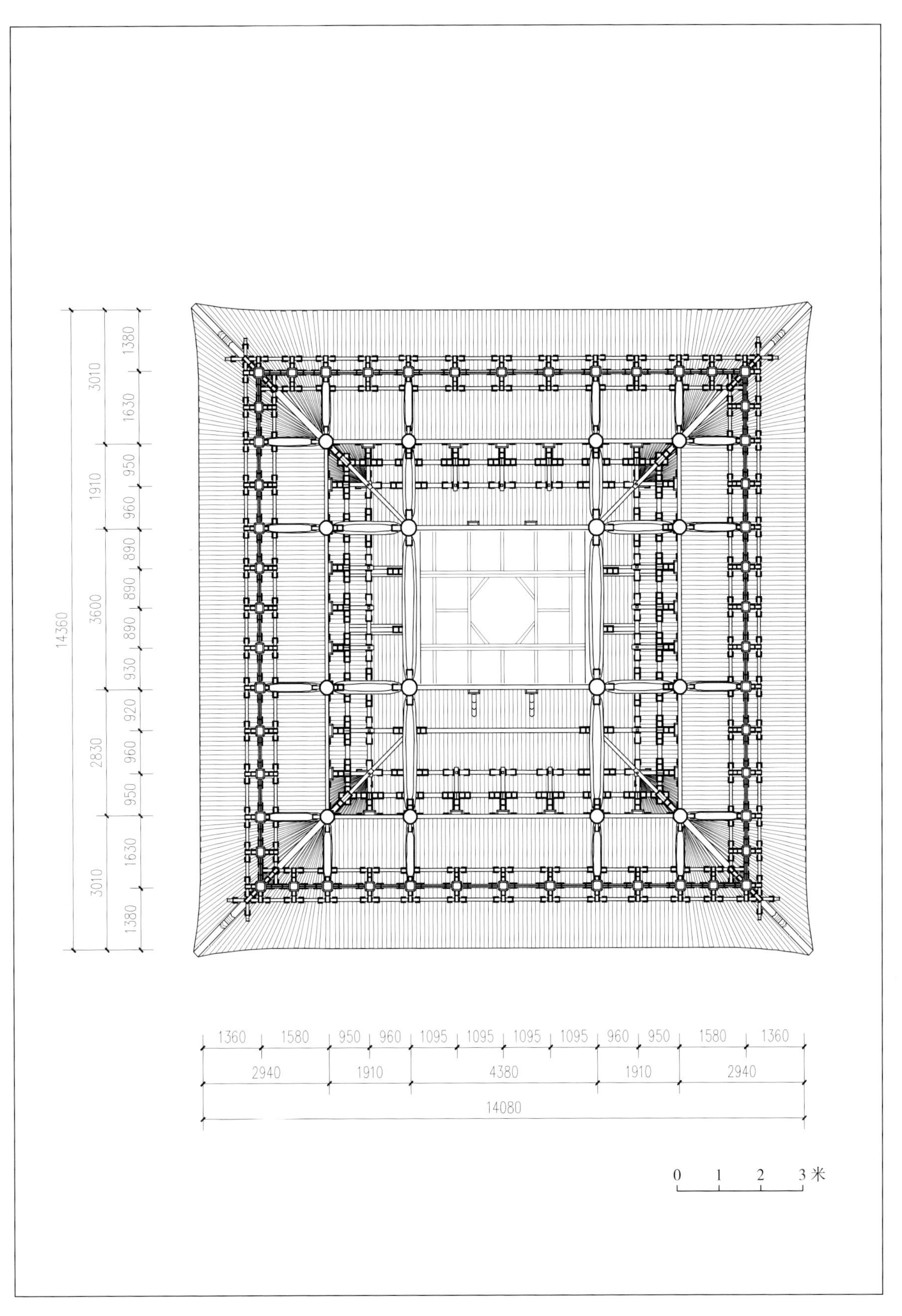

图 11 延福寺大殿下檐仰视图

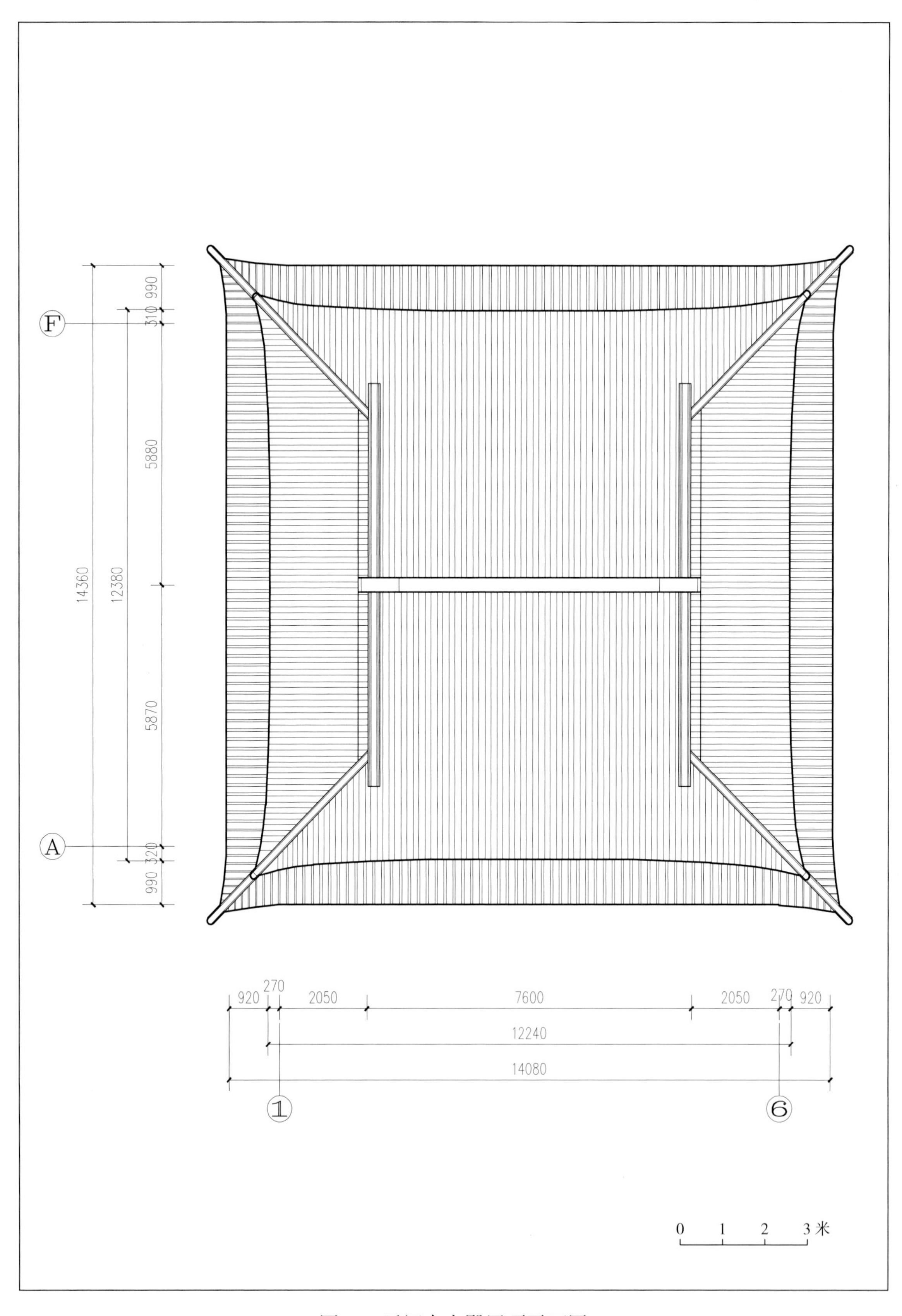

图 12 延福寺大殿屋顶平面图

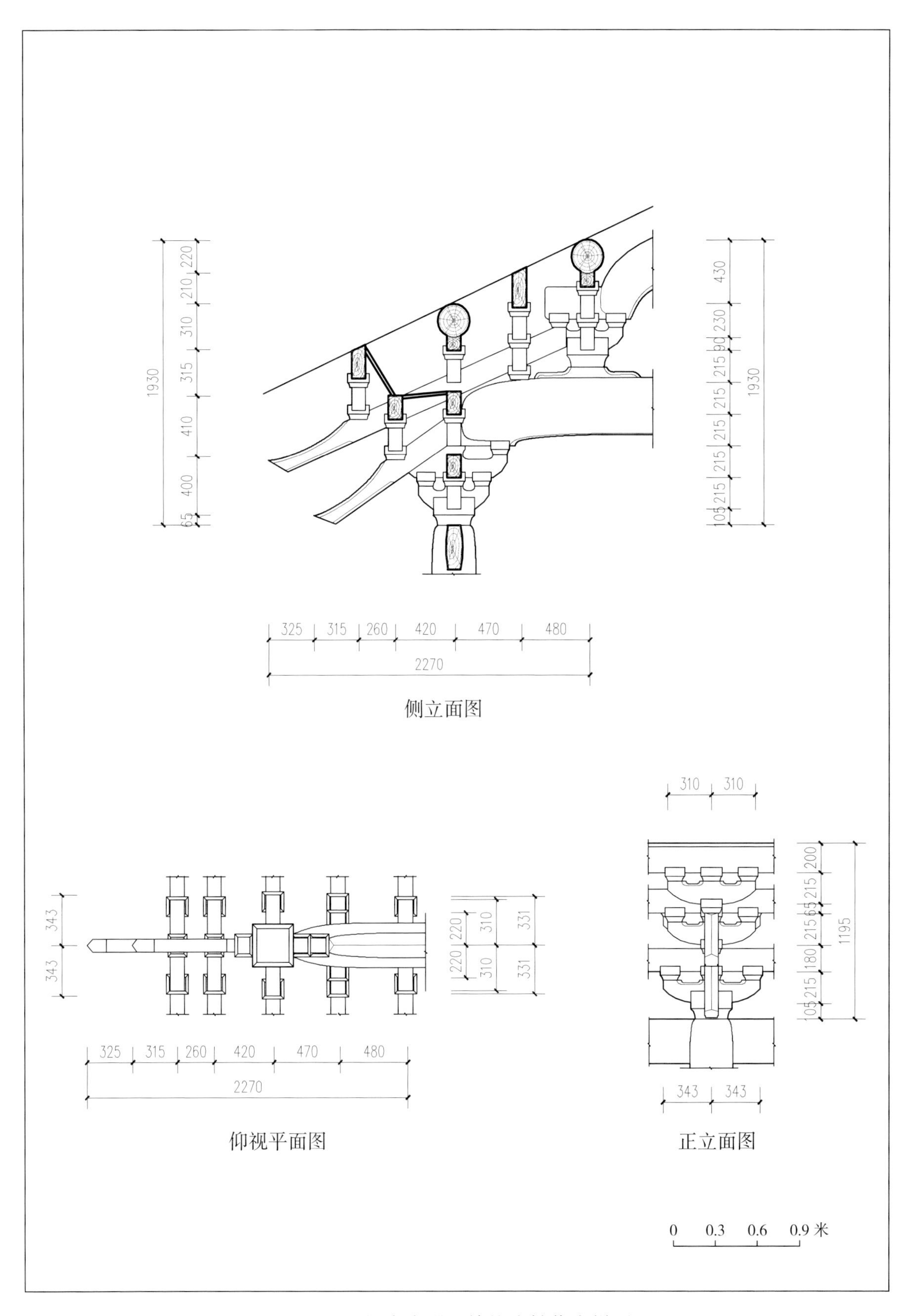

图 13　延福寺大殿上檐柱头铺作大样图

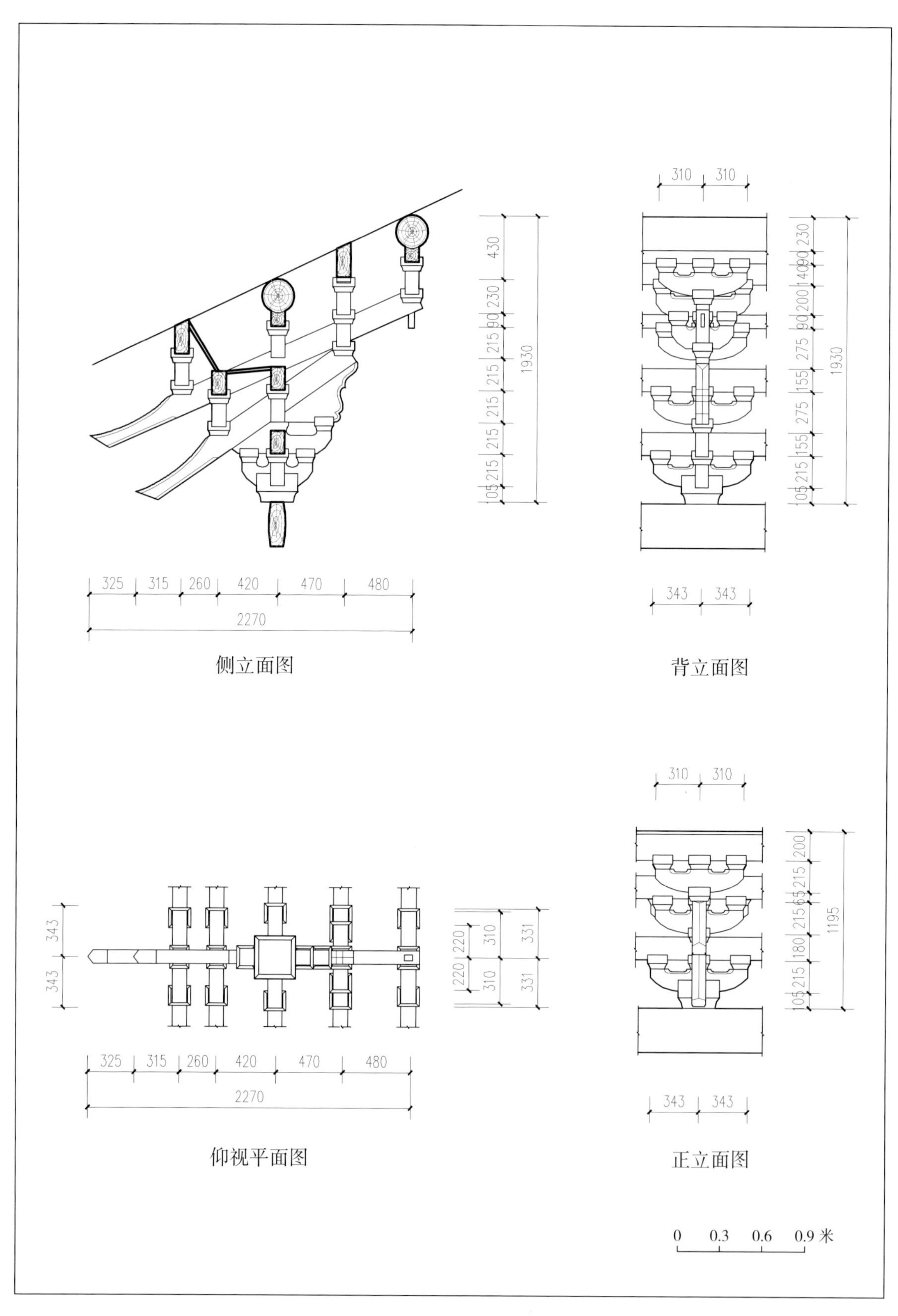

图 14 延福寺大殿上檐补间铺作大样图

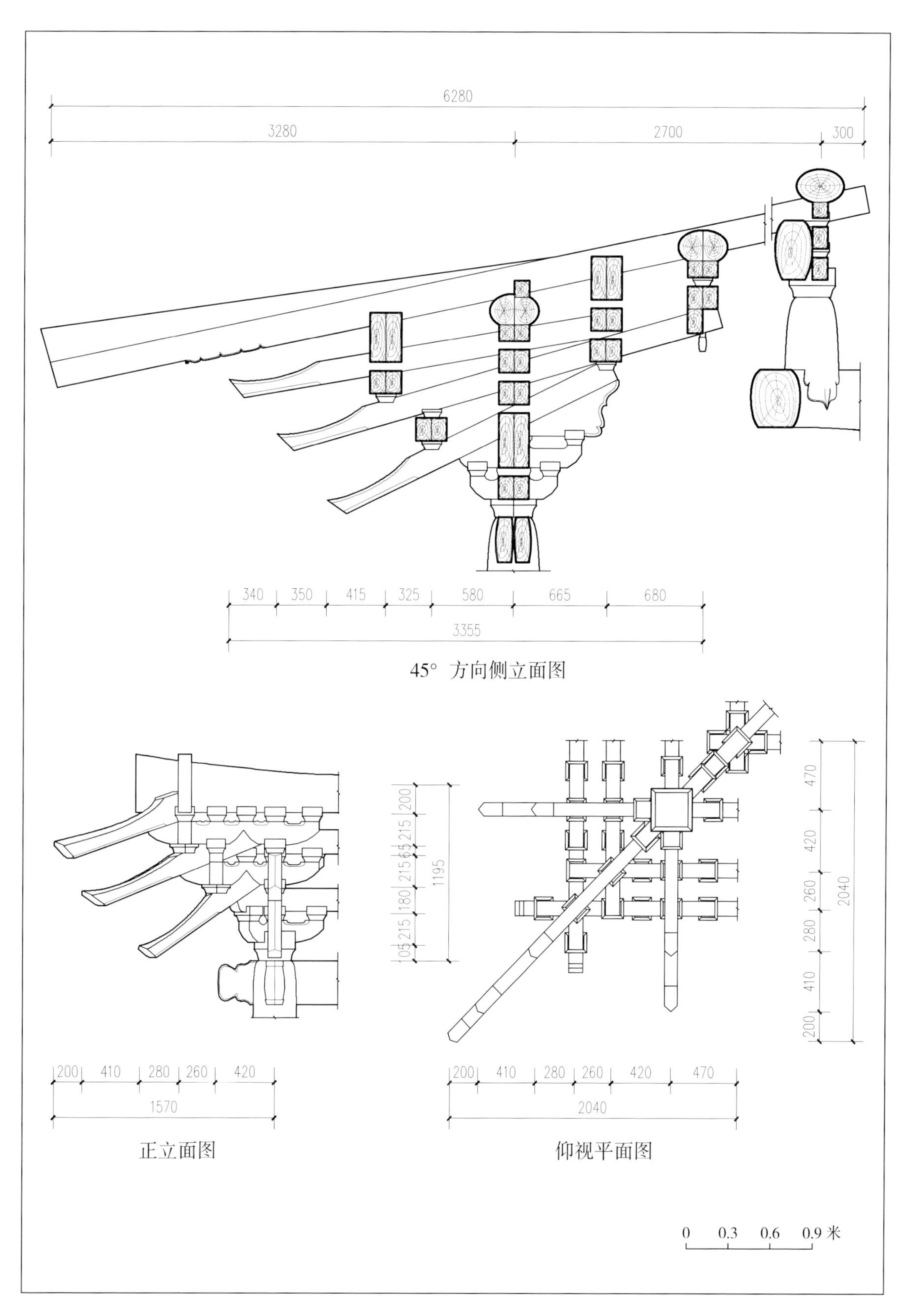

图 15 延福寺大殿上檐转角铺作大样图

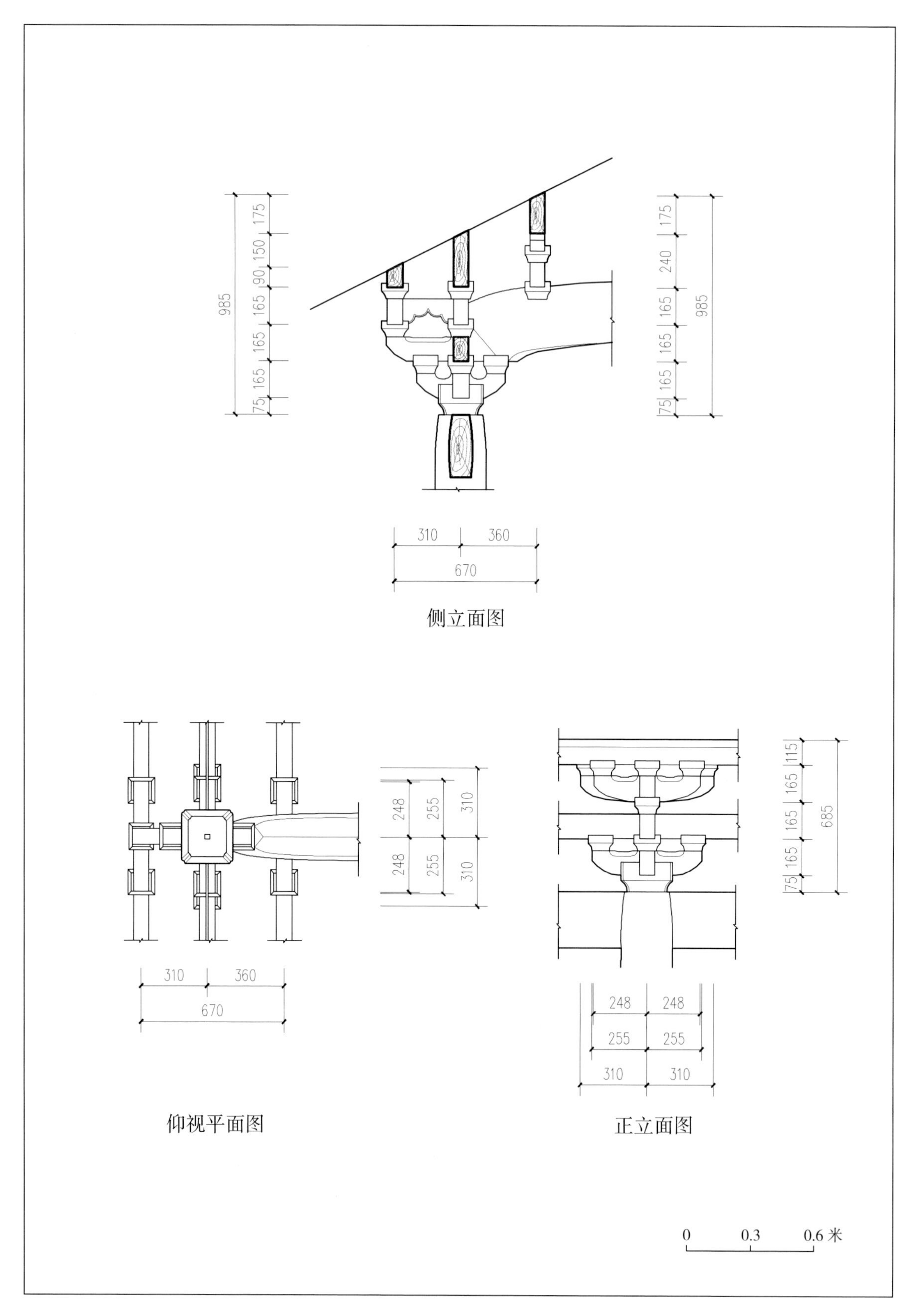

图 16 延福寺大殿下檐柱头铺作大样图

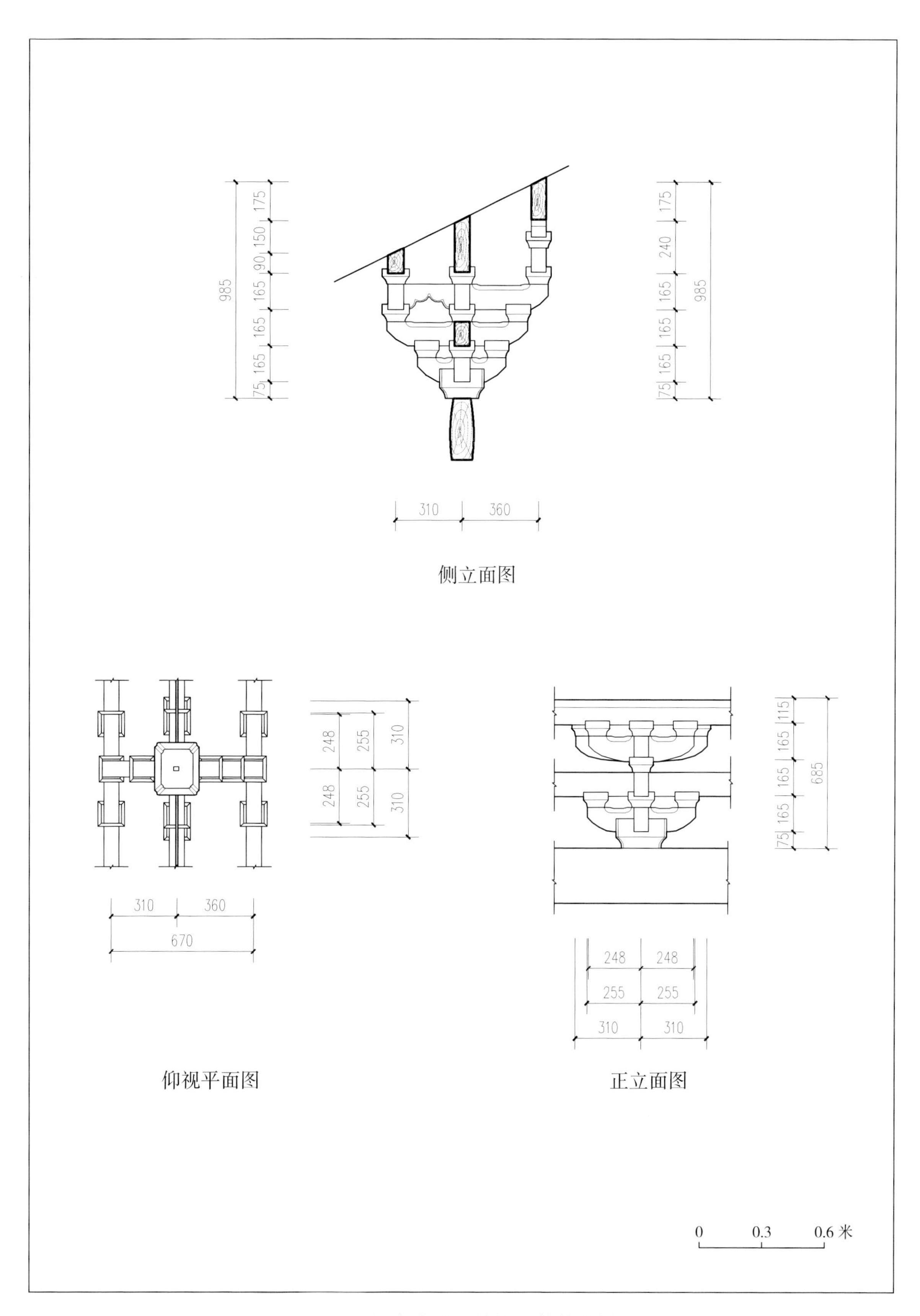

图 17　延福寺大殿下檐补间铺作大样图

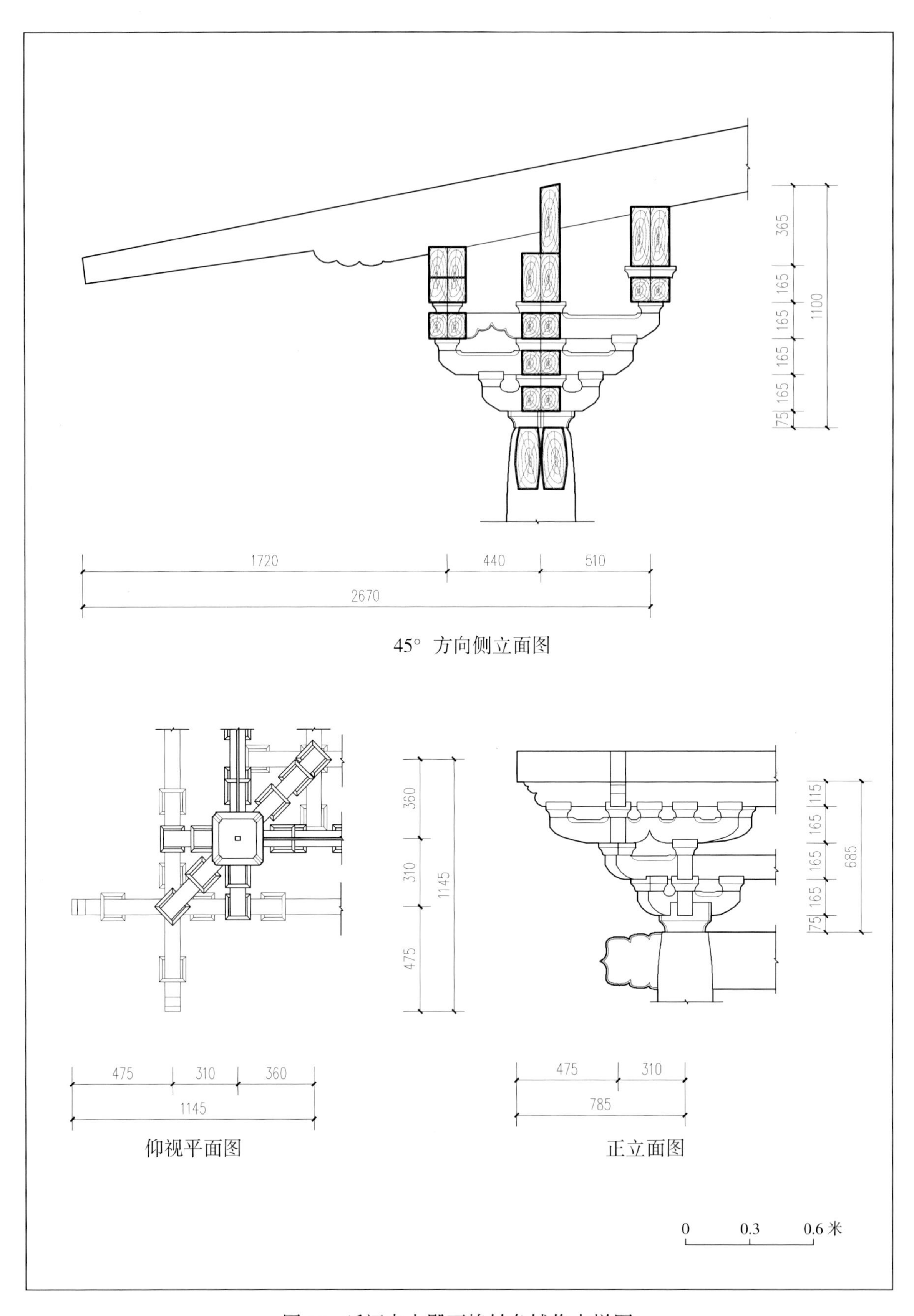

图 18 延福寺大殿下檐转角铺作大样图

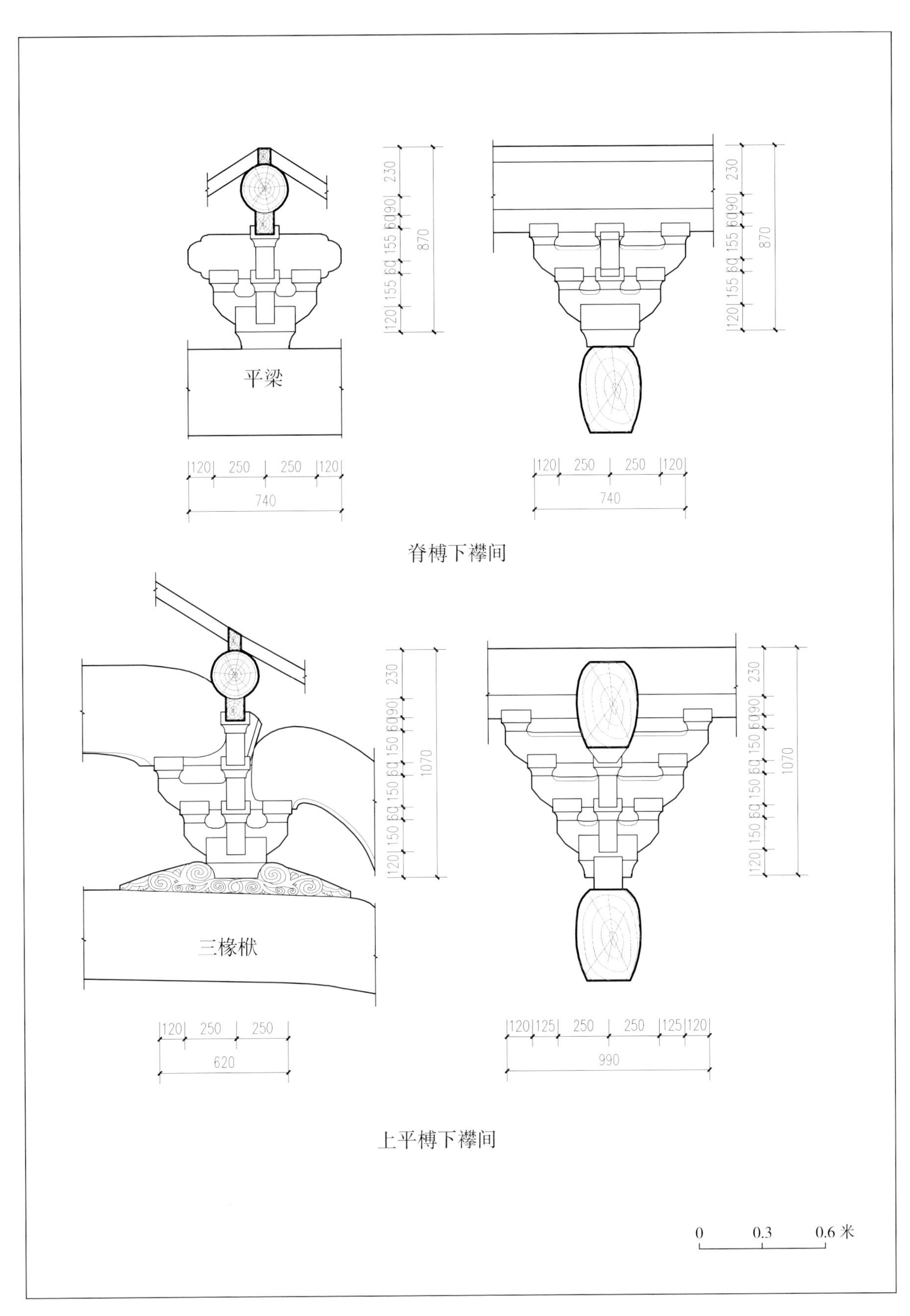

图 19 延福寺大殿襻间斗栱大样图

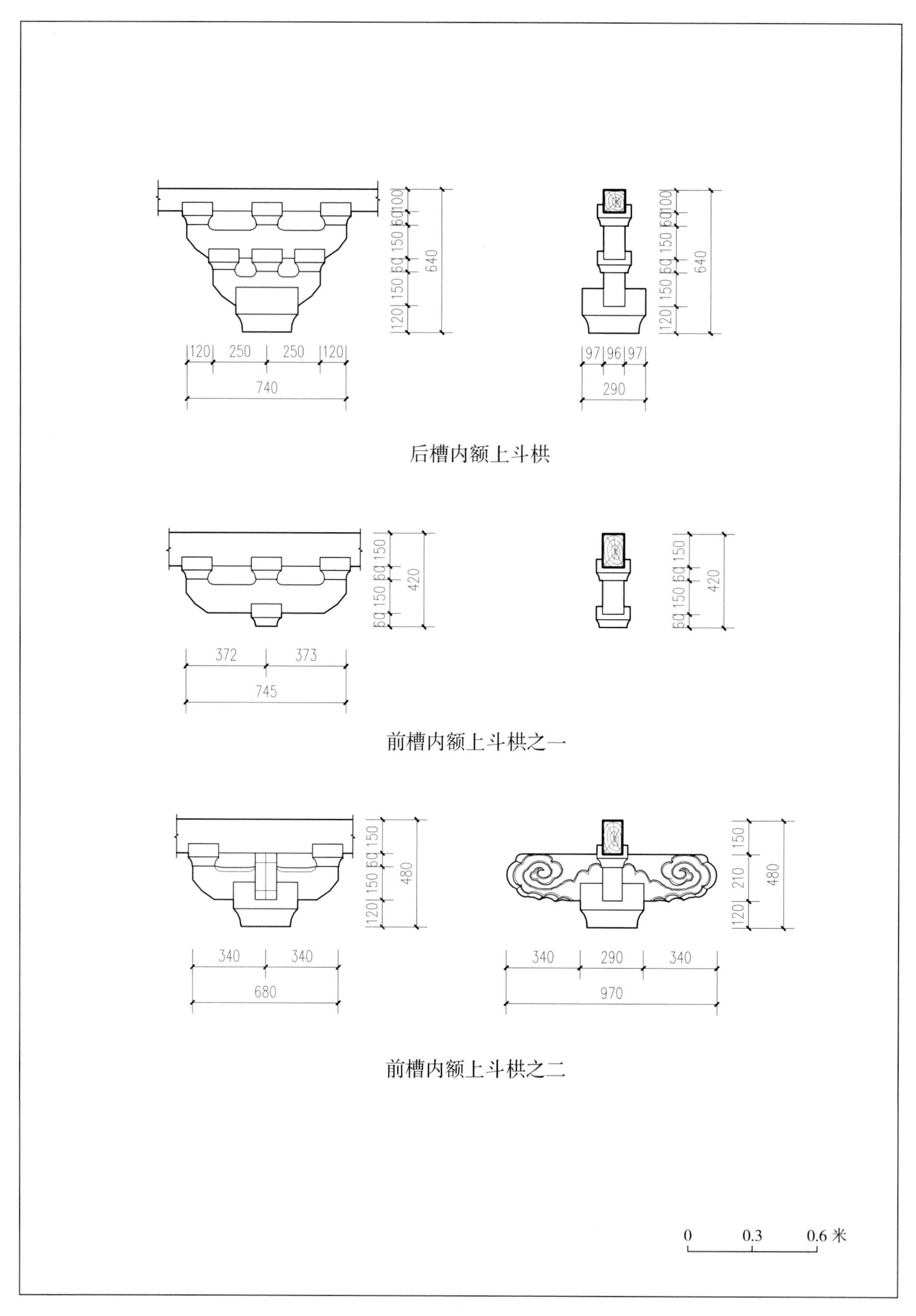

图 20　延福寺大殿内额上斗栱大样图

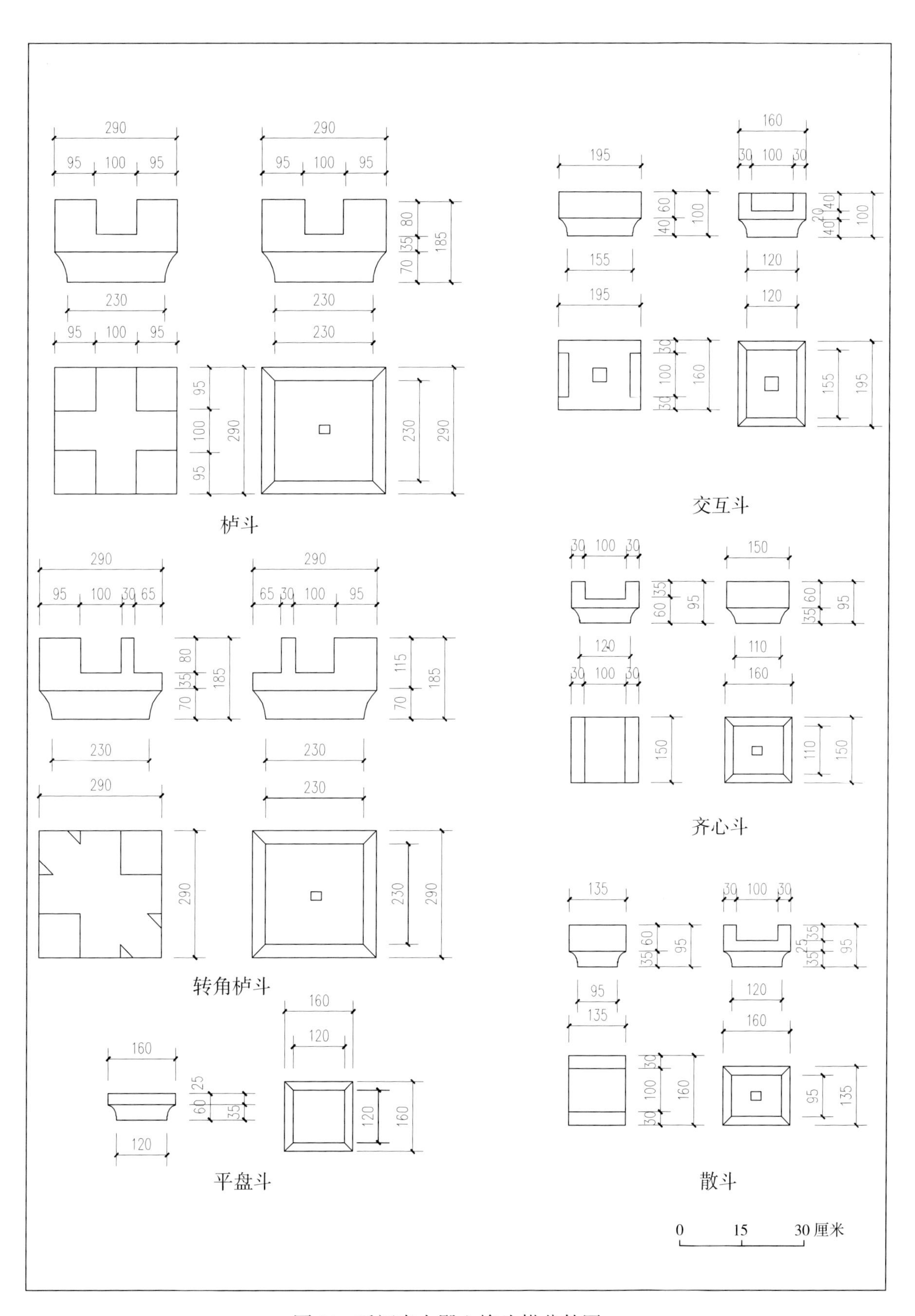

图21 延福寺大殿上檐斗栱分件图一

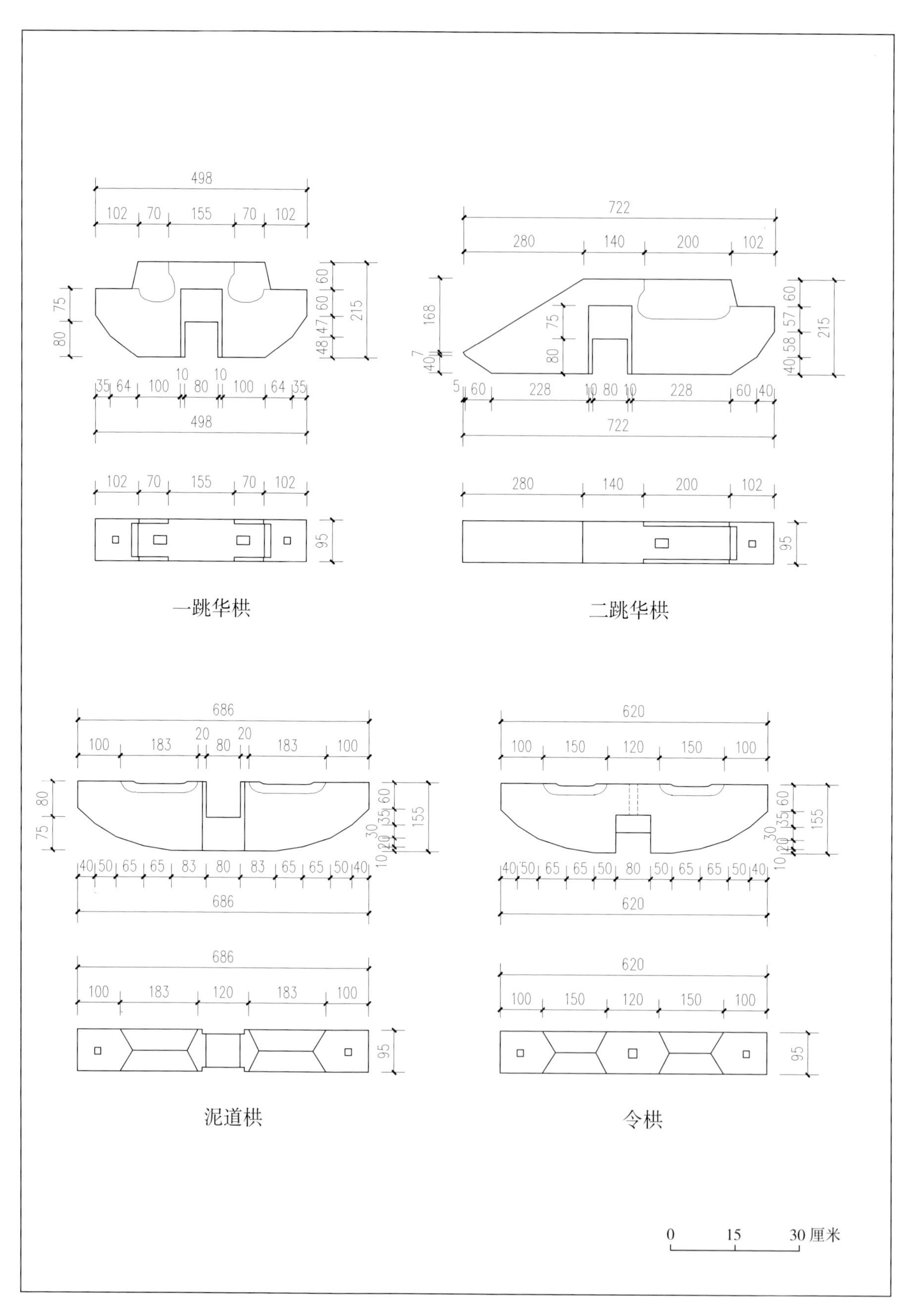

图 22 延福寺大殿上檐斗栱分件图二

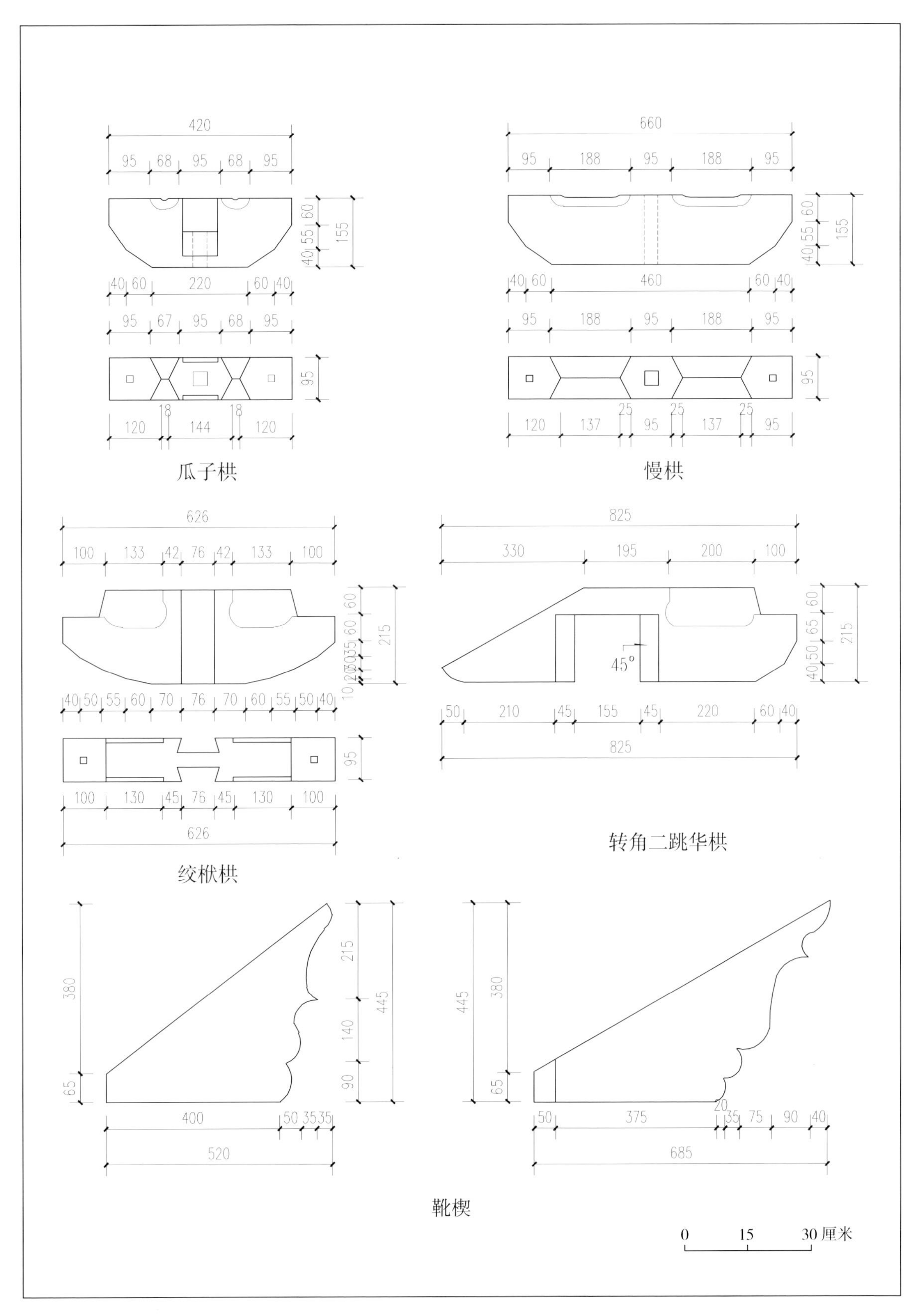

图 23 延福寺大殿上檐斗栱分件图三

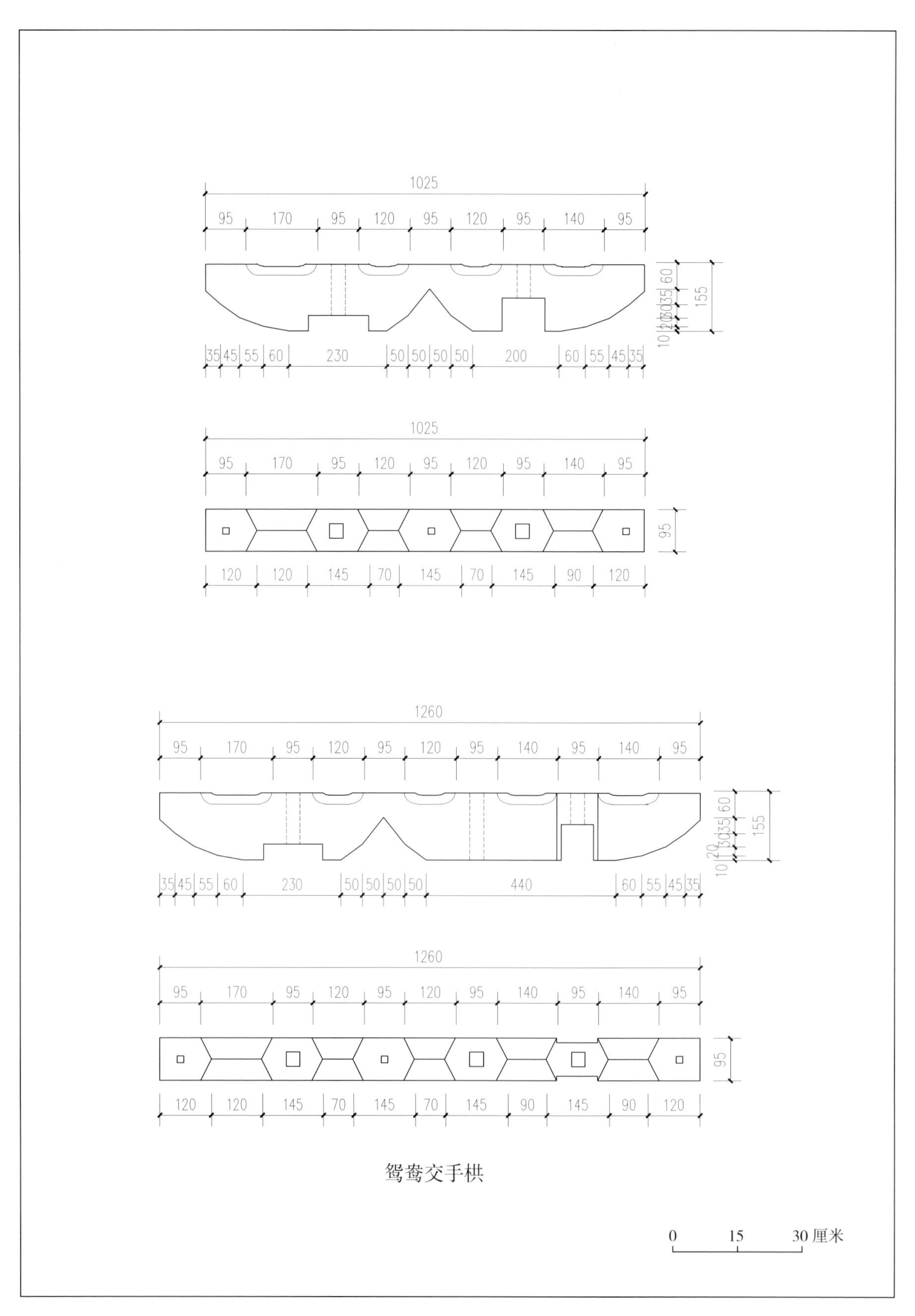

图 24　延福寺大殿上檐斗栱分件图四

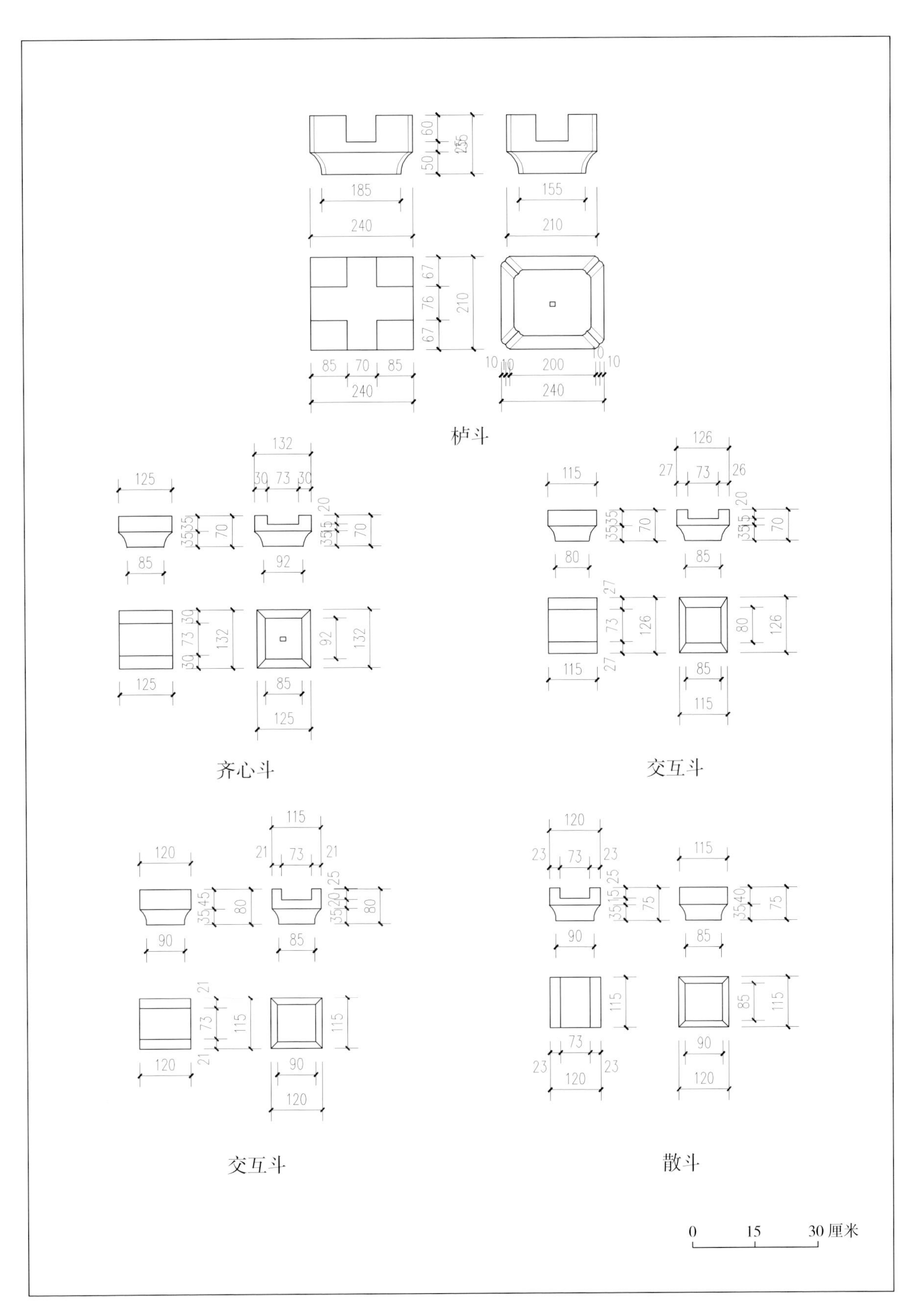

图 25　延福寺大殿下檐斗栱分件图一

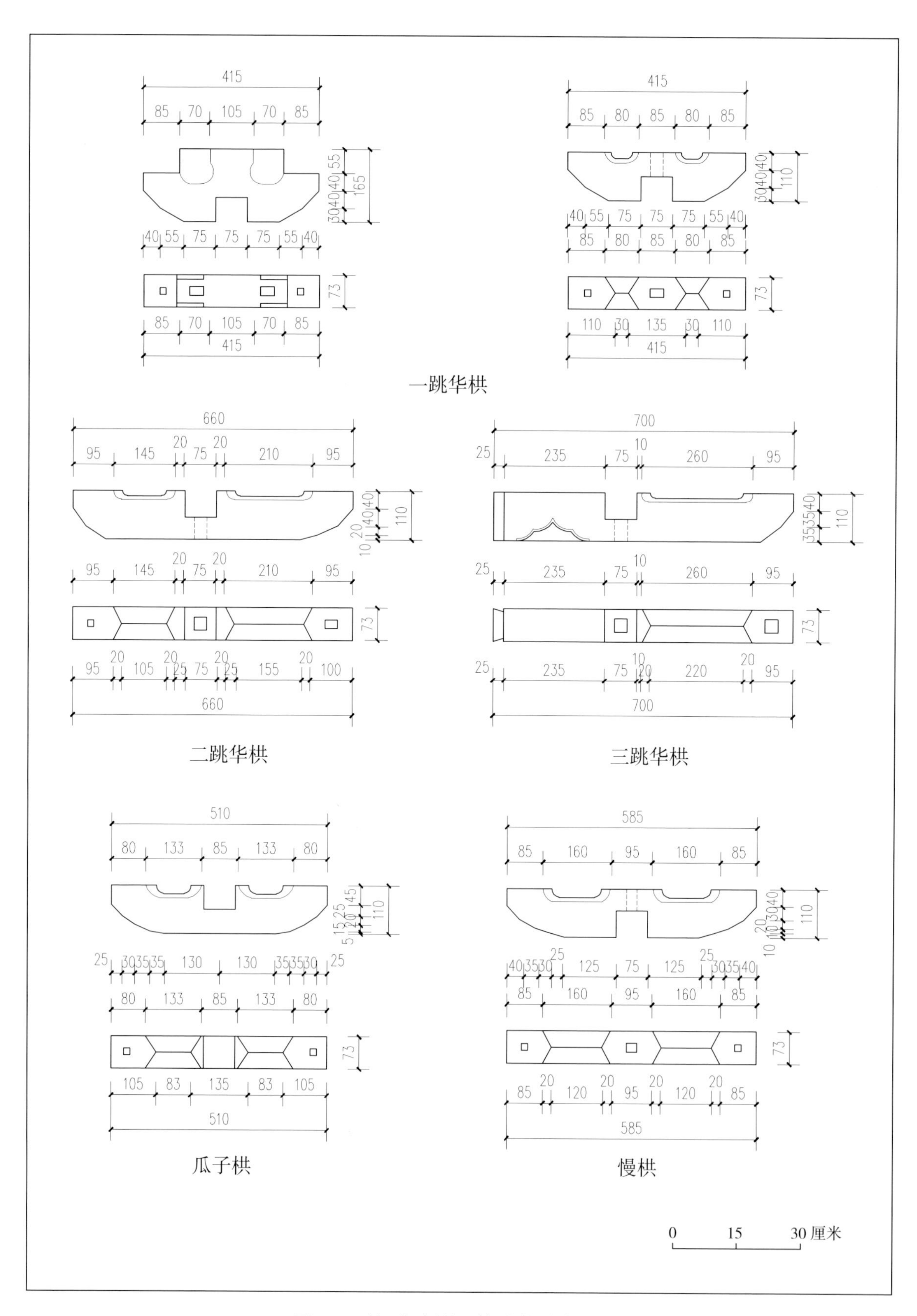

图 26 延福寺大殿下檐斗栱分件图二

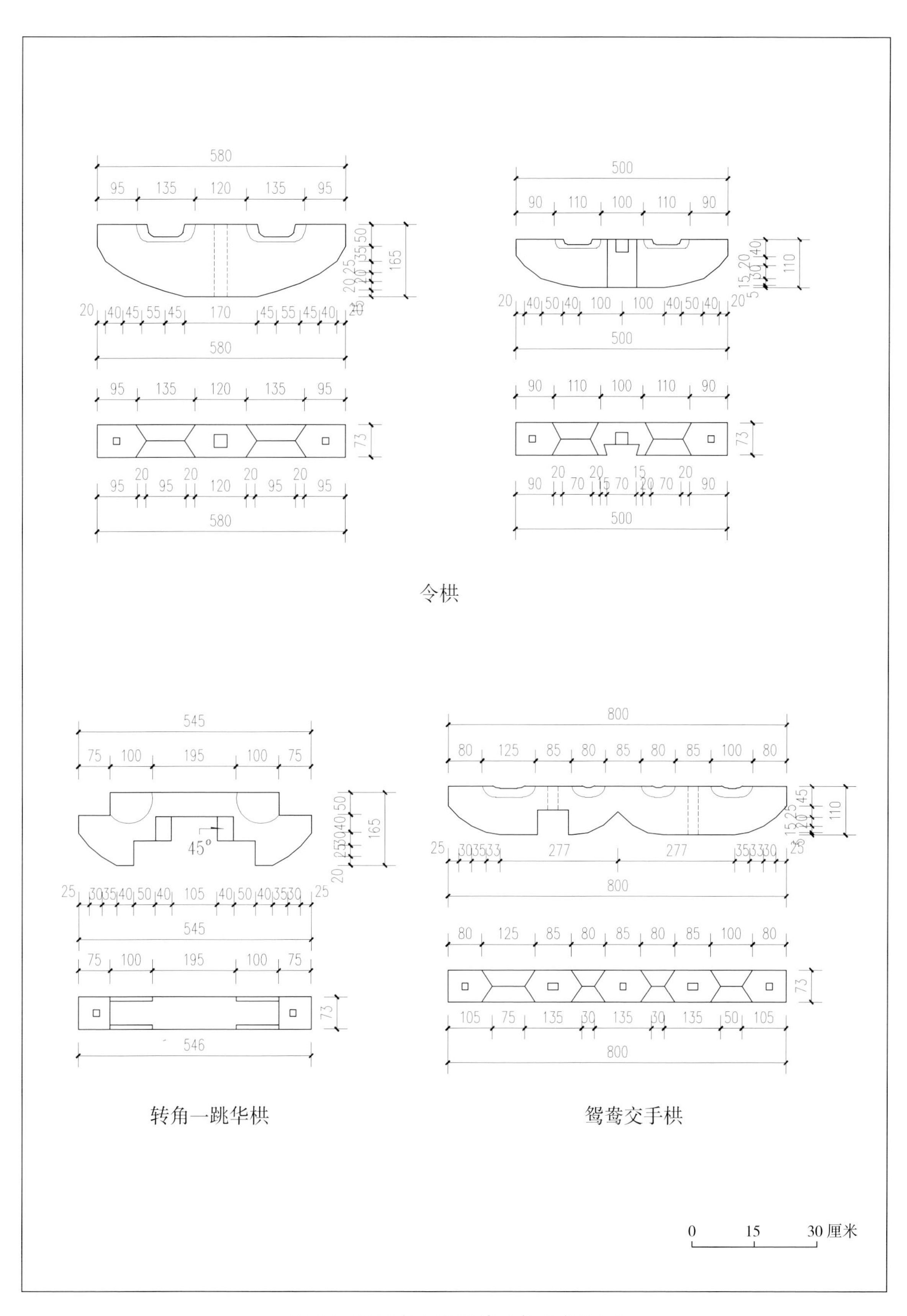

图27 延福寺大殿下檐斗栱分件图三

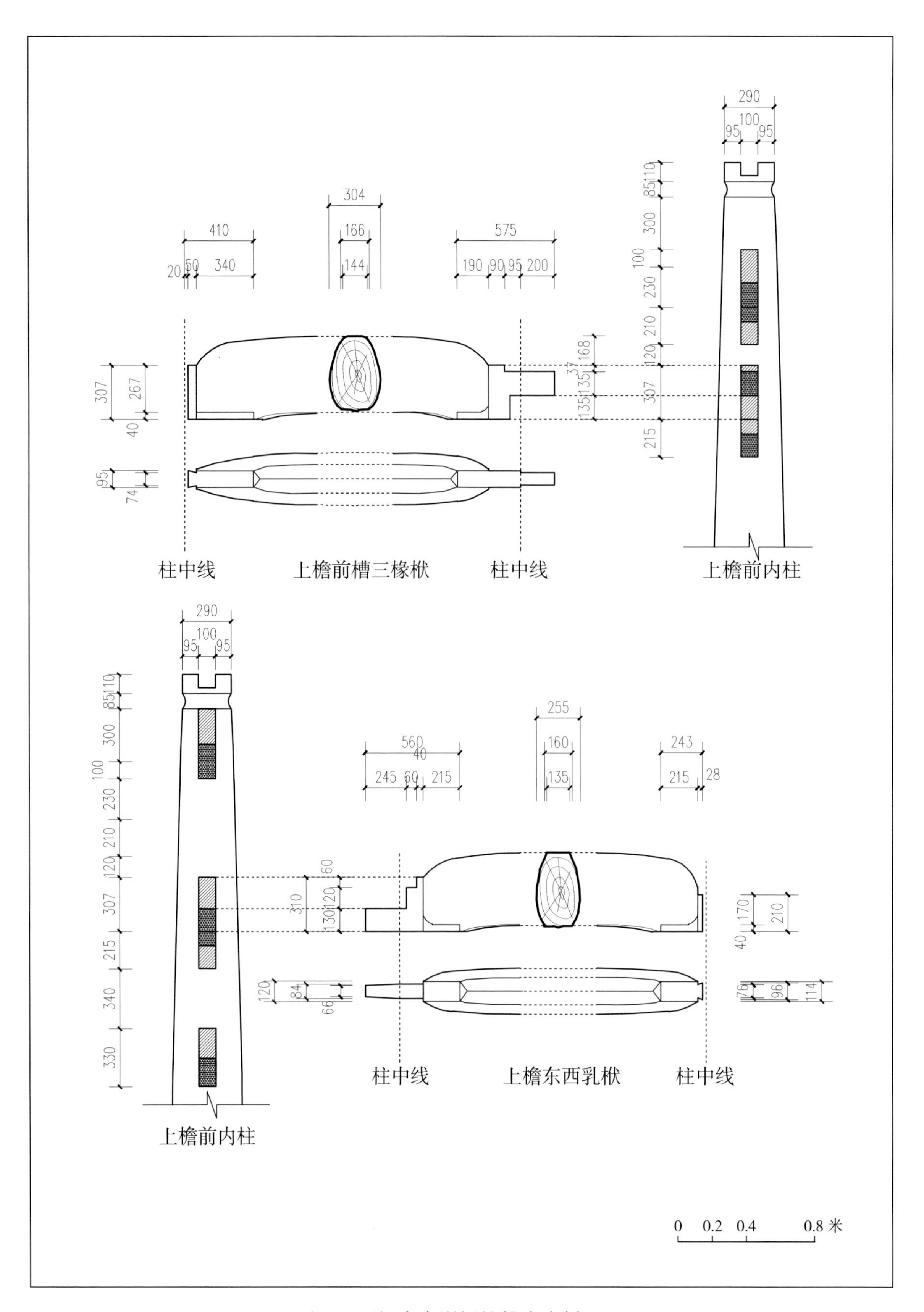

图 28 延福寺大殿梁柱榫卯大样图一

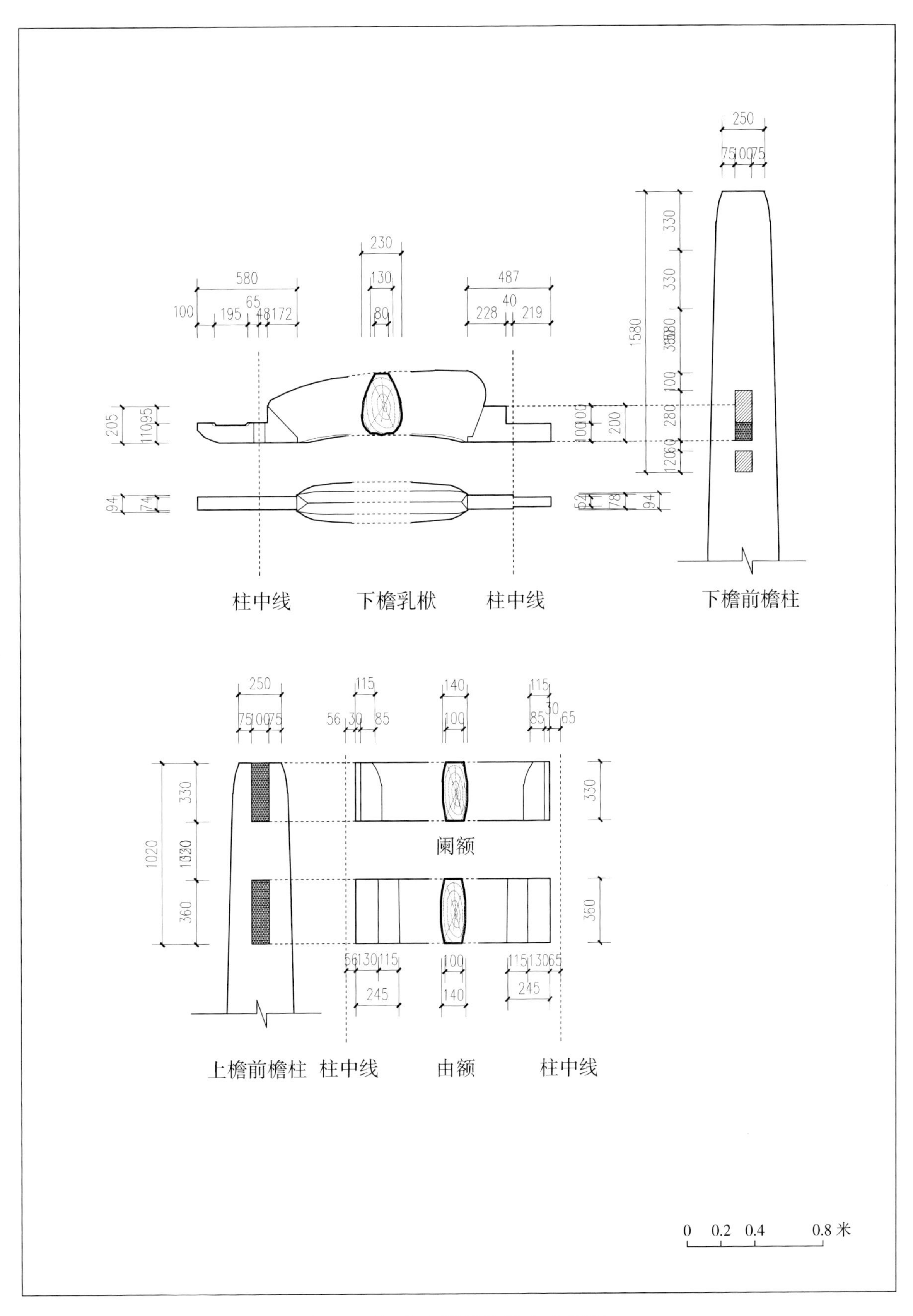

图 29 延福寺大殿梁柱榫卯大样图二

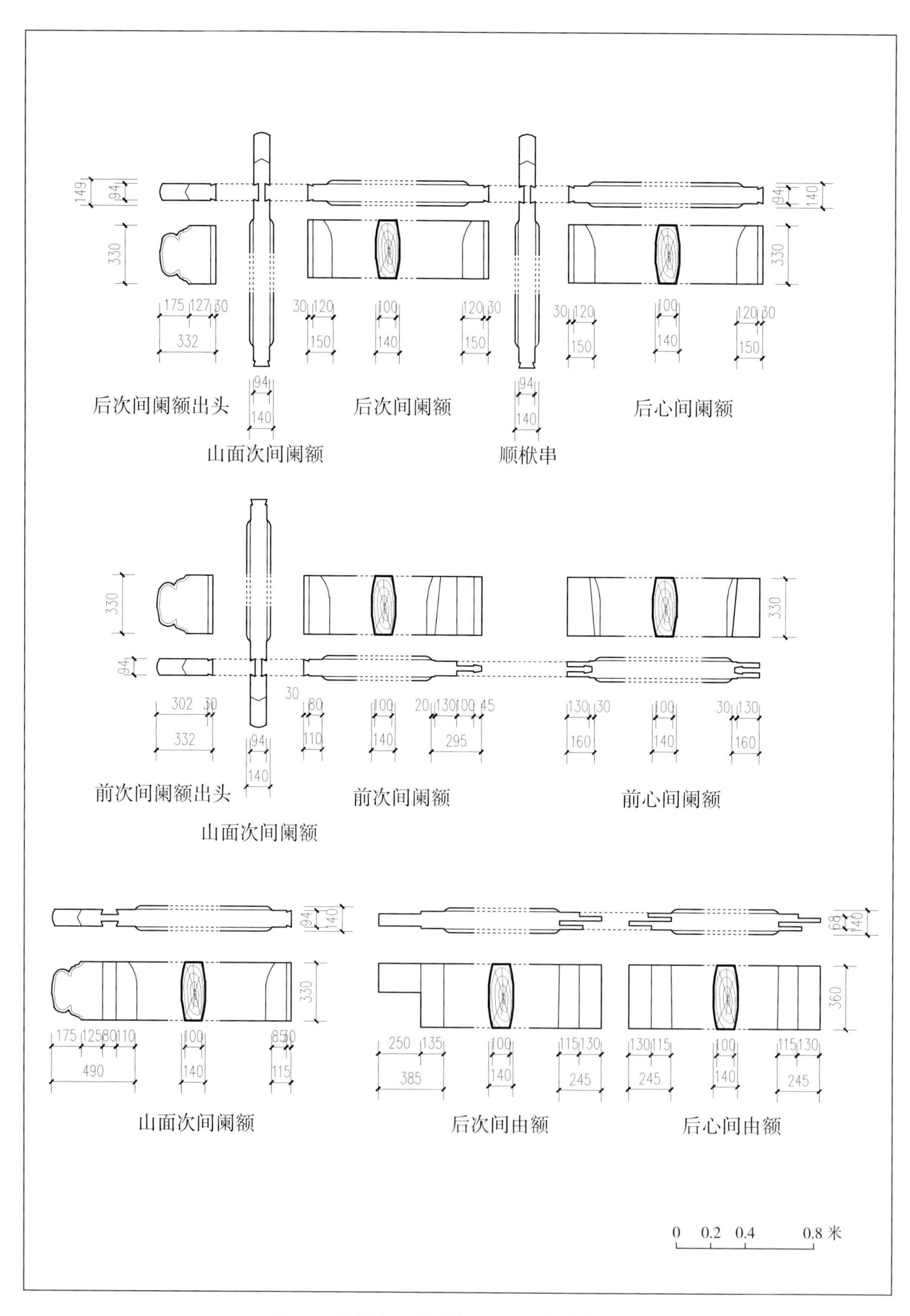

图 30 延福寺大殿阑额、由额榫卯大样图

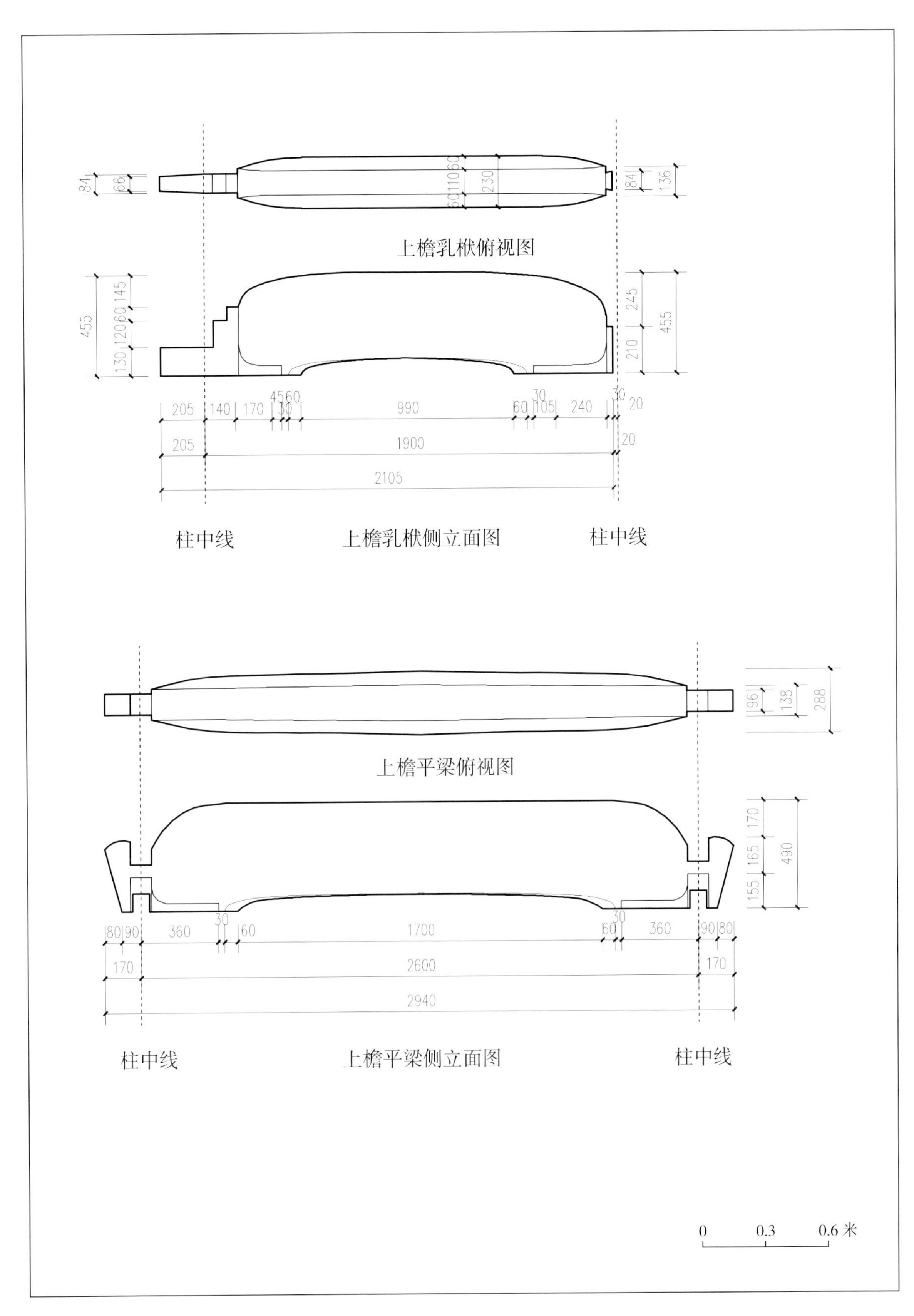

图 31 延福寺大殿梁栿大样图一

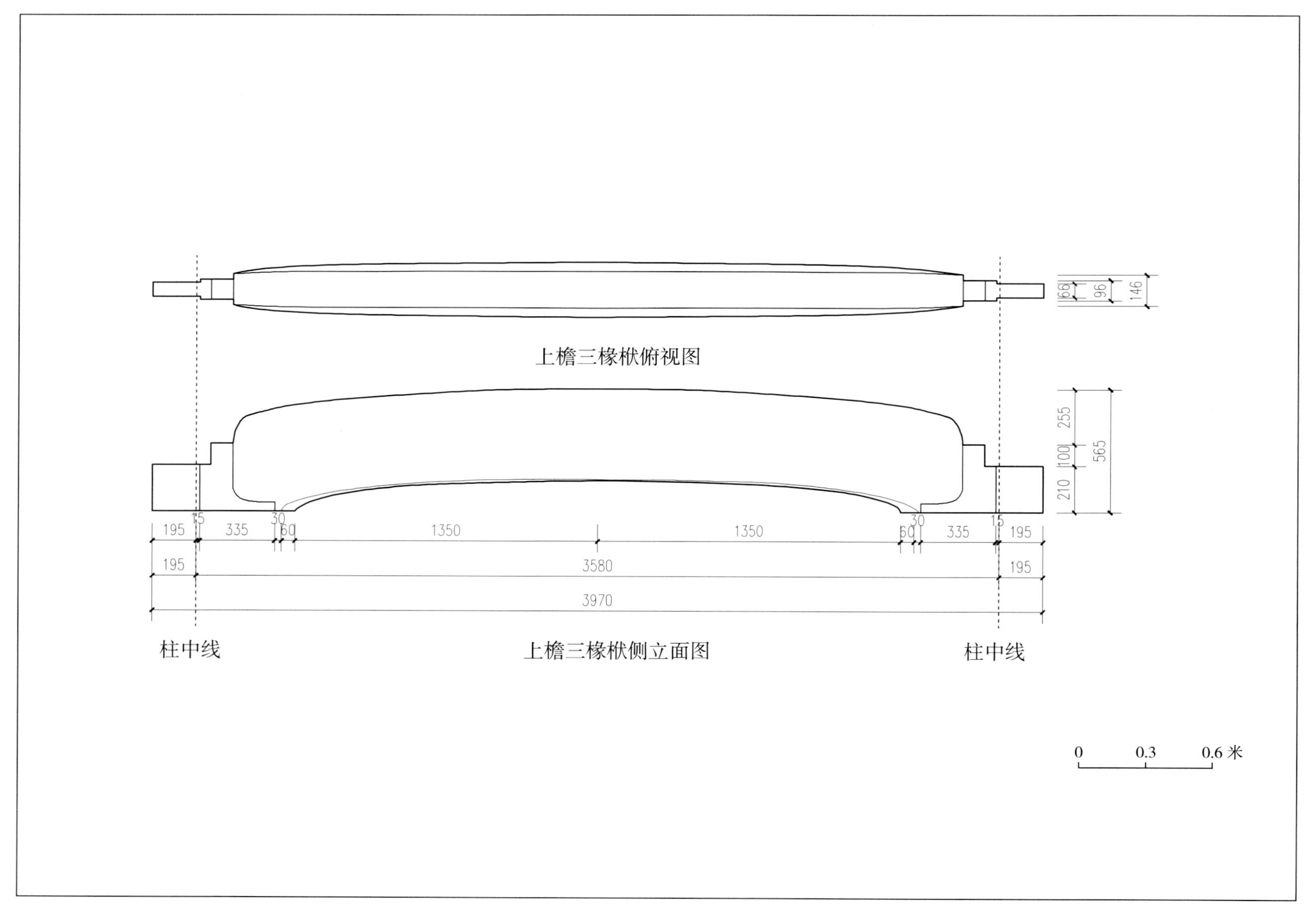

图 32 延福寺大殿梁栿大样图二

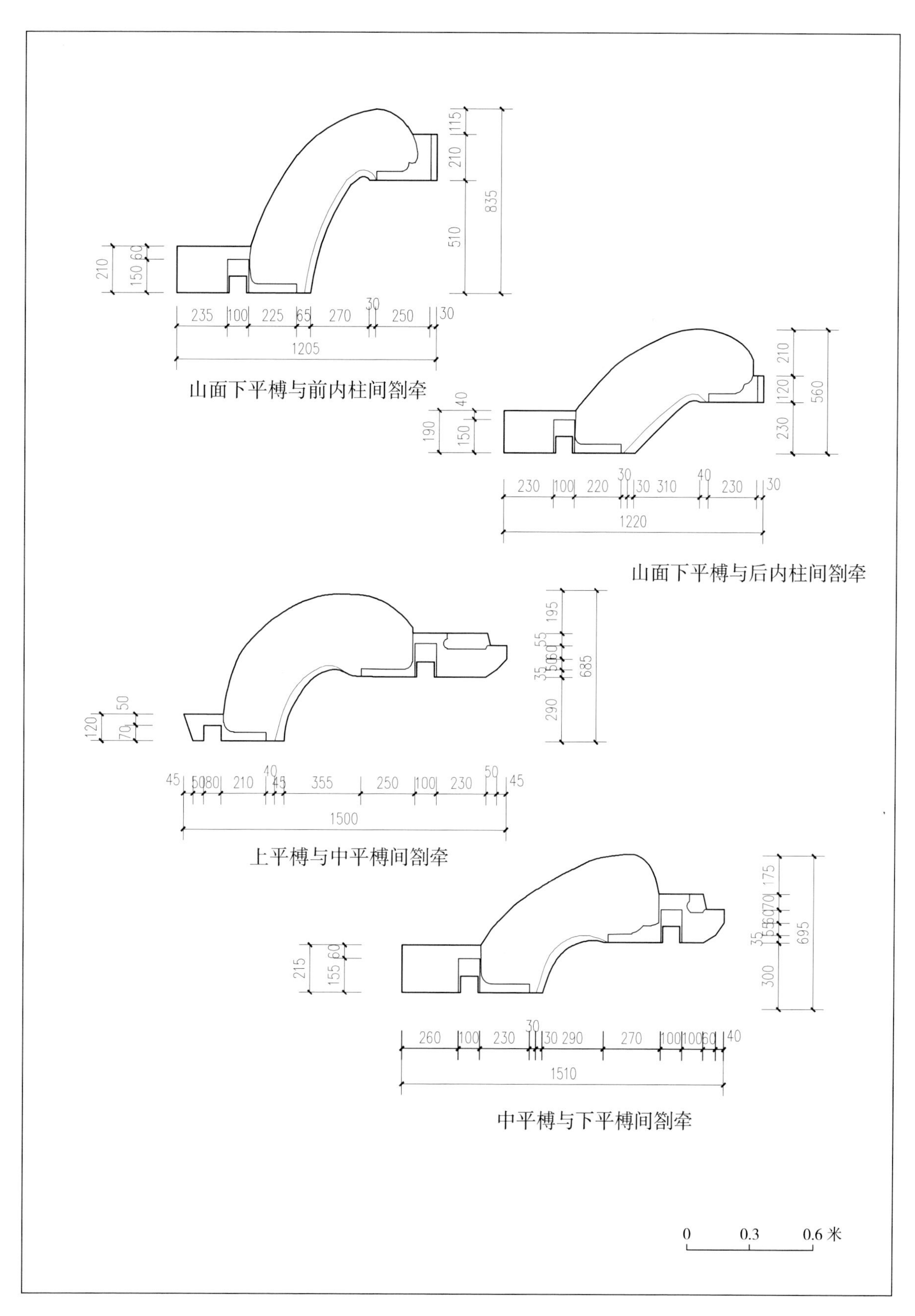

图 33 延福寺大殿劄牵大样图

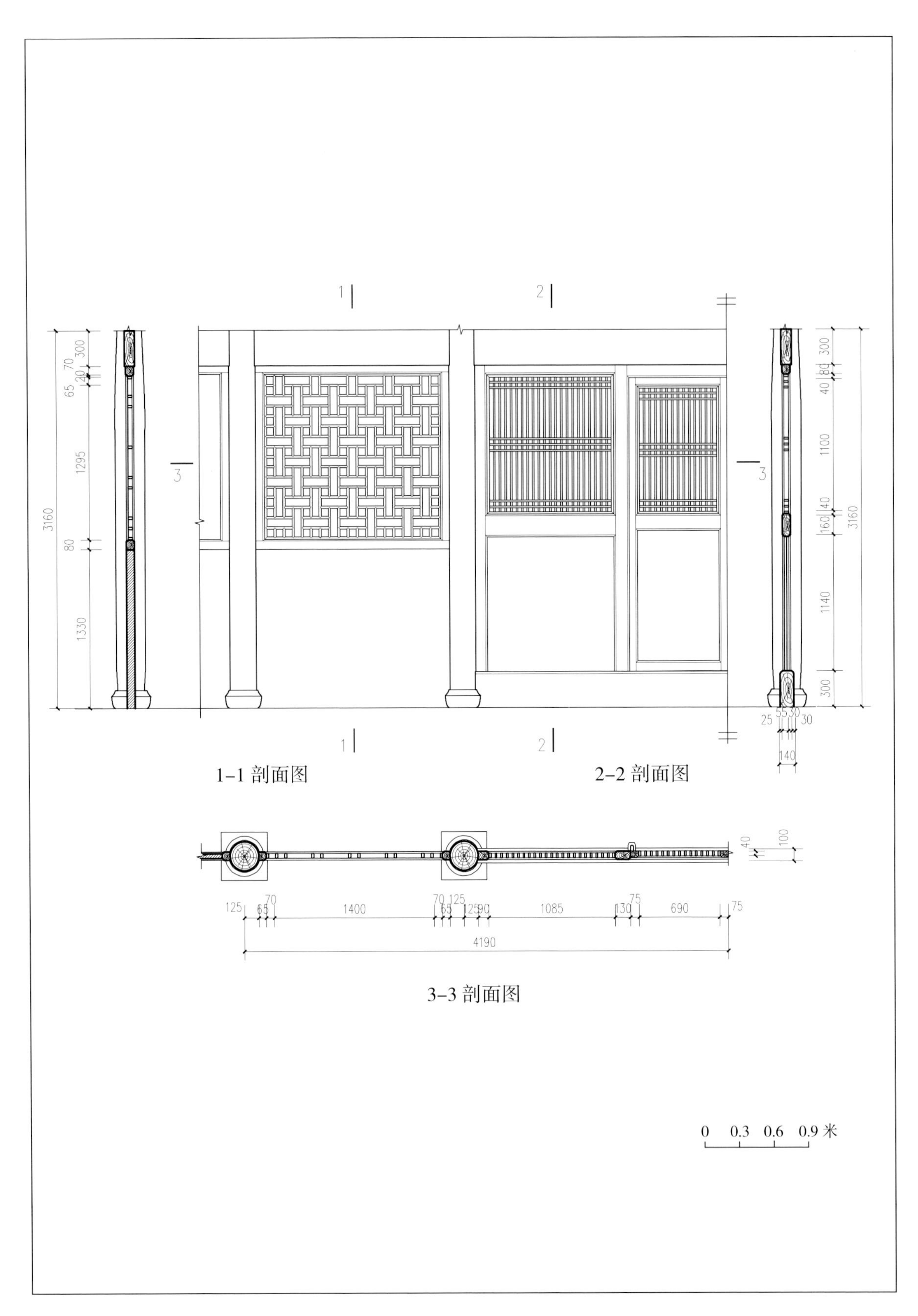

图 34 延福寺大殿门窗大样图

图版

图版 1 延福寺建筑群西北俯视全景（摄于 1978 年）

图版 2 延福寺大殿东南全景（摄于 1978 年）

图版 3 延福寺山门南视（摄于 1978 年）

图版 4 延福寺大殿西南全景（摄于 1978 年）

图版 5 延福寺大殿东视（摄于 1978 年）

图版 6 延福寺大殿下檐翼角（摄于 1978 年）

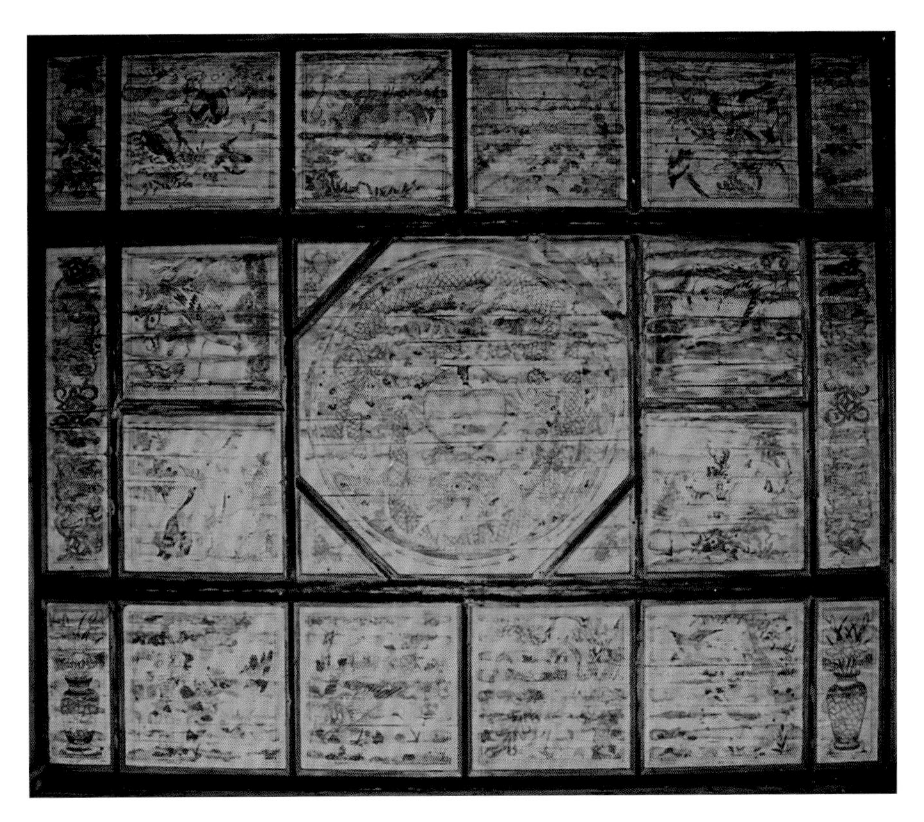

图版 7 延福寺大殿天花仰视（摄于 1978 年）

图版 8 延福寺大殿佛坛局部（摄于 1978 年）

图版 9 延福寺观音堂南视（摄于 1978 年）

图版 10 延福寺东厢房正面（摄于 1978 年）

图版 11 延福寺南视全景

图版 12 延福寺北视全景

图版 13 延福寺山门前景

图版 14 延福寺院墙

图版 15 山门正面

图版 16 山门背面

图版 17 天王殿正面

图版 18 天王殿明间梁架

图版 19 天王殿阑额底面雕刻

图版 20 天王殿柱梁局部

图版 21 天王殿明间梁架局部

图版 22 天王殿门前北视

图版 23 天王殿内景

图版 24 天王殿背面

图版 25 大殿正面

图版 26 大殿东南翼角

图版 27 大殿上檐西南转角铺作

图版 28 大殿东南全景

图版 29 大殿正面檐部

图版 30 大殿内景

图版 31 大殿内景

图版 32 大殿梁架全景

图版 33 大殿礼佛空间正视

图版 34 大殿前槽空间

图版 35 大殿后槽空间

图版 36 大殿礼佛空间侧视

图版 37 大殿礼佛空间后视

图版 38 大殿下檐梁架

图版 39 大殿上檐前槽梁架

图版 40 大殿上檐三椽栿

图版 41 大殿上檐当心间补间铺作后尾

图版 42 大殿上檐转角铺作后尾

图版 43 大殿下檐补间铺作后尾

图版 44 大殿上檐转角后尾仰视

图版 45 大殿天花上部梁架

图版 46 大殿脊槫下襻间

图版 47 大殿室内天花下梁架

图版 48 大殿当心间襻间斗栱和劄牵

图版 49 大殿下檐柱头铺作

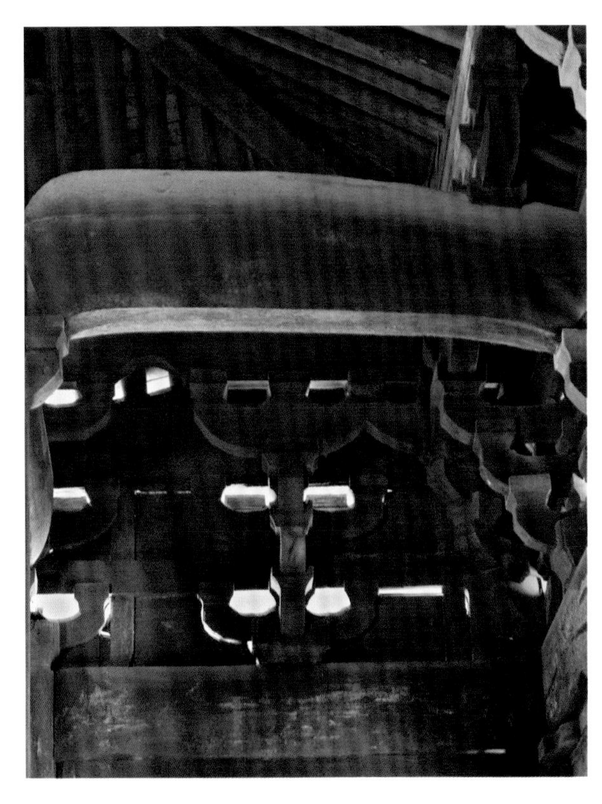

图版 50 大殿下檐乳栿

图版 51 大殿覆盆柱础

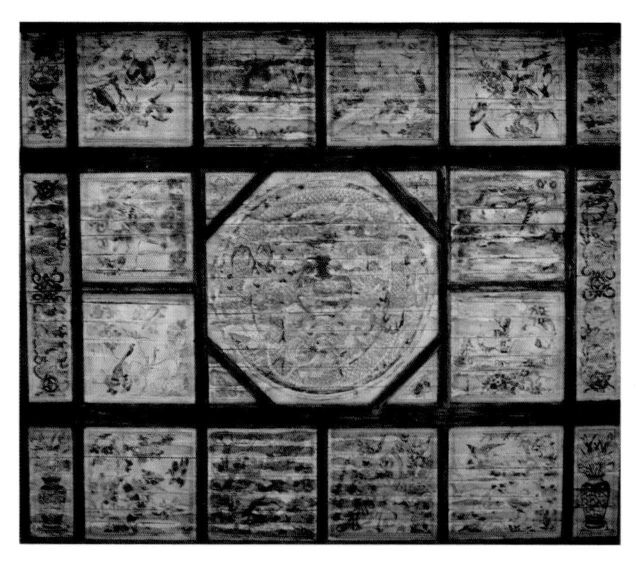

图版 52 大殿天花全景

图版 53 大殿天花局部

图版 54 大殿天花局部

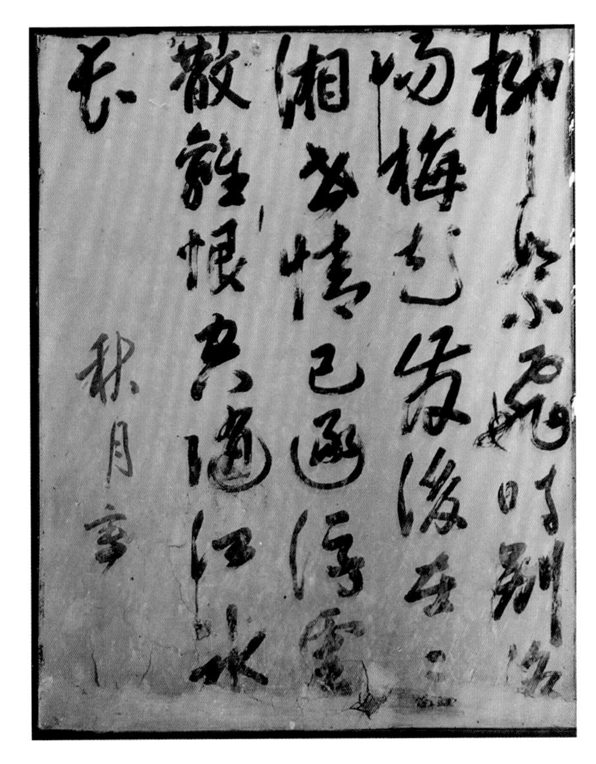

图版 55 大殿下檐墨书局部

图版 56 大殿下檐壁画局部

图版 57 大殿下檐壁画局部

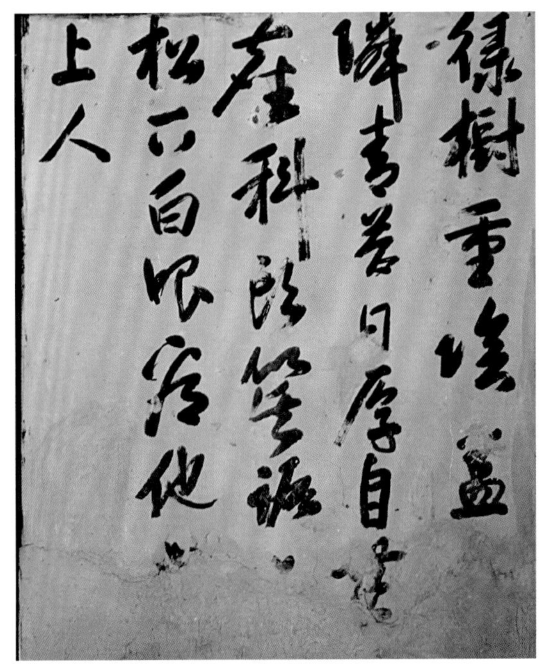

图版 58 大殿下檐墨书局部

图版 59 大殿背面全景

图版 60 大殿北视

图版 61 大殿东视全景

图版 62 大殿门窗

图版 63　大殿天花题记

图版 64 大殿梁下题记

浙江省武义县
延福寺文物保管所

图版 65 观音堂正面全景

图版 66 观音堂南视

图版 67 观音堂前景

图版 68 观音堂明间梁架局部

图版 69 东厢房正面

图版 70 观音堂前罗汉松

图版 71 镇澜桥全景

图版 72 宋代铁钟

图版 73 铁钟局部

图版 74 刘演碑 元

图版 75 陶孟端碑 明

图版 76 放生池东面出土残件

图版 77 大殿后院出土瓦当

图版 78 放生池东面出土残件

图版 79 大殿后院出土瓦当